普通高等教育"十三五"系列教材

工程力学

主　编　全　锦　杨　旭
副主编　巩会玲　许文杰　李　青
参　编　李吉芳　李玉梅　刘　健
　　　　赵亚凡　刘　波

机械工业出版社

全书共13章,分静力学与材料力学两部分。静力学包括:静力学基础、平面力系、空间力系;材料力学包括:材料力学基础、轴向拉伸与压缩、剪切和截面几何性质、扭转、弯曲、应力状态和强度理论、组合变形、压杆稳定、静定结构的内力与位移计算、超静定结构的受力分析。

本书可作为高等学校相关专业工程力学课程的教材,所需教学时数为48~80学时。本书也可供高职高专与成人高校师生、网络教育及相关工程技术人员使用和参考。

本书配有丰富的数字课程资源,包括教学大纲、课程简介、多媒体课件与习题解答等,教师可登录机工教育服务网(www.cmpedu.com)注册下载。

图书在版编目(CIP)数据

工程力学/全锦,杨旭主编. —北京:机械工业出版社,2019.5
(2025.6重印)
  普通高等教育"十三五"系列教材
  ISBN 978-7-111-62435-6

Ⅰ.①工⋯ Ⅱ.①全⋯ ②杨⋯ Ⅲ.①工程力学-高等学校-教材 Ⅳ.①TB12

中国版本图书馆 CIP 数据核字(2019)第 062349 号

机械工业出版社(北京市百万庄大街22号 邮政编码100037)
策划编辑:张金奎 责任编辑:张金奎
责任校对:梁 静 封面设计:马精明
责任印制:任维东
河北宝昌佳彩印刷有限公司印刷
2025年6月第1版第11次印刷
184mm×260mm・16印张・390千字
标准书号:ISBN 978-7-111-62435-6
定价:39.00元

电话服务   网络服务
客服电话:010-88361066   机 工 官 网:www.cmpbook.com
         010-88379833   机 工 官 博:weibo.com/cmp1952
         010-68326294   金 书 网:www.golden-book.com
封底无防伪标均为盗版   机工教育服务网:www.cmpedu.com

前　言

　　本书根据普通高等学校理工科非力学专业理论力学与材料力学课程中、少学时教学基本要求而编写。全书共13章，分静力学与材料力学两部分，涵盖了静力学基础、平面力系、空间力系、材料力学基础、轴向拉伸与压缩、剪切和截面几何性质、扭转、弯曲、应力状态和强度理论、组合变形、压杆稳定、静定结构的内力与位移计算、超静定结构的受力分析等内容。

　　党的二十大报告明确指出："必须坚持科技是第一生产力，人才是第一资源，创新是第一动力……"科技、人才、创新都离不开高等教育的高质量发展。

　　工程力学是为大学本、专科相关专业学生开设的一门必修的技术基础课，与工程技术联系紧密。工程力学课程既立足于基础，又与新理论、新技术的发展密不可分，对相关专业的创新型人才培养具有重要的意义。本书注重静力学与材料力学理论知识的内在联系、逻辑推理的简明化以及与后续课程相关知识的连贯性。通过开设本课程，学习并掌握科学的研究方法，对培养学生的工程素质、逻辑思维能力和创新能力有着非常重要的作用。

　　本书充分考虑了非机械类、非土建类各相关理工科专业的需求，精选内容，突出重点，可作为高等学校相关专业工程力学课程的教材，适用于48～80学时的中、少学时教学。本书也可供高职高专与成人高校师生、网络教育及相关工程技术人员使用和参考。带"＊"的章节可作为学生了解内容。

　　高秀华教授对本书提出了很多中肯的意见，在此表示衷心的感谢。力学教研室的陈文阁、李海龙等教师都为本书做了大量工作，这里一并致谢。

　　限于编者水平，书中难免有不足之处，衷心希望使用本书的广大师生和读者批评指正。

编　者

目 录

前言
绪论 ·· 1

第一篇 静 力 学

第一章 静力学基础 ·· 6
  第一节 静力学的基本概念 ····················· 6
  第二节 静力学公理 ································· 7
  第三节 约束与约束力 ····························· 9
  第四节 物体的受力分析与受力图 ········ 12
  习题 ·· 14

第二章 平面力系 ·· 16
  第一节 平面汇交力系 ··························· 16
  第二节 平面力对点之矩 ······················· 20
  第三节 平面力偶系 ······························· 21
  第四节 平面任意力系的简化 ··············· 24
  第五节 平面任意力系的平衡 ··············· 29

  第六节 物体系统的平衡·静定与超静定
            问题 ·· 32
  第七节 滑动摩擦 ··································· 34
  习题与答案 ·· 38

第三章 空间力系 ·· 44
  第一节 空间汇交力系 ··························· 44
  第二节 力对点之矩和力对轴之矩 ······· 46
  第三节 空间力偶 ··································· 49
  第四节 空间任意力系的简化 ··············· 51
  第五节 空间任意力系的平衡 ··············· 54
  第六节 物体的重心 ······························· 56
  习题与答案 ·· 59

第二篇 材 料 力 学

第四章 材料力学基础 ···································· 64
  第一节 材料力学简介 ··························· 64
  第二节 可变形固体及其基本假设 ······· 64
  第三节 内力·截面法·应力 ··············· 66
  第四节 位移和应变 ······························· 68
  第五节 杆件变形的基本形式 ··············· 69

第五章 轴向拉伸与压缩 ································ 71
  第一节 轴向拉伸与压缩的概念及工程
            实例 ·· 71
  第二节 轴力与轴力图 ··························· 71
  第三节 轴向拉伸和压缩杆件的应力 ··· 74
  第四节 材料在拉伸和压缩时的力学性能 ··· 78
  第五节 轴向拉伸和压缩杆件的强度条件 ··· 83
  第六节 轴向拉伸和压缩杆件的变形 ··· 87
  习题与答案 ·· 91

第六章 剪切和截面几何性质 ························ 94
  第一节 剪切的概念及工程实例 ··········· 94
  第二节 剪切的实用计算 ······················· 95
  第三节 挤压的实用计算 ······················· 96
  第四节 截面几何性质 ··························· 99
  习题与答案 ·· 104

第七章 扭转 ·· 107
  第一节 扭转的概念及工程实例 ········· 107
  第二节 扭矩与扭矩图 ························· 108
  第三节 剪切胡克定律·切应力互等定理 ··· 110
  第四节 圆轴扭转应力·强度条件 ····· 112
  第五节 圆轴扭转变形·刚度条件 ····· 116
  习题与答案 ·· 119

第八章 弯曲 ·· 121
  第一节 弯曲的概念及工程实例 ········· 121

第二节　剪力和弯矩・剪力图和弯矩图 …… 122
第三节　梁的正应力和切应力 …………… 133
第四节　梁的强度条件・提高梁强度的
　　　　措施 ………………………………… 141
第五节　梁的位移 …………………………… 145
第六节　梁的刚度条件・提高梁刚度的
　　　　措施 ………………………………… 153
习题与答案 …………………………………… 154

第九章　应力状态和强度理论 ………… 159
第一节　概述 ………………………………… 159
第二节　平面应力状态应力分析・
　　　　解析法 ……………………………… 160
第三节　平面应力状态应力分析・
　　　　应力圆 ……………………………… 165
第四节　空间应力状态简介 ……………… 169
第五节　各向同性材料的应力-应变关系 … 172
第六节　空间应力状态的应变能密度 …… 177
第七节　强度理论 …………………………… 179
习题与答案 …………………………………… 184

第十章　组合变形 ………………………… 187
第一节　概述 ………………………………… 187
第二节　斜弯曲 ……………………………… 188
第三节　拉伸（压缩）与弯曲的组合
　　　　变形 ………………………………… 191

第四节　弯曲与扭转的组合变形 ………… 194
习题与答案 …………………………………… 196

第十一章　压杆稳定 …………………… 198
第一节　概述 ………………………………… 198
第二节　细长压杆的临界力 ……………… 199
第三节　临界应力・欧拉公式的适用
　　　　范围 ………………………………… 201
第四节　压杆的稳定计算 ………………… 205
第五节　提高压杆稳定性的措施 ………… 207
习题与答案 …………………………………… 207

第十二章　静定结构的内力与位移
　　　　　　计算 ………………………… 210
第一节　静定结构的内力计算 …………… 210
*第二节　静定结构的位移计算・莫尔
　　　　定理 ………………………………… 214
习题与答案 …………………………………… 221

第十三章　超静定结构的受力分析 …… 223
第一节　简单超静定问题 ………………… 223
第二节　常见结构的超静定问题 ………… 227
习题与答案 …………………………………… 231

附录　型钢表（GB/T 706—2008）…… 232

参考文献 …………………………………… 247

绪论

一、工程力学的研究内容

工程力学课程主要包括"理论力学"和"材料力学"中的大部分内容，是高等学校相关专业必修的一门技术基础课，理论性较强，同时与工程实际联系密切。

本书分为两篇，第一篇为理论力学中的静力学，第二篇为材料力学。

静力学——主要研究物体受力的分析方法、力系简化的方法，以及受力物体平衡时作用力所应满足的条件等。

材料力学——主要研究在外力作用下，构件产生变形和破坏的规律，即强度、刚度、稳定性问题，为构件既安全又经济的设计提供必要的理论基础、计算方法和试验方法。

二、力学与工程

工程力学中的概念、定理、分析方法与结论广泛地应用于工程实践，是一门理论性较强、与众多工程技术领域关系密切的技术基础课。工程技术的发展需要力学，也必然会促进力学的进展，力学与工程技术相互促进。

中国是世界文明的发源地之一，历史悠久，我国古代的科学文化长期处于世界领先地位，如创造了世界上最早的水力机械"水排"（图0-1）、至今保存完好的单孔敞肩石拱桥——河北赵州桥（图0-2）、山西应县的木塔（图0-3）、很高精密度的地动仪（图0-4）等。

图 0-1

图 0-2

20世纪以来，由于力学发展我国得以实现了很多超级工程、大国重器，在多个技术领域取得了令世界瞩目的杰出成就，如高速列车（图0-5）、世界最长跨海大桥——港珠澳大桥（图0-6）、500米口径球面射电望远镜（图0-7）、中国第四代双发重型隐形战机（图0-8）、长江三峡水电站（图0-9）、北斗导航卫星（图0-10）、蛟龙号载人潜水器（图0-11）、

632米高的上海中心大厦（图0-12）等。科学技术从来没有像今天这样深刻影响着国家的前途命运和人民的生活。21世纪，国家的强盛和民族的复兴对科学技术的发展提出了更高的要求，很多重要的力学问题亟待解决。

图 0-3

图 0-4

图 0-5

图 0-6

图 0-7

图 0-8

图 0-9

图 0-10

图 0-11

图 0-12

三、工程力学的学习目的

（1）奠定后续衔接力学课程的基础。如结构力学、流体力学等。

（2）是后续专业课程的学习基础。如机械原理、机械设计、建筑结构、建筑材料、钢结构、土力学和建筑施工技术等。

（3）使学生掌握科学的研究方法，有助于培养学生的工程素质、逻辑思维能力和创新能力。

四、工程力学的学习要求与方法

工程力学课程各章节系统性较强，具有概念多、定理多、公式多、符号多等特点，学习这门课程时要注意以下几点：

（1）深入理解并掌握基本概念、定理、公式；理解定理、公式的推导过程。

（2）实验分析是工程力学解决问题的重要方法，应重视实验，做好实验。

（3）养成善于总结各章节主要内容和重点的习惯。

（4）应关注例题的解题步骤和分析方法，认真做好课后习题，除完成作业外，尽可能多地做练习题。

（5）充分利用网络学习资源，观看网络精品课程公开课。

第一篇 静力学

第一章
静力学基础

第一节 静力学的基本概念

工程力学是学习、研究和分析工程问题的基础。静力学主要研究的三个方面：（1）物体的受力分析；（2）力系的简化，或称为力系的等效替代；（3）力系的平衡条件。

一、力与力的表示

力是发生在物体之间的一种相互的机械作用。力可以改变物体的运动状态，也可以改变物体的形状，一般把这两种作用效果分别称为力的运动效应和变形效应。通常情况下，力的作用是分布在一定的面积上的，我们称之为分布力。当分布面积很小时，可将作用面积视为一个点，这时称之为集中力。

集中力的三要素是大小、方向和作用点。可以用定位矢量来描述集中力，本书用黑体的大写字母表示力矢量，如 $\boldsymbol{F}$；用普通大写字母表示力的大小，如 F。我们可以用力来代替一个物体对另一个物体的作用。

力的国际单位是牛顿，用字母 N 表示。

作用于物体上的一组力被称为力系。根据各力作用线之间的位置关系，可分为平面汇交力系、平面平行力系、平面任意力系、空间汇交力系、空间平行力系、空间任意力系等。

如果两个力系对刚体的作用效果相同，则这两个力系被称为等效力系。零力系与平衡力系在对物体的运动效应方面是等效力系。

二、刚体

所谓刚体是指在力的作用下，内部任意两点之间的距离始终保持不变的物体，是一个理想化的力学模型。在静力学中为了研究的方便，把物体简化为刚体。这样忽略了力对物体的变形效应，只考虑力对物体的运动效应。因此，在静力学中，所说的力系等效是指的力系的运动效应相同。

三、矢量与标量

在工程力学中，所有具有大小和方向的物理量都可以用矢量的方法来描述，如力可以表示为力矢量。如果一个物理量只有大小，不考虑方向，则可以用标量来表示，如力的大小。

四、平衡

当物体相对于惯性参考系静止或做匀速直线的平行移动时,物体处于平衡状态。一般的工程问题可将惯性参考系固结在地面上。

第二节 静力学公理

公理 1　力的平行四边形法则

作用在物体上同一点的两个力,可以合成为一个合力。合力的作用点也在该点,合力的大小和方向由这两个力为邻边的平行四边形的对角线确定,如图 1-1a 所示。称为合力矢的 F_R 等于两个分力矢 F_1 和 F_2 的矢量和:

$$F_R = F_1 + F_2 \tag{1-1}$$

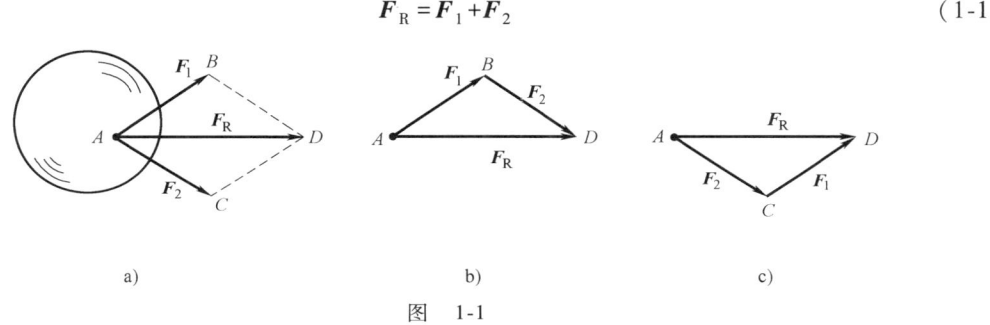

图　1-1

我们也可以利用三角形法则计算这两个力的合力。两个分力矢 F_1 和 F_2 首尾相接,从第一个力的起点指向第二个力的终点就可以得到合力矢 F_R,如图 1-1b、c 所示。并且交换两个分力矢 F_1 和 F_2 的顺序,并不改变合力矢 F_R 的结果。因此,矢量加法满足交换律。

公理 2　二力平衡条件

作用在同一个刚体上的两个力,使刚体保持平衡的充分必要条件是:这两个力大小相等、方向相反、作用在同一条直线上。如图 1-2 所示,其中 $F_1 = -F_2$。

当一个构件只受两个力作用,且处于平衡状态时,该构件被称为二力构件,或二力杆。这种情况,作用在二力杆上的这两个力的作用线,一定是这两个力作用点的连线。

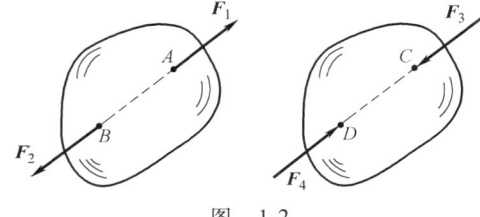

图　1-2

公理 3　加减平衡力系原理

在作用于刚体上的力系中,加上或减去一个平衡力系,不会改变原力系对刚体的作用效果。此原理只适用于刚体,并不适用于变形体。

根据此原理,可以导出下列推论:

推论 1　力的可传性

作用于刚体上的某个力,可沿其作用线移动至刚体内部的任意一点,并不改变此力对刚体的作用效果。

证明: 在刚体的 A 点上作用着力 F,如图 1-3a 所示。根据加减平衡力系原理,在刚体内,力 F 的作用线上任取一点 B,并在 B 点加上一对平衡力 F_1 和 F_2,使 $F = F_1 = -F_2$,如图 1-3b 所示。由于 F 和 F_2 也是一对平衡力,再根据加减平衡力系原理,可去除 F 和 F_2,如图 1-3c 所示,即将力 F 沿其作用线从点 A 移动至了点 B。

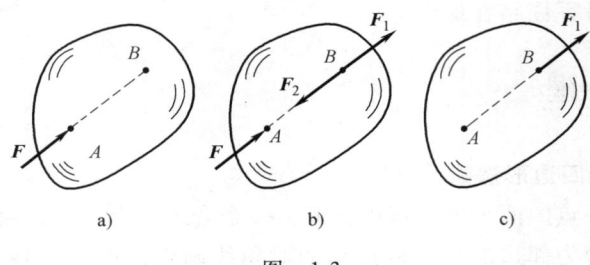

图 1-3

由于力的可传性,作用在刚体上的力的三要素可改为:大小、方向和作用线。但此性质并不适用于变形体。

推论 2　三力平衡汇交定理

作用在刚体上的三个不平行的力使刚体平衡的必要条件是:此三力的作用线共面且汇交于一点。

证明: 如图 1-4a 所示,在刚体上作用着由力 F_1、F_2 和 F_3 组成的平衡力系。根据力的可传性,可将力 F_1 和 F_2 的作用点移动到汇交点 O,如图 1-4b 所示。根据力的力的平行四边形法则,可得 F_1 和 F_2 的合力 F_{R12}。力 F_3 应与 F_{R12} 平衡,根据二力平衡条件,力 F_3 的作用线必与 F_1 和 F_2 共面,且过点 O,定理得证。

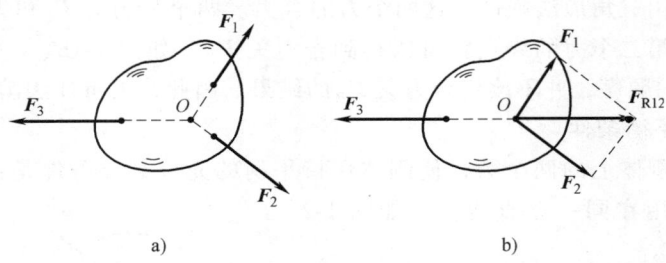

图 1-4

当刚体在三个不平行力的作用下平衡时,该定理常用来确定其中某一个未知力的作用线。

公理 4　作用与反作用定律

两个物体之间的作用力和反作用力总是同时存在,且大小相等、方向相反、沿同一条直线,分别作用在这两个物体上。如图 1-5 所示,两个物体 A、B 之间的相互作用力为 F 和 F'。

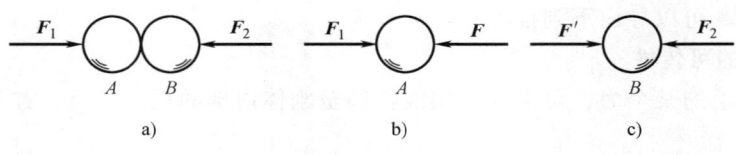

图 1-5

公理 5　刚化原理

变形体在一力系作用下处于平衡状态，若将此变形体理想化为刚体，其平衡状态保持不变。

如图 1-6 所示，柔绳在一对平衡的拉力作用下平衡，若将柔绳刚化为刚体，并不改变力系的平衡状态。

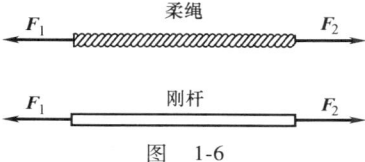

图　1-6

由此原理可知，我们可以把变形体理想化为刚体模型，这并没有改变力系的平衡性质。需要指出，平衡力系是刚体平衡的充分必要条件，但平衡力系仅是变形体平衡的必要条件。如一对平衡的压力作用下的刚体保持平衡，而柔绳并不能平衡。

第三节　约束与约束力

在空间位移不受限制的物体称为自由体。如在空中飞行的飞机、人造卫星等。如果物体的某个方向的位移受到了其他物体的限制，则被称为非自由体。对非自由体起到限制作用的物体称为约束。

当物体沿约束所能限制的方向有运动或有运动趋势时，约束就会对物体起限制作用，从力学角度来看，这种作用是一种力，称这种力为约束力。约束力的方向一定与该约束限制物体位移的方向相反。

下面分述工程中常见的约束及其约束力。

1. 柔索约束

由不计自重的绳索、链条和胶带等构成的约束称为柔索约束。如图 1-7 所示，由于柔索只能限制物体沿柔索的轴线远离其连接点，因此柔索约束对物体的约束力也只能沿柔索的轴线方向，背离物体，表现为拉力，用符号 F_T 表示。

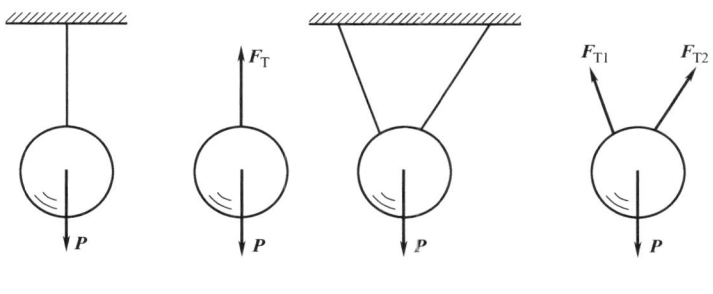

图　1-7

2. 光滑接触表面约束

当被约束物体与其他物体接触时，如果接触表面光滑，那么被约束物体在接触面的公切线方向的运动不受任何限制，但不能在接触点沿公法线向约束它的物体运动。因此，光滑接触表面对约束物体的约束力作用于接触点，并沿接触面公法线且指向被约束物体，常称为法向约束力，用符号 F_N 表示。如图 1-8 所示的支持物体的固定面、图 1-9 所示的啮合齿轮的齿面都属于这种约束。

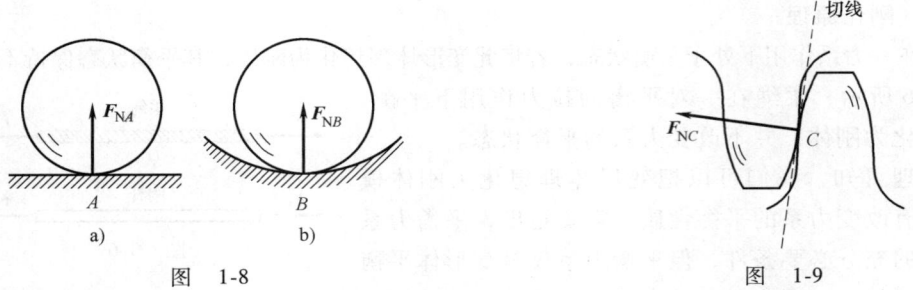

图 1-8　　　　　　　　　　　　　　图 1-9

3. 光滑圆柱铰链约束

构件 A 和构件 B 上被钻上直径相同的圆孔，并用销钉 C 连接起来，不计它们之间的摩擦，这类约束称为光滑圆柱铰链约束，简称为铰链约束，如图 1-10 所示。

铰链约束可用图 1-11a 所示的力学简图表示。这类约束只限制物体在垂直于销钉轴线的平面内的任意方向的相对位移，因此铰链的约束力为作用在与销钉轴线垂直的平面内，且通过销钉中心，但方向待定的 F_A，通常用过铰链中心的互相垂直的两个分力 F_{Ax}、F_{Ay} 表示，如图 1-11b 所示。

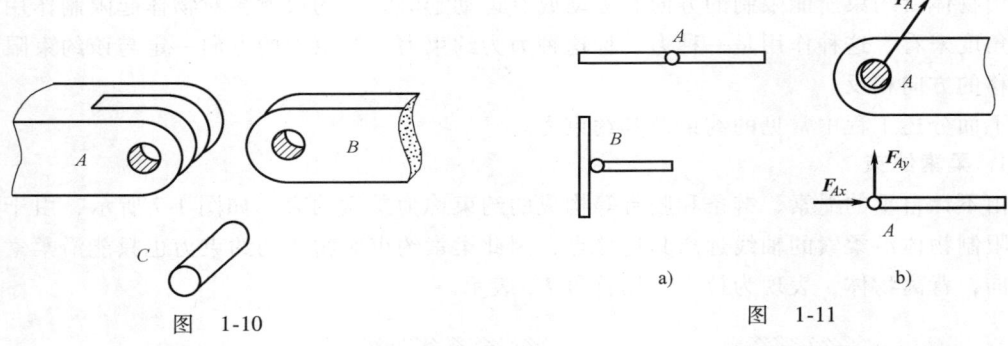

图 1-10　　　　　　　　　　　　　　图 1-11

4. 固定铰支座

将构件连接到地面、墙体、机器的机身等支承物上的装置称为支座。利用销钉 C 把构件 B 与支承底板 A 连接，并将底板固定在支承物上，称这种约束为固定铰支座，如图 1-12 所示。

与光滑圆柱铰链相同，其约束力可用互相垂直的两个分力 F_{Ax}、F_{Ay} 表示（图 1-13）。

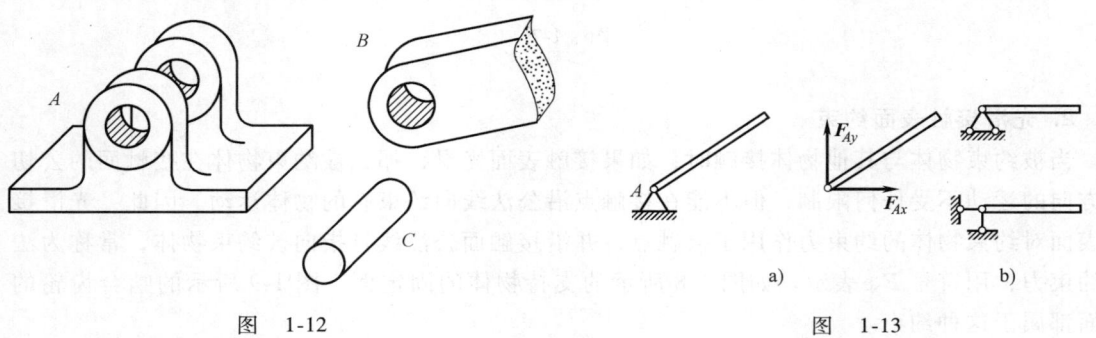

图 1-12　　　　　　　　　　　　　　图 1-13

5. 向心轴承

向心轴承对轴的约束特点与固定铰支座对物体的约束特点相似。向心轴承对轴的约束力作用在与轴垂直的平面内，其作用线通过轴心，但方向不能确定。因此，通常以相互垂直的两个分力 F_{Ax}、F_{Ay} 来表示，如图1-14所示。

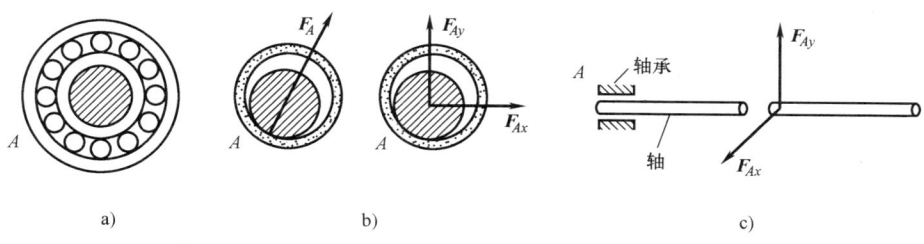

图 1-14

6. 滚动支座

滚动支座是在固定铰支座的底座与支承面之间安装几个滚轴构成的装置（图1-15a），其力学简图如图1-15b所示。

滚动支座可以沿支承面移动，允许由于温度变化而引起结构沿长度方向的伸长或缩短。因此，滚动支座的约束力必垂直于支承面，且通过铰链中心。通常用 F_A 或 F_{NA} 表示其法向约束力，如图1-15c所示。

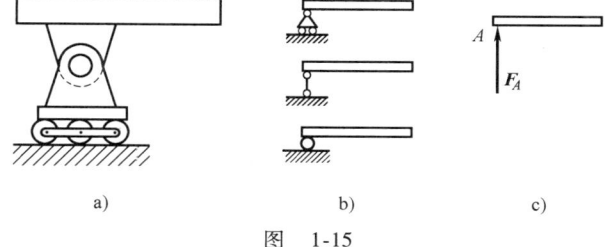

图 1-15

7. 球铰链

将固结于杆件一端的圆球与球壳连接在一起的约束称为球铰链，如图1-16所示。这种约束使球心不能有任何位移，但杆件可绕球心转动。若忽略摩擦，其约束力必通过球心，但方向在空间中不能确定。因此，一般用作用在球心的三个正交分力 F_{Ax}、F_{Ay} 和 F_{Az} 来表示，如图1-16c所示。

8. 止推轴承

此类轴承除了限制轴的径向位移以外，还能限制轴沿轴向的位移。因此，它的约束力可由三个正交的分力 F_{Ax}、F_{Ay} 和 F_{Az} 表示，如图1-17所示。

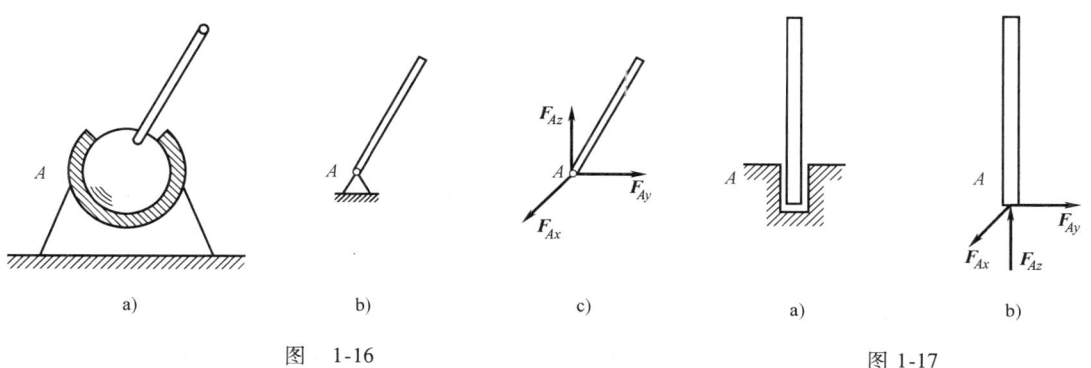

图 1-16　　　　　　　　　　　　　　　图 1-17

以上介绍了几种常见的约束,在实际工程中的约束类型远不止这些,而且往往比较复杂。在具体分析时,可根据其对物体运动的限制特点加以抽象和简化,以判断其约束力的方向或作用线。

第四节 物体的受力分析与受力图

为了分析实际的工程问题,首先要确定物体受了几个力,每一个力的作用位置和作用方向,这个分析的过程被称为物体的受力分析。

作用在物体上的力可以分为主动力和约束力。主动力也称作荷载,例如物体的重力、风力、气体的压力等,一般是已知的。对于非自由体,除了受主动力外,还受到约束力的作用,一般是未知的。

为了对所研究的物体进行受力分析,需要把该物体从周围的物体中分离出来,并单独画出其图形,这个步骤叫作取研究对象或取分离体。然后再画出该物体所受全部的主动力和约束力,这样得到的图形被称为该物体的受力图。在受力图中,约束力代表了约束对物体的限制作用,因此,约束与约束力不应同时出现在受力图上。画物体的受力图是分析工程力学问题的一个重要步骤。

例题 1-1 屋架如图 1-18a 所示,已知屋架自重 P,且受到均匀分布的风力 q(单位 N/m)作用。A 处为固定铰支座,B 处为滚动支座。试画出屋架的受力图。

解:(1)取屋架为研究对象,画出其简图。

(2)画主动力。在屋架简图处画出屋架自重 P 和均匀分布的风力 q。

(3)画约束力。A 处为固定铰支座,其约束力可用两个大小未知的正交分力 F_{Ax}、F_{Ay} 表示。B 处为滚动支座,约束力垂直于支承面,用 F_{NB} 表示。

屋架的受力图如图 1-18b 所示。

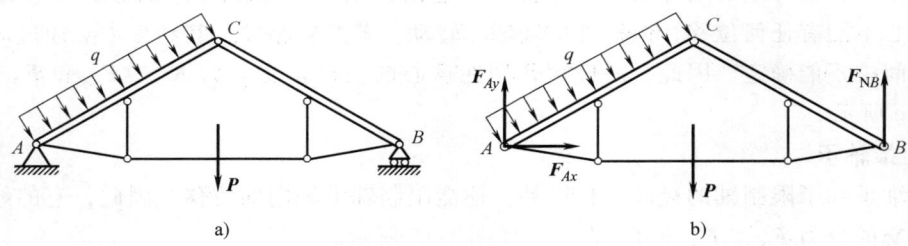

图 1-18

例题 1-2 如图 1-19a 所示,重为 P 的钢管用不计自重的板 AB 和绳子 BC 支承于竖直墙面。板在 A 端受到固定铰支座的约束。设所有接触面都是光滑的,试分别画出管子 O 及板 AB 的受力图。

解:(1)取管子 O 为研究对象。它所受的主动力为重力 P,与墙和板 AB 分别在 D、E 两点的约束为光滑接触表面约束,其约束力分别为 F_D 和 F_E。F_D 和 F_E 均沿各自所在的接触面的公法线,通过管子截面中心 O 点并指向管子。管子 O 的受力图如图 1-19b 所示。

(2)取板 AB 为研究对象。板 AB 在 E 点受到管子对它的作用力 F'_E。F'_E 与 F_E 互为作用力与反作用力,二者等值、共线、反向。板 AB 在 B 点受到绳子 BC 对它的约束力 F_T,此处

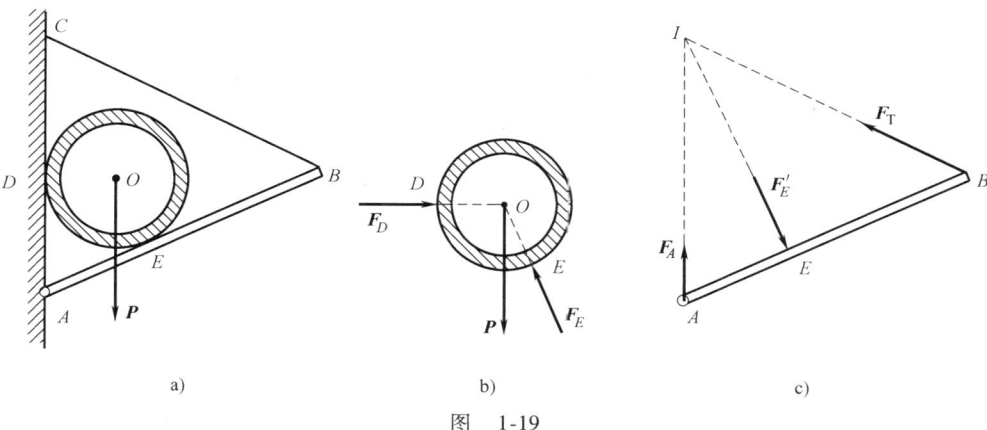

图 1-19

为柔索约束,因此 F_T 沿 BC 方向,背离板 AB,表现为拉力。由于 F'_E 和 F_T 的作用线已知,因此可以得到这两个力的交点 I。又由于板 AB 只受到 F'_E、F_T 和固定铰支座的约束力 F_A 这三个力的作用,且处于平衡状态,由三力平衡汇交定理可知,F_A 作用于 A 点必过 I 点,因此我们可以确定固定铰支座的约束力 F_A 的作用线。板 AB 的受力图如图 1-19c 图所示。

例题 1-3 三铰拱结构自重不计,其受力如图 1-20a 所示,试分别画出构件 AC、BC 和整体的受力图。

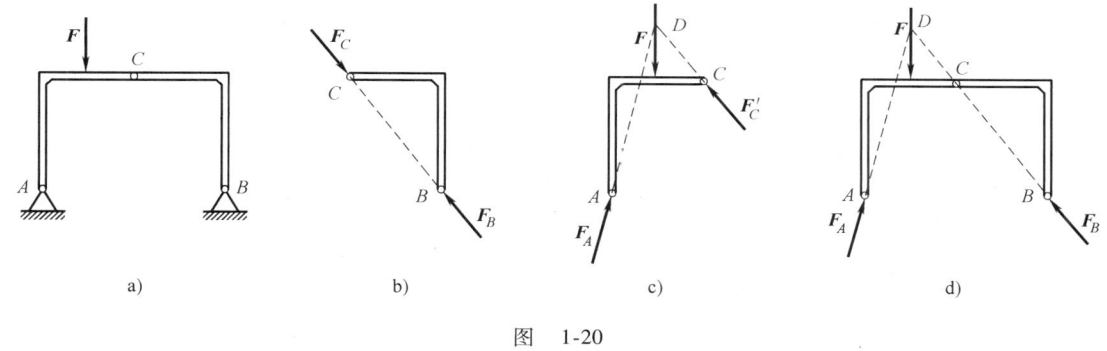

图 1-20

解:(1)取构件 BC 为研究对象。由于不计自重,构件 BC 仅在 B、C 两点受力,且处于平衡状态,故其为二力构件。因此,B、C 两处的约束力 F_B、F_C 的作用线一定沿 B、C 两点的连线,且等值反向,可表示为 $F_B = -F_C$,其受力图如图 1-20b 所示。

(2)取构件 AC 为研究对象。构件 AC 受到主动力 F、构件 BC 对它的反作用力 F'_C 以及固定铰支座 A 的约束力 F_A 的作用而处于平衡状态。由作用与反作用定律,有 $F_C = -F'_C$,因此可得到力 F 与 F'_C 作用线的交点 D。又由三力平衡汇交定理可知,固定铰支座 A 的约束力 F_A 的作用线一定沿 A、D 两点的连线,其受力图如图 1-20c 所示。

(3)取整体为研究对象。画出主动力 F,解除 A、B 处的约束,画出这两处的约束力 F_A 和 F_B,如图 1-20d 所示。

注意:若不考虑 BC 为二力构件及三力平衡汇交定理,也可以将固定铰支座的约束力用正交分力表示,受力图如图 1-21 所示。

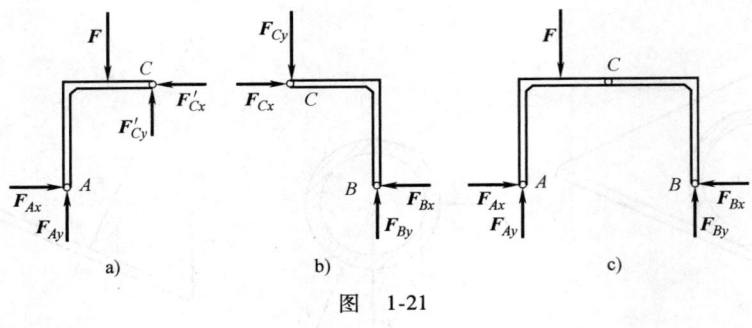

图 1-21

习题

1-1 画出题 1-1 图中各物体的受力图，未画重力的物体不计自重，所有的接触面都是光滑的。

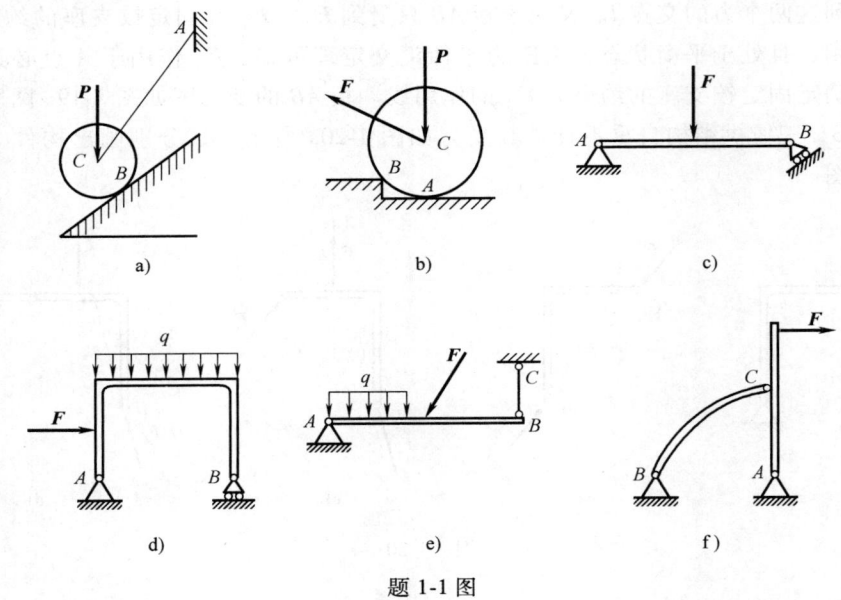

题 1-1 图

1-2 画出题 1-2 图中各物体系统中指定物体的受力图，未画重力的物体不计自重，所有的接触面都是光滑的。

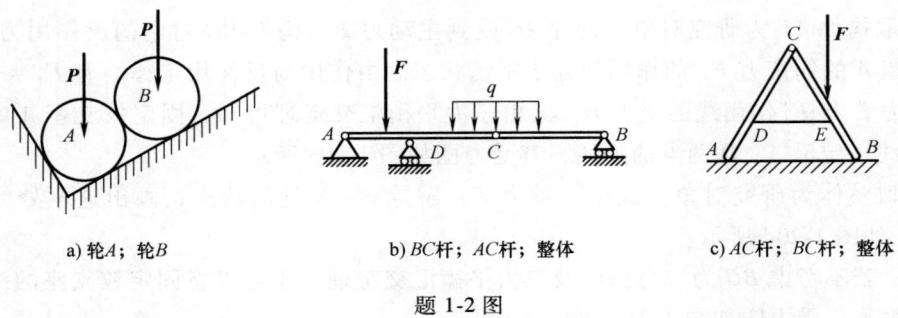

a) 轮A；轮B　　　　　b) BC杆；AC杆；整体　　　　　c) AC杆；BC杆；整体

题 1-2 图

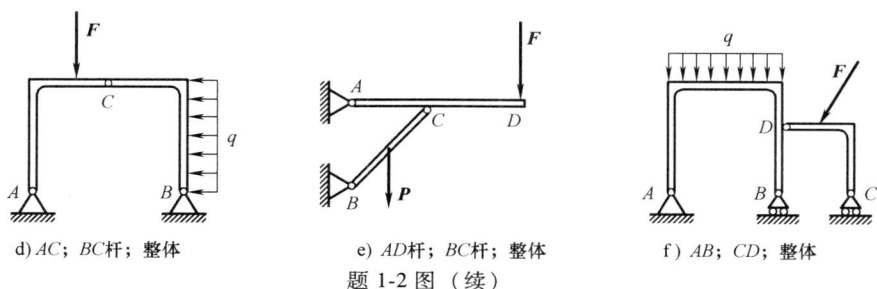

d) AC；BC杆；整体　　　　e) AD杆；BC杆；整体　　　　f) AB；CD；整体

题 1-2 图（续）

1-3　设力 F 作用在铰链 C 处的销钉上，如题 1-3 图所示，杆 AC 和杆 BC 的自重不计。
（1）分别画出杆 AC、杆 BC 和销钉 C 的受力图；
（2）若销钉 C 属于杆 AC，分别画出杆 AC 和杆 BC 的受力图；
（3）若销钉 C 属于杆 BC，分别画出杆 AC 和杆 BC 的受力图。

1-4　两层刚架，自重不计，受力如题 1-4 图所示，试分别画出各部分以及整体的受力图。

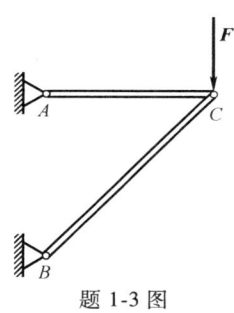
题 1-3 图

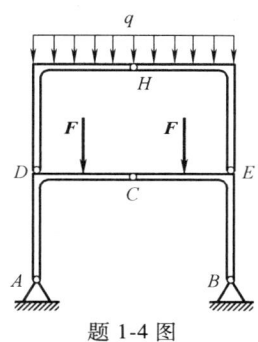
题 1-4 图

第二章 平面力系

平面力系是指力系中各力的作用线都处于同一个平面内的力系。在工程中遇到的问题有很多都可以简化成平面力系的问题来处理。本章主要研究平面力系的合成与平衡问题。

第一节 平面汇交力系

当力系中各力的作用线都在同一平面内且汇交于一点时,称该力系为平面汇交力系。平面汇交力系是力系中最简单、最基础的一种力系。本节将分别用几何法和解析法来分析平面汇交力系的合成与平衡问题。

一、平面汇交力系合成的几何法、力多边形法则

如图 2-1a 所示,一刚体上受一平面汇交力系 F_1、F_2、F_3 和 F_4 的作用,汇交点为 O,根据刚体上力的可传性,可将这四个力沿其作用线移至汇交点 O,如图 2-1b 所示。然后利用力合成的三角形法则,先求出 F_1 和 F_2 的合力 F_{R1},再求出 F_{R1} 和 F_3 的合力 F_{R2},最后求出 F_{R2} 和 F_4 的合力 F_R,如图 2-1c 所示。显然,F_R 就是原力系 F_1、F_2、F_3 和 F_4 的合力,即

$$F_R = F_1 + F_2 + F_3 + F_4$$

如图 2-1d 所示,在求解过程中,可以省略 F_{R1} 和 F_{R2},按首尾相接的方法依次画出原力系中的各力矢量,得到力多边形 $abcde$,然后由从第一个力矢量的起点 a 连到最后一个力矢量的终点 e,即力多边形 $abcde$ 的封闭边 ae 就是原力系的合力 F_R。合力 F_R 的作用线应通过原力系中各力作用线的汇交点。

根据矢量加法的交换律,任意改变原力系各力的作图顺序,只会使力多边形改变形状,并不改变合力的大小和方向,如图 2-1e 所示。

上述用力多边形封闭边确定平面汇交力系合力的方法称为力多边形法则。显然,无论原平面汇交力系由多少个力组成,都可以用这种方法来确定其合力的大小和方向。总之,平面汇交力系可以合成为一个合力,合力大小和方向由力多边形的封闭边确定,其作用线通过汇交点。合力等于原力系中所有力的矢量和,即

$$F_R = F_1 + F_2 + \cdots + F_n = \sum_{i=1}^{n} F_i$$

可简写为

$$F_R = \sum F_i \tag{2-1}$$

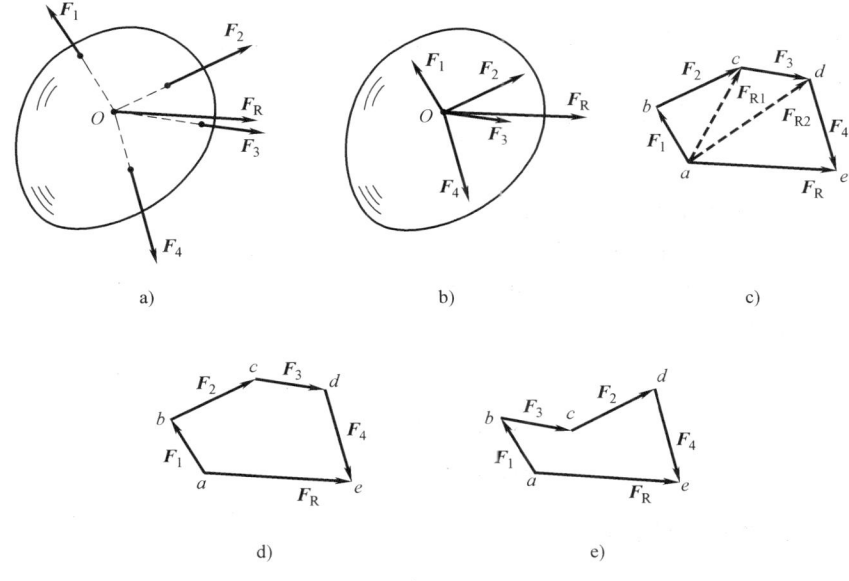

图 2-1

二、平面汇交力系平衡的几何条件

由于平面汇交力系可合成为一个合力，即该力系与其合力等效。因此，平面汇交力系平衡的充分和必要条件是：该力系的合力等于零，即

$$\sum \boldsymbol{F}_i = \boldsymbol{0} \tag{2-2}$$

由于力多边形的封闭边确定了平面汇交力系的合力，所以当平面汇交力系平衡时，该力系的力多边形自行封闭，这就是平面汇交力系平衡的几何条件。利用这一条件，可以求出平面汇交力系平衡问题中的两个未知量。

三、力的解析表达式

1. 力在轴上的投影

设有一力 $\boldsymbol{F}$ 和一个轴 n，过矢量力 $\boldsymbol{F}$ 的起点 A 和终点 B 分别向 n 轴作垂线，得到垂足 a、b，线段 ab 称为力 $\boldsymbol{F}$ 在 n 轴上的投影，记作 F_n。当起点的垂足 a 到终点的垂足 b 的指向与 n 轴正向一致时，投影 F_n 取正号（图 2-2a），反之为负（图 2-2b）。

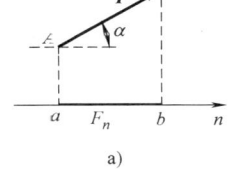
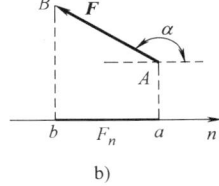

a) b)

图 2-2

力在轴上的投影等于力的大小乘以力与轴正向之间夹角的余弦，即

$$F_n = F\cos\alpha \tag{2-3}$$

2. 力的解析表达式

设在平面直角坐标系下有一力 $\boldsymbol{F}$，如图 2-3 所示。图中，$\boldsymbol{F}_x$、$\boldsymbol{F}_y$ 是力 $\boldsymbol{F}$ 沿 x、y 轴的两个正交分力，根据力的平行四边形法则有

$$F = F_x + F_y$$

图中，F_x、F_y 为该力在 x、y 轴上的投影。设 x、y 轴的单位矢量 i、j，则有

$$\left.\begin{aligned} F_x &= F_x i \\ F_y &= F_y j \end{aligned}\right\} \quad (2\text{-}4)$$

由此可得力 F 在平面直角坐标系下的解析表达式

$$F = F_x i + F_y j \quad (2\text{-}5)$$

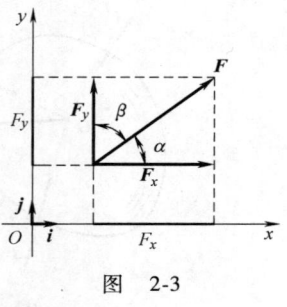

图 2-3

如果已知力 F 在平面直角坐标系下的投影 F_x、F_y，那么力 F 的大小和方向余弦可由下式确定：

$$\left.\begin{aligned} F &= \sqrt{F_x^2 + F_y^2} \\ \cos(\boldsymbol{F}, \boldsymbol{i}) &= F_x / F \\ \cos(\boldsymbol{F}, \boldsymbol{j}) &= F_y / F \end{aligned}\right\} \quad (2\text{-}6)$$

四、平面汇交力系合成的解析法

设由 F_1，F_2，…，F_n 组成的平面汇交力系，以汇交点 O 为原点建立平面直角坐标系，如图 2-4a 所示。由几何法可知，其合力 $\boldsymbol{F}_R = \sum \boldsymbol{F}_i$。将各力的解析表达式代入，有

$$F_{Rx} i + F_{Ry} j = \sum (F_{ix} i + F_{iy} j)$$

交换上式右侧各项的顺序，有

$$F_{Rx} i + F_{Ry} j = (\sum F_{ix}) i + (\sum F_{iy}) j$$

又由于单位矢量 i、j 是彼此独立的，因此要满足上式，有

$$\left.\begin{aligned} F_{Rx} &= \sum F_{ix} \\ F_{Ry} &= \sum F_{iy} \end{aligned}\right\}$$

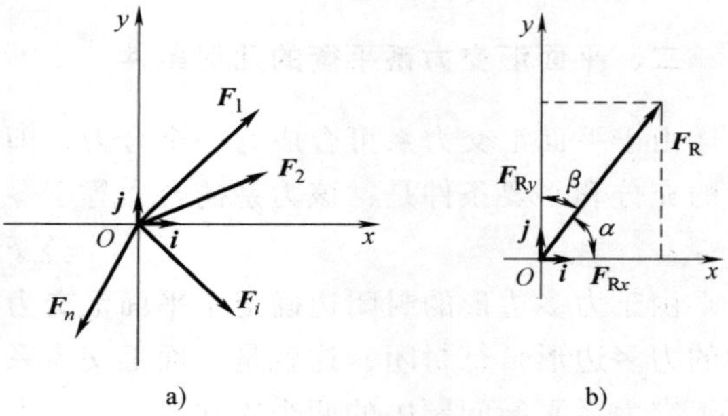

图 2-4

为书写方便，上式一般省略 i，可写成

$$\left.\begin{aligned} F_{Rx} &= \sum F_x \\ F_{Ry} &= \sum F_y \end{aligned}\right\} \quad (2\text{-}7)$$

由此可以得到汇交力系的合力投影定理，即合力在任一轴上的投影等于各分力在同一轴上投影的代数和。

合力 $\boldsymbol{F}_R$ 的大小和方向余弦为

$$\left.\begin{aligned} F_R &= \sqrt{F_{Rx}^2 + F_{Ry}^2} = \sqrt{(\sum F_x)^2 + (\sum F_y)^2} \\ \cos(\boldsymbol{F}_R, \boldsymbol{i}) &= \sum F_x / F_R \\ \cos(\boldsymbol{F}_R, \boldsymbol{j}) &= \sum F_y / F_R \end{aligned}\right\} \quad (2\text{-}8)$$

合力 $\boldsymbol{F}_R$ 的作用线通过汇交点。

五、平面汇交力系平衡的解析条件与平衡方程

平面汇交力系平衡的充分和必要条件是：该力系的合力 F_R 等于零。由式（2-8），有平面汇交力系的平衡方程

$$\left.\begin{array}{l} \sum F_x = 0 \\ \sum F_y = 0 \end{array}\right\} \quad (2-9)$$

即平面汇交力系平衡的解析条件为：该力系中各力在 x 轴和 y 轴上投影的代数和等于零。实际上，只要平面汇交力系平衡，该力系在任一轴上的投影都等于零，但其中只有两个独立（有效）的方程，因此只能求解两个未知量。

例题 2-1 三个力作用在铁环上，其力的作用线均过铁环圆心点 O，其方向如图 2-5a 所示，已知三力的大小分别为 $F_1 = 130\mathrm{N}$，$F_2 = 100\mathrm{N}$，$F_3 = 80\mathrm{N}$。试确定这三个力的合力 F_R。

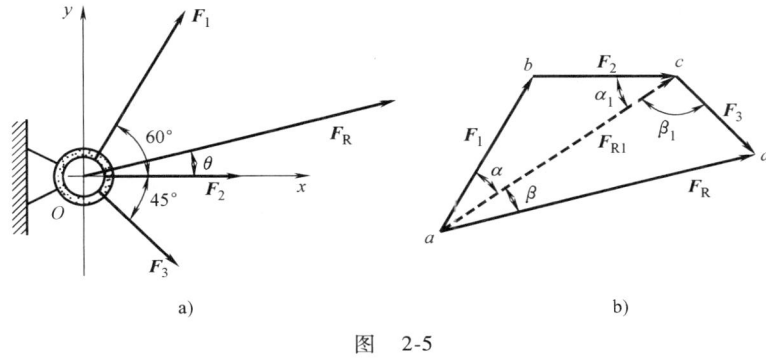

图 2-5

解：方法一，图解法

按一定比例，沿各自的方向，将 F_1、F_2 和 F_3 首尾相接，如图 2-5b 所示。若按比例尺量得的待求量是近似值，利用几何关系计算得到的是精确值。在 $\triangle abc$ 中由余弦定理可得

$$F_{R1} = \sqrt{F_1^2 + F_2^2 - 2F_1 F_2 \cos 120°} = 199.75\mathrm{N}$$

由正弦定理有

$$\frac{F_2}{\sin\alpha} = \frac{F_{R1}}{\sin 120°}$$

于是，可得

$$\alpha = 25.69°$$
$$\alpha_1 = 180° - 120° - 25.69° = 34.31°$$
$$\beta_1 = 180° - 45° - \alpha_1 = 100.69°$$

在 $\triangle acd$ 中由余弦定理可得合力的大小为

$$F_R = \sqrt{F_{R1}^2 + F_3^2 - 2F_{R1} F_3 \cos\beta_1} = 228.54\mathrm{N}$$

由正弦定理有

$$\frac{F_3}{\sin\beta} = \frac{F_R}{\sin\beta_1}$$

于是，可得
$$\beta = 20.12°$$
所以合力与 x 轴的夹角 $\theta = 60° - (\alpha + \beta) = 60° - (25.69° + 20.12°) = 14.19°$

方法二，解析法

过汇交点 O，建立平面直角坐标系
$$F_{Rx} = F_{1x} + F_{2x} + F_{3x} = 130\text{N} \times \cos60° + 100\text{N} + 80\text{N} \times \cos45° = 221.57\text{N}$$
$$F_{Ry} = F_{1y} + F_{2y} + F_{3y} = 130\text{N} \times \sin60° - 80\text{N} \times \sin45° = 56.01\text{N}$$

合力的大小为
$$F_R = \sqrt{F_{Rx}^2 + F_{Ry}^2} = 228.54\text{N}$$

合力与 x 轴的夹角为
$$\theta = \arctan\left|\frac{F_{Ry}}{F_{Rx}}\right| = 14.19°$$

例题 2-2 图 2-6a 所示，一平面结构由杆 AB 与 AC 组成，A、B、C 三点都是铰接。A 点悬挂一重物，其重量 $G = 50\text{kN}$，杆件的自重忽略不计。试求杆 AB 与 AC 所受的力。

解：（1）取研究对象，画受力图。选销钉 A 连同重物为研究对象，由于杆 AB 与 AC 均是二力杆，它们对销钉 A 的约束力 $\boldsymbol{F}_{AB}$ 和 $\boldsymbol{F}_{AC}$ 的作用线分别沿各自杆件的轴线，且都设为拉力，受力图如图 2-6b 所示。

（2）列平衡方程。以 A 为原点建立平面直角坐标系，为避免解联立方程，其中 x 轴与力 $\boldsymbol{F}_{AC}$ 垂直，选 x 轴和 y 轴为投影轴，列平衡方程为

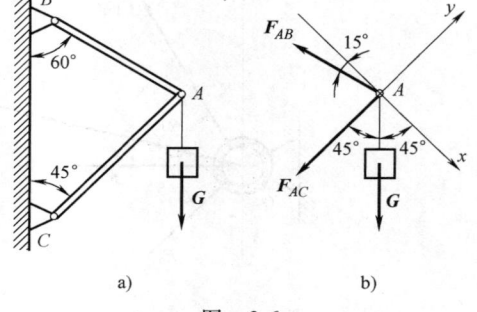

图 2-6

$$\sum F_x = 0, \quad -F_{AB}\cos15° + G\cos45° = 0$$
$$\sum F_y = 0, \quad -F_{AB}\sin15° - F_{AC} - G\cos45° = 0$$

（3）求解方程。代入数据，分别解得
$$F_{AB} = 36.60\text{kN}, \quad F_{AC} = -44.83\text{kN}$$

F_{AB} 为正值，表示力 $\boldsymbol{F}_{AB}$ 的实际方向与假设方向相同，即杆 AB 受拉。F_{AC} 为负值，表示力 $\boldsymbol{F}_{AC}$ 的实际方向与假设方向相反，即杆 AC 受压。

第二节 平面力对点之矩

力能够使刚体的运动状态发生改变，包括平移和转动。力对刚体的平移效应可用力矢来度量，而力使刚体绕某点的转动效应要用力对点之矩来度量。

一、力对点之矩

力对点之矩，简称为力矩，是度量力使刚体绕某点转动效应的物理量。如图 2-7 所示，力 $\boldsymbol{F}$ 与点 O 位于同一平面内，称点 O 为矩心，点 O 到力 $\boldsymbol{F}$ 作用线的垂直距离 h 为力臂。

实践证明，力 $\boldsymbol{F}$ 使物体绕点 O 转动的效果不仅与力 $\boldsymbol{F}$ 的大小成正

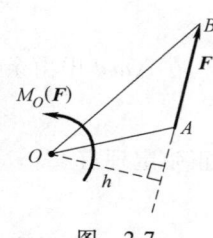

图 2-7

比,而且还与力臂 h 成正比。另外,力 F 使物体绕点 O 转动方向不同,作用效果也不同。因此,平面问题中力对点之矩的定义如下:

平面力对点之矩是一个代数量,其绝对值等于力的大小与力臂的乘积,当力使物体绕矩心逆时针转动时为正,反之为负。以符号 $M_O(\boldsymbol{F})$ 表示力 $\boldsymbol{F}$ 对点 O 的矩的大小,即

$$M_O(\boldsymbol{F}) = \pm Fh \tag{2-10}$$

显然,力沿作用线移动时,并不会改变力对点之矩。

力矩的常用单位为 N·m 或 kN·m。

二、合力矩定理与力矩的解析表达式

合力矩定理:平面汇交力系的合力对平面内任一点之矩等于所有分力对同一点之矩的代数和,即

$$M_O(\boldsymbol{F}_R) = \sum M_O(\boldsymbol{F}_i) \tag{2-11}$$

其中,$\boldsymbol{F}_R$ 为平面汇交力系的合力,$\boldsymbol{F}_i$ 为力系中的第 i 个分力。

将该定理用于平面直角坐标系,可得平面内力对点之矩的解析表达式。

如图 2-8 所示,已知力 $\boldsymbol{F}$,作用于点 $A(x,y)$,沿 x 轴和 y 轴的分力分别为 $\boldsymbol{F}_x$ 和 $\boldsymbol{F}_y$。根据合力矩定理,有

$$M_O(\boldsymbol{F}) = M_O(\boldsymbol{F}_x) + M_O(\boldsymbol{F}_y) = F_y x - F_x y \tag{2-12}$$

上式称为平面内力对点之矩的解析表达式,其中,F_x、F_y 是力 $\boldsymbol{F}$ 在 x 轴和 y 轴上的投影,x、y 是力 $\boldsymbol{F}$ 作用点的坐标。由于力沿作用线移动时并不会改变力对点之矩,x、y 也可以用力 $\boldsymbol{F}$ 作用线上任一点的坐标。

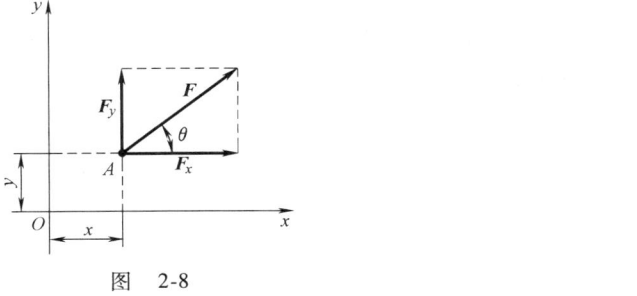

图 2-8

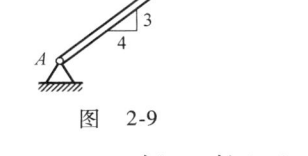

图 2-9

例题 2-3 杆 AB 受一力 F 的作用,如图 2-9 所示,已知 $F=130\text{N}$,杆 AB 长 0.5m。试利用合力矩定理求力 F 对点 A 之矩。

解:将力 F 分解成水平分力 F_x 和竖直分力 F_y,其中两个分力的大小分别为 $F_x=120\text{N}$、$F_y=50\text{N}$,有

$$M_A(\boldsymbol{F}) = M_A(\boldsymbol{F}_x) + M_A(\boldsymbol{F}_y) = (120 \times 0.3 + 50 \times 0.4)\text{N·m} = 56\text{N·m}$$

第三节 平面力偶系

一、力偶与力偶矩

力偶由两个大小相等、方向相反且不共线的平行力组成的力系,如图 2-10 所示,记作

(F, F')。称力偶的两个力之间的垂直距离 d 为力偶臂。

由于力偶中的两个力等值、反向、平行且不共线，所以两个力在任何一个轴上的投影和都等于零，但不能合成为一个力，即不能用一个力来等效力偶，因此，力偶也不能用一个力来平衡。力和力偶是静力学的两个基本要素。

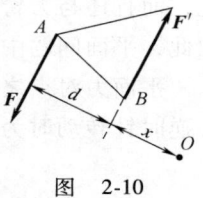

图 2-10

力偶可以改变刚体的转动状态，而度量力使刚体绕某点转动效果的量是力矩。那么，力偶（F，F'）对点 O 的转动效果可由这两个力对点 O 取矩的代数和决定，即

$$M_O(F, F') = M_O(F) + M_O(F') = F(d+x) - F'x = Fd$$

由上式可以看出，力偶（F，F'）对点 O 的矩与点 O 的位置没有关系，只与力偶中力的大小 F 和力偶臂 d 的乘积有关。换言之，力偶（F，F'）对任一点的矩都等于 Fd，与矩心无关。因此，在平面中，将力偶中力的大小与力偶臂长度的乘积定义为力偶矩，记为 $M(F, F')$ 或 M，并规定力偶使物体逆时针转向时为正，反之为负。即

$$M(F, F') = \pm Fd \quad 或 \quad M = \pm Fd \tag{2-13}$$

因此，力偶（F，F'）对任一点的矩都等于力偶矩。

力偶矩的常用单位与力矩相同，也为 N·m 或 kN·m。

二、力偶的等效性质

力偶只能改变物体转动的状态，而转动效应完全取决于力偶矩。因此，在同一平面内的两个力偶等效的充分与必要条件是这两个力偶的力偶矩相等。

由力偶等效的条件可以推出力偶如下性质：

当力偶矩保持不变时，力偶可在其作用面内任意移转，且可以同时改变力偶中力的大小和力偶臂的长短，而不影响力偶对刚体的作用效果。

例如，在图 2-11a、b、c 中所示的三个力偶对方向盘的转动效果是相同的。图 a 和图 b 是双手转动方向盘的受力简图，图 c 是单手转动方向盘的受力简图，其中 $2F'$ 是方向盘轴对方向盘的约束力。

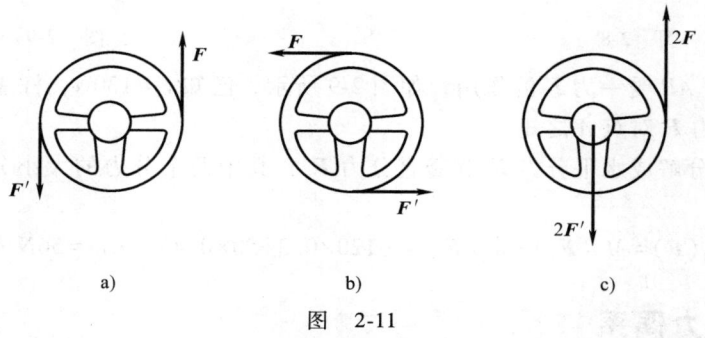

图 2-11

由上述力偶的性质可知，对于一个力偶而言，关键是知道其力偶矩，并不一定需要确定组成力偶的两个力的大小、方向和作用点。因此，为了画图方便，在受力图中通常使用图 2-12 中所示的符号表示力偶，M 表示力偶矩。

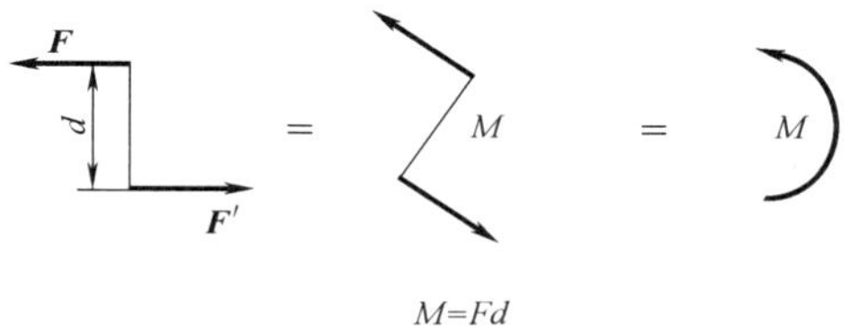

图 2-12

三、平面力偶系的合成与平衡

如图 2-13a 所示，在同一平面内有 n 个力偶，组成一个平面力偶系，其力偶矩分别为 M_1，M_2，…，M_i，…M_n。

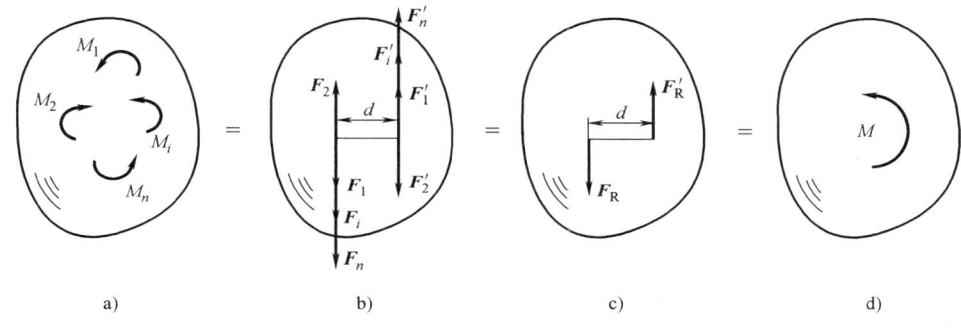

图 2-13

任选长度 d 作为力偶臂，有

$$F_1 = \frac{M_1}{d}, \quad F_2 = \frac{M_2}{d}, \cdots, \quad F_i = \frac{M_i}{d}, \cdots, \quad F_n = \frac{M_n}{d}$$

则图 a 与图 b 所示的力系等效。以 $\boldsymbol{F}_R$ 表示合力，有

$$F_R = F_1 - F_2 + \cdots + F_i + \cdots F_n$$

显然有 $\boldsymbol{F}_R = -\boldsymbol{F}'_R$，力偶（$\boldsymbol{F}_R$，$\boldsymbol{F}'_R$）的力偶矩为 $M = F_R d$。上式各项同乘以 d，有

$$F_R d = F_1 d - F_2 d + \cdots + F_i d + \cdots F_n d$$

即

$$M = M_1 - M_2 + \cdots + M_i + \cdots M_n = \sum M_i \tag{2-14}$$

上式表明，平面力偶系可以合成为一个合力偶，合力偶矩等于力偶系中各力偶矩的代数和。

根据合成结果可知，平面力偶系平衡的充分和必要条件是：力偶系中各力偶矩的代数和等于零，即

$$\sum M_i = 0 \tag{2-15}$$

上式称为平面力偶系的平衡方程。

例题 2-4 图 2-14a 所示的梁 AB 受一力偶的作用，其力偶矩为 $M = 50\text{kN}\cdot\text{m}$，梁的跨长 $l = 2\text{m}$，梁的自重不计。试求支座 A 的约束力，以及链杆 BC 所受的力。

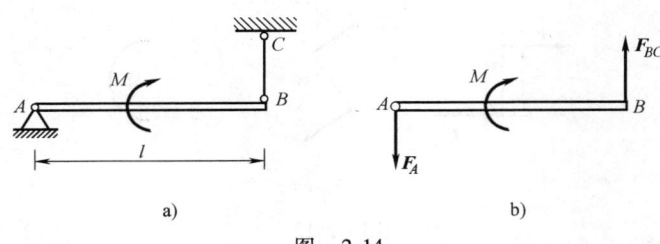

图 2-14

解：（1）取梁 AB 为研究对象。画主动力偶 M，链杆 BC 为二力杆，其约束力 F_{BC} 沿其轴线方向，由于主动力只有力偶，而力偶只能与力偶平衡，所以固定铰支座 A 的约束力 F_A 与 F_{BC} 一定等值、反向，组成一力偶，如图 2-14b 所示。

（2）列平衡方程

$$\sum M_i = 0, \quad F_A l - M = 0$$

得

$$F_A = \frac{M}{l} = \frac{50 \text{kN}}{2} = 25 \text{kN}, \quad F_{BC} = F_A = 25 \text{kN}$$

所求 F_A、F_{BC} 都为正值，表示约束力 F_A 与 F_{BC} 所设的方向与实际方向一致。

第四节 平面任意力系的简化

所谓平面任意力系是指各力的作用线都处于同一平面内的力系，也称作平面一般力系。前面所讲的平面汇交力系和平面力偶系都是平面任意力系的特例，也是平面任意力系简化的基础。

一、力的平移定理

力的平移定理指的是：可以把作用于刚体上任一点 A 的力平行移动到另一点 B（图 2-15），但必须同时附加一个力偶，该力偶的矩等于原来的力对平移点 B 的矩。

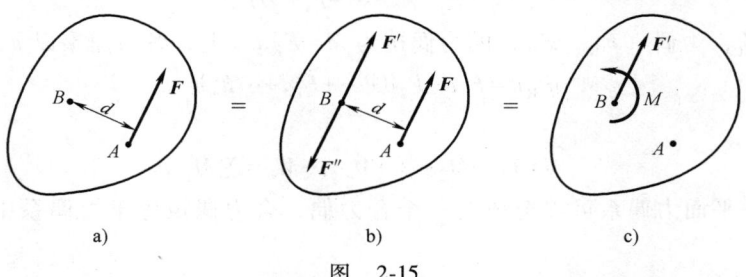

图 2-15

证明：在刚体的点 A 上作用着力 F，如图 2-15a 所示。根据加减平衡力系原理，在刚体内任取一点 B，在点 B 加上一对平衡力 F' 和 F''，它们都与力 F 平行，且 $F = F' = -F''$，如图 2-15b 所示。力 F、F' 和 F'' 组成的力系与原来的力 F 等效。由于 F 和 F'' 等值、反向、平行，它们组成了力偶（F，F''），因此，原来作用于点 A 上的力 F 跟图 2-15c 所示的作用于点 B 的力 F' 和力偶（F，F''）等效，力偶（F，F''）称之为附加力偶，其力偶矩为

$$M = Fd = M_B(\boldsymbol{F})$$

定理得证。

二、平面任意力系向作用面内一点的简化

设在某刚体上作用一平面任意力系 $\boldsymbol{F}_1$，$\boldsymbol{F}_2$，…，$\boldsymbol{F}_n$，如图 2-16a 所示。在平面内任选一点 O，称为简化中心，根据力的平移定理，将各力平移到点 O，于是得到一个作用于点 O 的平面汇交力系 $\boldsymbol{F}_1'$，$\boldsymbol{F}_2'$，…，$\boldsymbol{F}_n'$，和一个附加的平面力偶系 M_1，M_2，…，M_n，如图 2-16b 所示。其中

$$\boldsymbol{F}_1 = \boldsymbol{F}_1', \quad \boldsymbol{F}_2 = \boldsymbol{F}_2', \cdots, \quad \boldsymbol{F}_n = \boldsymbol{F}_n'$$
$$M_1 = M_O(\boldsymbol{F}_1), \quad M_2 = M_O(\boldsymbol{F}_2), \cdots, \quad M_n = M_O(\boldsymbol{F}_n)$$

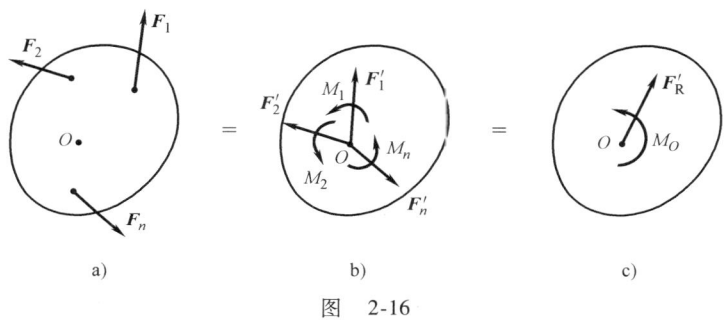

图 2-16

根据平面汇交力系和平面力偶系的合成知识可知，作用于点 O 的平面汇交力系 $\boldsymbol{F}_1'$，$\boldsymbol{F}_2'$，…，$\boldsymbol{F}_n'$ 可以合成为一个合力 $\boldsymbol{F}_R'$，如图 2-16c 所示，称力矢 $\boldsymbol{F}_R'$ 为原力系的主矢。又因为 $\boldsymbol{F}_i' = \boldsymbol{F}_i$，所以

$$\boldsymbol{F}_R' = \sum \boldsymbol{F}_i' = \sum \boldsymbol{F}_i \tag{2-16}$$

即主矢 $\boldsymbol{F}_R'$ 等于原力系中各力的矢量和。

求主矢的大小和方向，可采用解析法，步骤如下：

（1）首先计算主矢在两个坐标轴上的投影，为

$$F_{Rx}' = \sum F_x$$
$$F_{Ry}' = \sum F_y$$

即主矢在坐标轴上的投影等于原力系中各力在同一轴上投影的代数和。

（2）求主矢的大小

$$F_R' = \sqrt{F_{Rx}'^2 + F_{Ry}'^2} = \sqrt{(\sum F_x)^2 + (\sum F_y)^2} \tag{2-17}$$

（3）主矢的方向余弦

$$\left. \begin{array}{l} \cos(\boldsymbol{F}_R', \boldsymbol{i}) = F_{Rx}'/F_R' \\ \cos(\boldsymbol{F}_R', \boldsymbol{j}) = F_{Ry}'/F_R' \end{array} \right\} \tag{2-18}$$

附加的平面力偶系 M_1，M_2，…，M_n 可以合成为一个合力偶，如图 2-16c 所示，称合力偶之矩 M_O 为原力系对简化中心 O 的主矩，该主矩为

$$M_O = \sum M_i = \sum M_O(\boldsymbol{F}_i) \tag{2-19}$$

即原力系对简化中心 O 的主矩 M_O 等于原力系中各力对简化中心 O 之矩的代数和。

综上所述，平面任意力系向平面内任一点简化，可得到一个力和一个力偶，该力作用于简化中心，等于力系中各力的矢量和，其矢量称为原力系的**主矢**。该力偶的矩等于力系中各力对简化中心之矩的代数和，这个力偶的作用面就是力系所在的平面，其力偶矩称为原力系对简化中心的**主矩**。

显然主矢与简化中心的位置无关，但是由于力系中各力对简化中心取矩时，简化中心的位置不同，力臂不同，因此主矩一般与简化中心的位置有关。

三、平面任意力系简化结果的分析　合力矩定理

平面任意力系向作用面内任一点简化的结果，可能有四种情况，即：（1）$F_R' = 0$，$M_O \neq 0$；（2）$F_R' \neq 0$，$M_O = 0$；（3）$F_R' \neq 0$，$M_O \neq 0$；（4）$F_R' = 0$，$M_O = 0$。这四种情况，可归结为以下三种结果。

1. 平面任意力系简化为一个力偶

如果力系的主矢等于零，主矩不等于零，即

$$F_R' = 0, \quad M_O \neq 0$$

则原力系合成为一个合力偶。合力偶矩为

$$M_O = \sum M_O(F_i)$$

因为力偶对平面内任意一点的矩都相同，因此当力系合成为一个力偶时，主矩与简化中心的位置也无关。

2. 平面任意力系简化为一个合力·合力矩定理

如果力系的主矢不等于零，主矩等于零，即

$$F_R' \neq 0, \quad M_O = 0$$

则原力系合成为一个合力，且合力的作用线通过简化中心 O。

如果平面力系向点 O 简化的结果是主矢和主矩都不等于零，如图 2-17a 所示，即

$$F_R' \neq 0, \quad M_O \neq 0$$

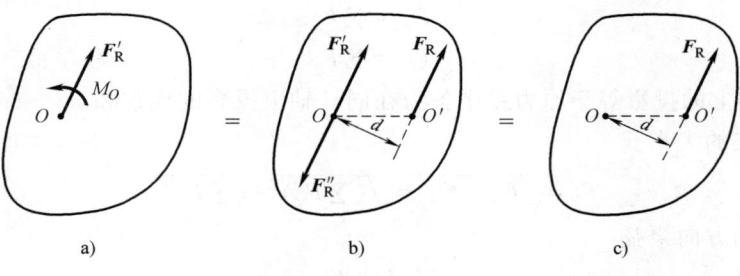

图　2-17

现将主矩 M_O 用两个力 F_R 和 F_R'' 组成的力偶来代替，且 $F_R' = F_R = -F''$，则力偶（F_R，F_R''）的力偶臂为 $d = \dfrac{M_O}{F_R'}$（图 2-17b）。再去掉一对平衡力 F_R' 和 F_R''，于是得到作用于点 O' 的力 F_R，如图 2-17c 所示。力 F_R 就是原力系的合力，与原力系等效。

由上述可知，只要平面任意力系向一点简化所得主矢不等于零，无论主矩是否为零，最终都可将力系简化为一个合力 F_R。而且，此合力 F_R 对 O 点的矩为

$$M_O(F_R) = F_R d = M_O$$

又因为主矩为

$$M_O = \sum M_O(F_i)$$

所以有

$$M_O(F_R) = \sum M_O(F_i)$$

由于简化中心 O 是任意选取的，因此上式有普遍意义，即平面一般力系的合力对力系所在平面内任一点之矩等于力系中所有各力对同一点之矩的代数和。这就是平面一般力系的合力矩定理。实际上合力矩定理不必证明，由于合力与力系等效，因此合力对一点之矩必等于力系中各力对同一点之矩的和。

3. 平面任意力系平衡

如果力系的主矢、主矩均等于零，即

$$F_R' = 0, \quad M_O = 0$$

则原力系平衡，这类情况将在下节做详细讨论。

例题 2-5 平面任意力系如图 2-18 所示，已知 $F_1 = 50\text{N}$，$F_2 = 20\sqrt{2}\,\text{N}$，$F_3 = 30\text{N}$，$F = F' = 150\text{N}$，图中尺寸的单位为 mm。求力系向点 O 的简化结果，并求合力的作用线与 x 轴的交点。

解：（1）先将力系向点 O 简化，求其主矢 F_R' 和主矩 M_O。主矢 F_R' 在 x、y 轴上的投影为

$$F_{Rx}' = \sum F_x = F_1 \frac{3}{5} - F_2 \cos 45° + F_3 = 40\text{N}$$

$$F_{Ry}' = \sum F_y = F_1 \frac{4}{5} + F_2 \sin 45° = 60\text{N}$$

主矢 F_R' 的大小为

$$F_R' = \sqrt{F_{Rx}'^2 + F_{Ry}'^2} = 72.1\text{N}$$

设主矢 F_R' 与 x 轴的夹角为 θ，则

$$\tan\theta = \left|\frac{F_{Ry}'}{F_{Rx}'}\right| = 1.5, \quad \theta = 56.31°$$

由于 F_{Rx}' 和 F_{Ry}' 均为正值，故主矢 F_R' 在第一象限。

力系对点 O 的主矩为

$$\begin{aligned} M_O &= \sum M_O(F_i) \\ &= -F_1 \frac{3}{5} \times 0.02\text{m} + F_1 \frac{4}{5} \times 0.04\text{m} - F_2 \sin 45° \times 0.05\text{m} + F_3 \times 0.05\text{m} + F \times 0.03\text{m} \\ &= 6\text{N} \cdot \text{m} \end{aligned}$$

向点 O 简化的主矢 F_R' 和主矩 M_O 的结果，如图 2-18b 所示。

（2）分析简化结果。由于主矢和主矩都不等于零，原力系可进一步简化为一个合力 F_R，其大小和方向与 F_R' 相同。根据合力矩定理，有

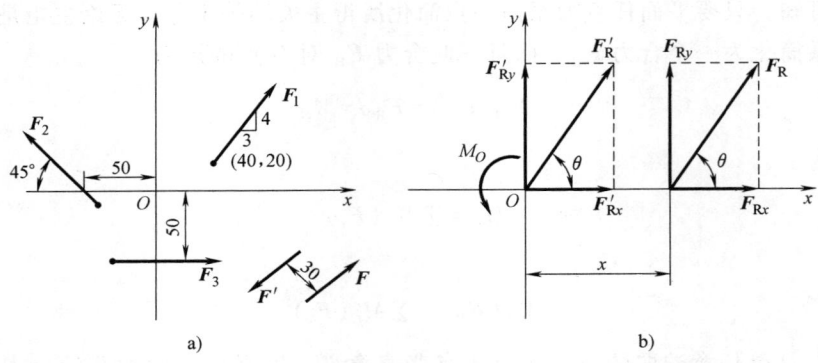

图 2-18

$$M_O = M_O(\boldsymbol{F}_R) = M_O(\boldsymbol{F}_{Rx}) + M_O(\boldsymbol{F}_{Ry}) = F_{Ry}x$$

解得

$$x = \frac{M_O}{F_{Ry}} = \frac{6\text{N} \cdot \text{m}}{60\text{N}} = 0.1\text{m} = 100\text{mm}$$

如图 2-18b 所示。

四、固定端约束

利用平面任意力系的简化结果，可以再分析一种工程中常见的约束。当物体的一端完全固结于另一物体上，称这种约束为固定端约束。如烟囱根部、阳台嵌入墙体处、路灯固结于地面处都属于固定端约束。对于固定端约束，当主动力分布在同一平面内时，其约束力也一定分布在此平面内，称其为平面固定端约束，如图 2-19a 所示。固定端约束力的分布情况非常复杂，如图 2-19b 所示。但由力系的简化理论，该力系可由一个力和一个力偶等效代替，如图 2-19c 所示，其中这个力的大小和方向均为未知量，可用一对正交的分力来表示，如图 2-19d 所示。

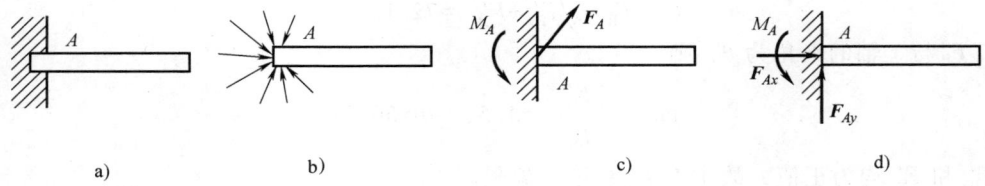

图 2-19

五、分布荷载

当荷载的作用范围很小可忽略不计时，可把荷载看作是集中荷载（即集中力），但当作用范围较大时，应被视为分布荷载。根据分布范围不同，分布荷载分为体分布荷载、面分布荷载和线分布荷载。分布荷载的大小用其集度 q（即荷载的密集程度）来表示。其常用单位有 $\text{N} \cdot \text{m}^{-3}$、$\text{N} \cdot \text{m}^{-2}$ 和 $\text{N} \cdot \text{m}^{-1}$。荷载集度是常数的分布荷载称为均布荷载。

下面以三角形分布荷载为例来说明分布荷载的简化。

如图 2-20 所示,三角形分布荷载的分布集度的最大值为 q,分布长度为 l。求该分布荷载合力的大小及作用线的位置。

建立图示直角坐标系 Oxy,在距离原点 O 为 x 处的荷载集度为 $q(x)$,由相似三角形的关系,有

$$q(x) = \frac{q}{l}x$$

在长为 $\mathrm{d}x$ 的微段上,有微小的力

$$\mathrm{d}F = q(x)\mathrm{d}x = \frac{q}{l}x\mathrm{d}x$$

该分布力系的合力为

$$F_\mathrm{R} = \int_0^l \mathrm{d}F = \int_0^l \frac{q}{l}x\mathrm{d}x = \frac{q}{l}\int_0^l x\mathrm{d}x = \frac{1}{2}ql\;(\downarrow)$$

设合力 F_R 的作用线到点 O 的距离为 h,根据合力矩定理,合力 F_R 对点 O 的力矩等于分布力系对 O 的力矩,即

$$F_\mathrm{R} \cdot h = \int_0^l \mathrm{d}F \cdot x = \int_0^l \frac{q}{l}x\mathrm{d}x \cdot x = \frac{q}{l}\int_0^l x^2 \mathrm{d}x = \frac{1}{3}ql^2$$

整理得

$$h = \frac{2}{3}l$$

所以,三角形分布荷载的合力大小为 $\frac{1}{2}ql$,作用线到集度为 0 的点的距离为 $\frac{2}{3}l$,方向与分布力的方向相同。

同理可得,均布荷载如图 2-21 所示,其合力大小为 ql,合力作用线的位置在均布荷载的正中间,方向与均布荷载相同。

在以后的刚体问题计算中,可用分布荷载的合力来等效代替分布荷载。

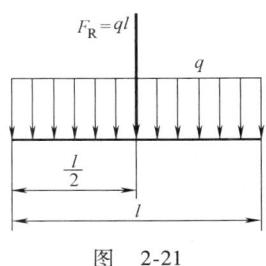

图 2-21

第五节 平面任意力系的平衡

一、平面任意力系的平衡

当物体受平面外力系作用处于平衡状态时,此外力系是一个平面平衡力系,该力系向任一点简化所得的主矢和主矩都为零,即

$$F_\mathrm{R}' = 0, \quad M_O = 0 \tag{2-20}$$

这表明平衡力系与零力系等效,且平面任意力系平衡的充分和必要条件是:力系的主矢和对任一点的主矩都等于零。

由式（2-17）和式（2-19）可得

$$\sum F_x = 0, \quad \sum F_y = 0, \quad \sum M_O(\boldsymbol{F}) = 0 \tag{2-21}$$

上式称为平面任意力系的平衡方程。由于选择 x 轴、y 轴和点 O 时，并没有特殊的要求，因此平面任意力系平衡的解析条件为：力系中所有各力在力系所在平面内的任一轴上投影的代数和均等于零，各力对于该平面内的任一点之矩的代数和也等于零。虽然平衡方程可以有无数种选择，但其中只有三个方程相互独立，只能求解三个未知量。因为当平面任意力系满足式（2-21）的平衡方程时，表明该力系的主矢和主矩同时等于零，该力系再向其他的轴投影或对其他的点之矩的代数和就一定等于零，这些方程就是前三个平衡方程的线性组合，因此不是独立的方程。

平面任意力系的平衡方程还有另外两种形式。

（1）二力矩式。在三个平衡方程中有两个力矩方程和一个投影方程，即

$$\sum M_A(\boldsymbol{F}) = 0, \quad \sum M_B(\boldsymbol{F}) = 0, \quad \sum F_x = 0 \tag{2-22}$$

其中，A、B 两点的连线不能与 x 轴垂直。

显然这三个方程是力系平衡的必要条件。下面证明它们是力系平衡的充分条件。如果力系满足 $\sum M_A(\boldsymbol{F}) = 0$，表明力系向点 A 简化的主矩 $M_A = 0$，则简化结果只有两种可能：过点 A 的一个合力，或平衡。如果力系又满足 $\sum M_B(\boldsymbol{F}) = 0$，则力系的简化结果或者为一个过点 A 和点 B 的合力，或者平衡。若 A、B 两点的连线不能与 x 轴垂直（如图 2-22 所示），力系又满足 $\sum F_x = 0$，则力系的合力 $\boldsymbol{F}_R$ 一定等于零，力系一定是平衡力系。

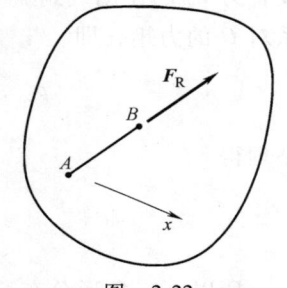

图 2-22

（2）三力矩式。三个平衡方程都为力矩方程，即

$$\sum M_A(\boldsymbol{F}) = 0, \quad \sum M_B(\boldsymbol{F}) = 0, \quad \sum M_C(\boldsymbol{F}) = 0 \tag{2-23}$$

其中，A、B、C 三点不能共线。

读者可自行证明为什么这三个方程是平面任意力系平衡的充分条件。

例题 2-6 图 2-23a 所示的均质水平梁 AB，A 端为固定铰支座，B 端为滚动支座。梁长为 $2a$，$a = 1\text{m}$，梁重为 $P = 4\text{kN}$。在梁的 BC 段上受集度为 $q = 2\text{kN/m}$ 的均布荷载作用，在梁的 AC 段上受矩为 $M = 1\text{kN} \cdot \text{m}$ 的力偶作用。求支座 A 和 B 处的约束力。

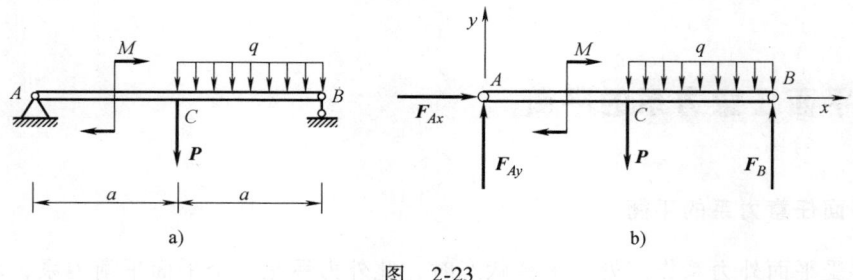

图 2-23

解：（1）选取梁 AB 为研究对象，画受力图，如图 2-23b 所示。其中主动力有：重力 $\boldsymbol{P}$、均布荷载 q 和力偶 M；约束力有：固定铰支座 A 的约束力 $\boldsymbol{F}_{Ax}$ 和 $\boldsymbol{F}_{Ay}$、滚动支座 B 的约束力 $\boldsymbol{F}_B$。

（2）建立图示坐标系，列平衡方程：

$$\sum F_x = 0, \quad F_{Ax} = 0$$

$$\sum M_A(\boldsymbol{F}) = 0, \quad F_B \cdot 2a - P \cdot a - q \cdot a \cdot \frac{3}{2}a - M = 0$$

$$\sum M_B(\boldsymbol{F}) = 0, \quad -F_{Ay} \cdot 2a - M + P \cdot a + q \cdot a \cdot \frac{a}{2} = 0$$

解得

$$F_{Ax} = 0, \quad F_{Ay} = 2\text{kN}, \quad F_B = 4\text{kN}$$

求解结果为正值，说明图中约束力所设的方向与实际情况相同。

例题 2-7 图 2-24a 所示水平梁 AB，自重不计，A 端自由，B 端为固定端约束，尺寸 $l = 3\text{m}$，集中力 $F = 10\text{kN}$，三角形分布荷载最大的集度 $q = 20\text{kN/m}$。求固定端 B 处的约束力。

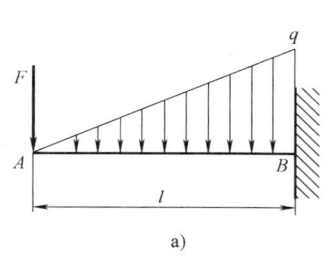 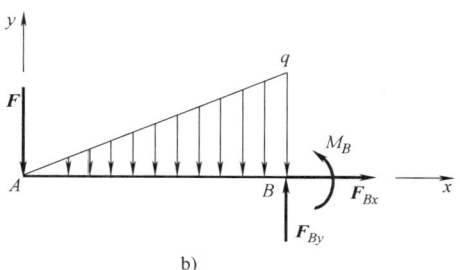

图 2-24

解：（1）取梁 AB 为研究对象，画受力图（图 2-24b）。
（2）建立直角坐标系，列平衡方程：

$$\sum F_x = 0, \quad F_{Bx} = 0$$

$$\sum F_y = 0, \quad F_{By} - F - \frac{1}{2}q \cdot l = 0$$

$$\sum M_B(\boldsymbol{F}) = 0, \quad M_B + F \cdot l + \frac{1}{2}q \cdot l \cdot \frac{l}{3} = 0$$

解得

$$F_{Bx} = 0, \quad F_{By} = 40\text{kN}, \quad M_B = -60\text{kN} \cdot \text{m}$$

求解结果为负值，说明受力图中约束力所设的方向与实际情况相反，即 M_B 实际为顺时针方向。

二、平面平行力系的平衡

当平面力系中各力的作用线相互平行时，称其为平面平行力系，它是平面任意力系的一种特殊形式。

如图 2-25 所示，物体受平面平行力系 $\boldsymbol{F}_1, \boldsymbol{F}_2, \cdots, \boldsymbol{F}_n$ 的作用。建立坐标系，使所有的力都与 x 轴垂直，则各力在 x 轴上的投影都为零，即 $\sum F_x \equiv 0$，该方程不能用来求解未知数。因此，平面平行力系的平衡方程只有两个，可以求解两个未知量，即

图 2-25

$$\sum F_y = 0, \quad \sum M_O(F) = 0 \tag{2-24}$$

平面平行力系的平衡方程也可以写成两个力矩方程的形式，即

$$\sum M_A(F) = 0, \quad \sum M_B(F) = 0 \tag{2-25}$$

其中，A、B 两点的连线不能与力的作用线平行。

第六节 物体系统的平衡 · 静定与超静定问题

在工程中，若干个物体通过适当的约束（如光滑圆柱铰链）连接在一起，组成物体系。当物体系平衡时，组成该系统的每一个物体都处于平衡状态。假设每个物体都受平面任意力系作用，则每个物体可以有 3 个独立的平衡方程。如果物体系由 n 个物体组成，则共有 $3n$ 个独立的平衡方程。需要注意平面汇交力系或平面平行力系独立平衡方程数只有 2 个，如果物体系中有物体受平面汇交力系或平面平行力系作用时，则系统的独立平衡方程数会相应减少。

当物体系中未知量（一般是约束力）的数目等于独立平衡方程的数目时，仅利用平衡方程就可以求得全部的未知量，这样的问题被称为静定问题。但在工程实际中，为了提高结构的强度和刚度，常常增加约束，使未知量的数目大于独立平衡方程的数目，这时仅利用平衡方程不能求出全部的未知量，这样的问题被称为超静定问题或静不定问题。未知量的数目与独立的平衡方程数之差，称为超静定次数。图 2-26 所示均为 1 次超静定问题。

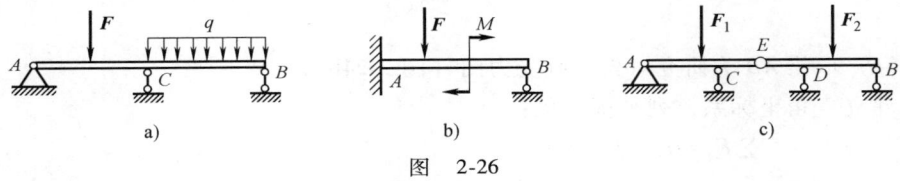

图 2-26

解决超静定问题需要考虑物体的变形，这超出了刚体静力学的范围，留待材料力学和结构力学中去研究。

下面结合例题来说明物体系平衡问题的求解。

例题 2-8 水平梁由 AC、BC 两部分组成，A 处是固定端约束，B 处是滚动支座，C 处用

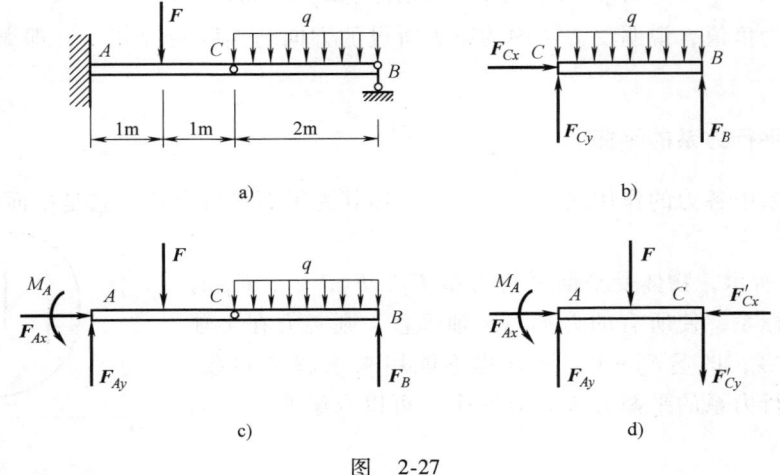

图 2-27

铰链连接。荷载及尺寸如图 2-27a 所示，已知 $F = 10\text{kN}$，$q = 2\text{kN/m}$，求 A、B 和 C 处的约束力。

解：图示系统中有三处约束，固定端约束有三个未知量 F_{Ax}、F_{Ay}、M_A，铰链有两个未知量 F_{Cx}、F_{Cy}，滚动支座有一个未知量 F_B，共六个未知量。该系统由两根梁组成，每根梁可列三个独立的平衡方程，总共可以列出六个独立的平衡方程，可以解出全部的未知量，故此系统是静定的，也被称作多跨静定梁。

（1）取梁 BC 为研究对象。该系统由两根梁组成，可选梁 BC（有 3 个未知数）、整体（有 4 个未知数）或梁 AC（有 5 个未知数）为研究对象，分别如图 2-27b、c、d 所示，每个受力图都只有三个独立的平衡方程，因此先选取梁 BC 为研究对象，如图 2-27b 所示，列平衡方程

$$\sum F_x = 0, \quad F_{Cx} = 0$$
$$\sum M_C(\boldsymbol{F}) = 0, \quad F_B \cdot 2\text{m} - q \cdot 2\text{m} \cdot \frac{2}{2}\text{m} = 0$$
$$\sum F_y = 0, \quad F_{Cy} - q \cdot 2\text{m} + F_B = 0$$

解得

$$F_B = 2\text{kN}, \quad F_{Cx} = 0, \quad F_{Cy} = 2\text{kN}$$

（2）取整体为研究对象。由于已经解出了 F_B、F_{Cx} 和 F_{Cy}，图 c 和图 d 中也只剩下了 3 个未知量，这时既可以选整体，也可以选梁 AC 为研究对象。在这里选取整体为研究对象，如图 2-27c 所示，列平衡方程

$$\sum F_x = 0, \quad F_{Ax} = 0$$
$$\sum F_y = 0, \quad F_{Ay} - F - q \cdot 2\text{m} + F_B = 0$$
$$\sum M_A(\boldsymbol{F}) = 0, \quad M_A - F \cdot 1\text{m} - q \cdot 2\text{m} \cdot 3\text{m} + F_B \cdot 4\text{m} = 0$$

解得

$$F_{Ax} = 0, \quad F_{Ay} = 12\text{kN}, \quad M_A = 14\text{kN} \cdot \text{m}$$

选梁 AC 为研究对象，也可以求得相同的结果，可用于校核结果。

例题 2-9 如图 2-28 所示，三铰拱结构模型，A 处、B 处都是固定铰支座，两个半拱通过铰链 C 连接，已知 $F = 120\text{N}$，$q = 50\text{N/m}$，$l = 3\text{m}$，$h = 4\text{m}$。求支座 A、B 处的约束力。

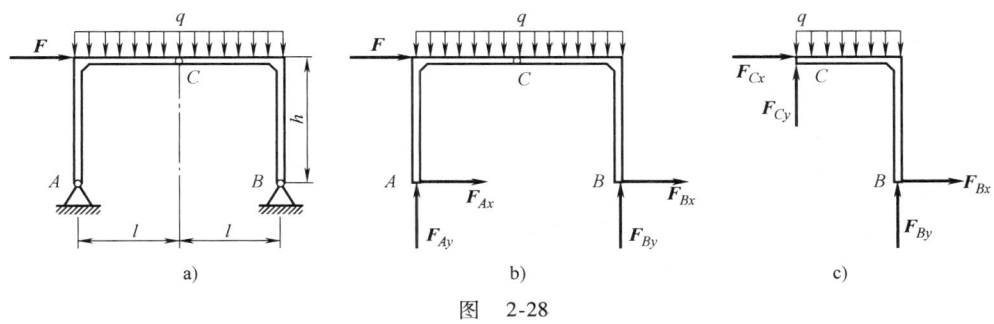

图 2-28

解：（1）取整体为研究对象，画受力图（图 2-28b）。虽然在整体的受力图中，有 F_{Ax}、F_{Ay}、F_{Bx}、F_{By} 共 4 个未知量，但其中 F_{Ax}、F_{Ay}、F_{Bx} 的作用线都过点 A，因此列对点 A 取矩的平衡方程中只有 1 个未知量 F_{By}，即

$$\sum M_A(\boldsymbol{F}) = 0, \quad F_{By} \cdot 2l - F \cdot h - q \cdot 2l \cdot l = 0$$

解得
$$F_{By} = 230\text{N}$$

然后，可建立向轴 y 投影的平衡方程，即
$$\sum F_y = 0, \quad F_{Ay} + F_{By} - q \cdot 2l = 0$$

解得
$$F_{Ay} = 70\text{N}$$

（2）取右半拱 BC 为研究对象，画受力图（图 2-28c）。由于 F_{By} 已经求出，受力图中只有 3 个未知量，可列对点 C 取矩的平衡方程，即

$$\sum M_C(\boldsymbol{F}) = 0, \quad F_{Bx} \cdot h + F_{By} \cdot l - q \cdot l \cdot \frac{l}{2} = 0$$

解得
$$F_{Bx} = -116.25\text{N}$$

（3）再取整体为研究对象，列平衡方程：
$$\sum F_x = 0, \quad F_{Ax} + F_{Bx} + F = 0$$

解得
$$F_{Ax} = -3.75\text{N}$$

F_{Ax}、F_{Bx} 结果为负，表明这两个约束力所设的方向与实际的方向相反。

第七节 滑动摩擦

在前几节的物体受力分析时，都没有考虑摩擦的影响，这是因为许多物体之间的接触面比较光滑，或有良好的润滑条件，使得摩擦力比物体所受的其他力小得多，忽略摩擦力对研究的问题无明显的影响。但当摩擦力不是次要因素时，在研究问题时就必须考虑摩擦了。

滑动摩擦是指两个相互接触的物体有相对滑动的趋势或有相对滑动时的摩擦。如果两个物体只有相对滑动的趋势，称为静滑动摩擦；如果两物体有相对的滑动，称为动滑动摩擦。

一、静滑动摩擦

在粗糙的固定水平面上放置一重为 P 的物体，物体还受到一个水平拉力 F_T 的作用。由于摩擦，物体处于静止状态。水平面对物体有接触面的法向约束力 F_N，以及沿接触面切线方向阻碍物体滑动的约束力 F_s，称约束力 F_s 为静滑动摩擦力，简称静摩擦力，如图 2-29 所示。

静滑动摩擦力 F_s 的方向与物体相对滑动趋势的方向相反，因为物体还处于平衡状态，由平衡方程

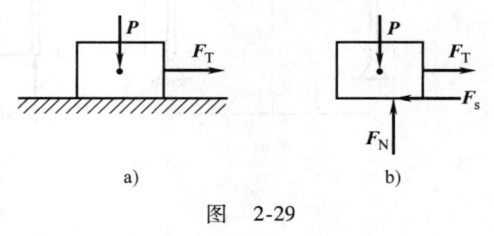

图 2-29

$$\sum F_x = 0, \quad F_T - F_s = 0$$

得

$$F_s = F_T$$

可见，静滑动摩擦力的大小随主动力的变化而变化，由平衡方程求得。但当主动力 F_T 增大到某一值时，物体将开始滑动，由静滑动摩擦变为动滑动摩擦。因此静滑动摩擦力有一个取值范围，即

$$0 \leqslant F_s \leqslant F_{max} \quad (2\text{-}26)$$

F_{max} 被称为最大静摩擦力，是物体处于临界平衡状态时的摩擦力。

大量的实验表明，最大静摩擦力 F_{max} 的大小与接触面上的法向力 F_N 的大小成正比，即

$$F_{max} = f_s F_N \quad (2\text{-}27)$$

上式称为静滑动摩擦定律，或库仑摩擦定律。式中的 f_s 称为静摩擦因数。静摩擦因数与接触物体的材料、接触面的粗糙程度、温度和湿度等因素有关，通常与接触面积的大小无关。静摩擦因数的数值可在工程手册中查到，若需要较精确的数值，可在具体条件下由实验测定。

静滑动摩擦定律虽然只是个近似定律，不能完全反映出静滑动摩擦的复杂现象，但其使用方便，并且对于分析一般工程问题已足够精确，所以在工程中仍被广泛应用。

二、动滑动摩擦

当相互接触的两个物体有相对滑动时，接触面之间作用有阻碍相对滑动的阻力，称该力为动滑动摩擦力，简称为动摩擦力，以 F_d 表示。实验表明，动摩擦力 F_d 的大小与接触面上的法向力 F_N 的大小成正比，即

$$F_d = f F_N \quad (2\text{-}28)$$

上式称为动滑动摩擦定律，式中的 f 称为动摩擦因数，它与接触物体的材料和接触面的情况有关，通常还与物体相对滑动的速度有关，但当速度变化不大时，一般可将其看作常数，其值由实验测定。

实验表明，动摩擦因数 f 的值略小于静摩擦因数 f_s 的值，即 $f < f_s$。

三、摩擦角和自锁现象

在静滑动摩擦时，支承面对物体的作用力包括法向约束力 F_N 和静摩擦力 F_s。这二力的合力 F_R 称为支承面对物体的全约束力。全约束力 F_R 的作用线与支承面法线的夹角用 φ 表示，如图 2-30a 所示。在约束力 F_N 的数值不变的情况下，静摩擦力有一个取值范围，即 $0 \leqslant F_s \leqslant F_{max}$。随着静摩擦力的数值增大，夹角 φ 也不断增大，当静摩擦力达到最大静摩擦力，即物体处于临界平衡状态时，夹角 φ 也达到最大值 φ_m，如图 2-30b 所示。称全约束力与支承面法线夹角的最大值 φ_m 为摩擦角。显然有

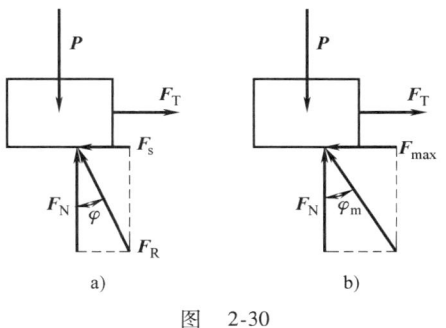

图 2-30

$$0 \leqslant \varphi \leqslant \varphi_m \quad (2\text{-}29)$$

由图 2-30b 可得

$$\tan\varphi_{\mathrm{m}} = \frac{F_{\max}}{F_{\mathrm{N}}} = \frac{f_{\mathrm{s}} F_{\mathrm{N}}}{F_{\mathrm{N}}} = f_{\mathrm{s}} \qquad (2\text{-}30)$$

即摩擦角的正切等于静摩擦因数。

由前面内容可知，静摩擦力 F_{s} 的值不能超过最大静摩擦力 $F_{\max}$，所以全约束力与支承面法线间的夹角也不可能大于摩擦角 φ_{m}。因此，如果作用于物体上的主动力的合力 F_{Ra} 作用线与支承面法线间的夹角 θ 大于摩擦角 φ_{m}，如图 2-31a 所示，则全约束力 F_{R} 与主动力的合力 F_{Ra} 不能共线，物体不能平衡，将发生滑动。

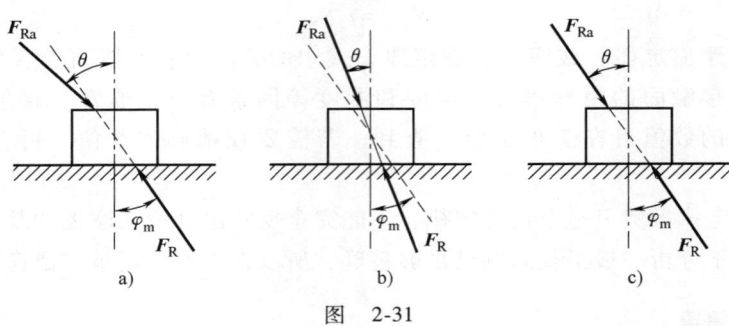

图 2-31

如果主动力的合力 F_{Ra} 的作用线与支承面法线间的夹角 θ 小于摩擦角 φ_{m}，且指向支承面，如图 2-31b 所示，则无论 F_{Ra} 的数值多么大，只要支承面不被压坏，全约束力 F_{R} 总能与 F_{Ra} 平衡，物体必保持静止，称这种现象为**自锁现象**。工程中常用自锁条件设计一些机构，如螺旋千斤顶的螺纹升角要小于摩擦角，就是利用自锁条件以使重物不会因重力的作用而自行下落。

当 $\theta = \varphi_{\mathrm{m}}$ 时，如图 2-31c 所示，物体处于临界平衡状态。

下面介绍测定静摩擦因数的简易方法——斜面法。

将要测定静摩擦因数的两种材料分别做成物块和可动平板，如图 2-32 所示。把物块放在可动平板上，然后逐渐增加平板的倾角，直到物块就要向下滑动时为止，量出此时平板的倾角 θ，则角 θ 就是物体间的摩擦角，其正切就是要测定的静摩擦因数 f_{s}。这是由于物体仅受重力 P 和全约束力 F_{R} 作用而平衡时，这两个力必等值、反向、共线，这两个力的作用线一定是铅垂线，并且与平板法线间的夹角等于平板的倾角 θ。当物体处于临界平衡状态时，倾角 θ 就等于物体间的摩擦角 φ_{m}。

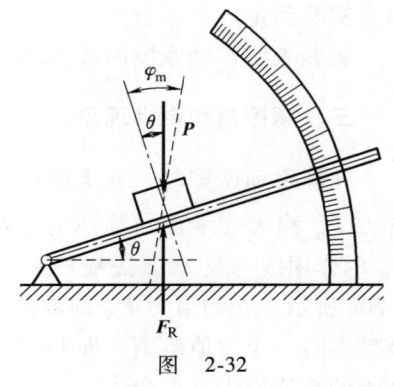

图 2-32

四、考虑摩擦时物体的平衡问题

考虑摩擦时物体的平衡问题与前几章的平衡问题一样，作用在物体上的力系也要满足平衡条件。但是，静滑动摩擦力的大小可在一定的范围变化（即 $0 \leq F_{\mathrm{s}} \leq F_{\max}$），所有这类问题的解往往不是一个定值，而是求解一个平衡范围。这时，一般设物体处于临界平衡状态，即静摩擦力 F_{s} 等于最大静摩擦力 $F_{\max}$，再根据静滑动摩擦定律有 $F_{\max} = f_{\mathrm{s}} F_{\mathrm{N}}$。但是，如果静摩擦力 F_{s} 是由平衡方程求出的，F_{s} 还要与最大静摩擦力 $F_{\max}$ 进行比较，只有 $F_{\mathrm{s}} \leq F_{\max}$ 时，物体才能平衡，否则物体将发生相对的滑动。

例题 2-10 一均质物体重 200N，受到一个力 $F = 70$N 的作用，力 F 的方向和物体的尺寸如图 2-33a 所示，已知接触面的静摩擦因数 $f_s = 0.35$，试问物体能否维持静止状态。

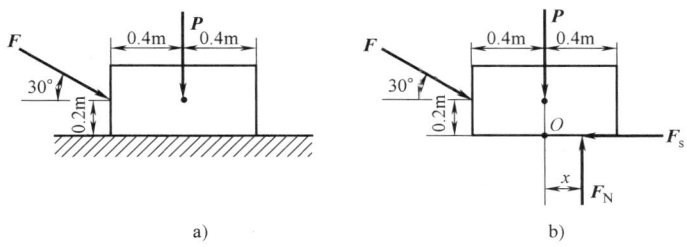

图 2-33

解：以物块为研究对象，画受力图（图 2-33b）。其中，地面对物体的支撑力 F_N 是物体所受地面的法向力的合力，摩擦力 F_s 是物体所受地面的切向力的合力。

列平衡方程：

$$\sum F_x = 0, \quad 70\text{N} \cdot \cos30° - F_s = 0$$
$$\sum F_y = 0, \quad F_N - 200\text{N} - 70\text{N} \cdot \sin30° = 0$$
$$\sum M_O = 0, \quad F_N \cdot x - 70\text{N} \cdot \cos30° \cdot 0.2\text{m} + 70\text{N} \cdot \sin30° \cdot 0.4\text{m} = 0$$

解得

$$F_s = 60.62\text{N}, \quad F_N = 235\text{N}, \quad x = -0.008\text{m}$$

最大静摩擦力为

$$F_{\max} = f_s F_N = 82.25\text{N}$$

由于

$$F_s < F_{\max}, 且 |x| < 0.4\text{m}$$

因此，物体能维持静止状态。

例题 2-11 将重力为 P 的物块放在斜面上，如图 2-34a 所示。已知物块与斜面之间的静摩擦因数为 f_s，斜面倾角 θ 大于摩擦角 φ_m。试求维持物块在斜面上静时所需水平力 F 的大小。

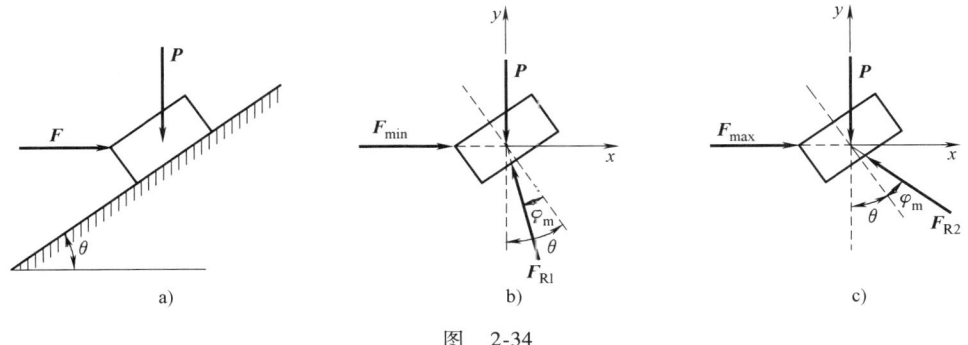

图 2-34

解：因为斜面倾角 θ 大于摩擦角 φ_m，所以如无水平力 F，物块将沿斜面下滑，水平力的最小值 $F_{\min}$ 对应于物体处于下滑的临界平衡状态，这时最大静摩擦力方向沿斜面向上，全约束力的方位如图 2-34b 所示。建立图示坐标系，列平衡方程为

$$\sum F_y = 0, \quad F_{R1}\cos(\theta-\varphi_m) - P = 0$$
$$\sum F_x = 0, \quad F_{\min} - F_{R1}\sin(\theta-\varphi_m) = 0$$

解得
$$F_{\min} = P\tan(\theta-\varphi_m)$$

如果水平力过大，物块也会沿斜面上滑。水平力的最大值 $F_{\max}$ 对应于物体处于上滑的临界平衡状态，这时最大静摩擦力方向沿斜面向下，全约束力的方位如图 2-34c 所示。建立图示坐标系，列平衡方程为

$$\sum F_y = 0, \quad F_{R2}\cos(\theta+\varphi_m) - P = 0$$
$$\sum F_x = 0, \quad F_{\max} - F_{R2}\sin(\theta+\varphi_m) = 0$$

解得
$$F_{\max} = P\tan(\theta+\varphi_m)$$

综上计算结果可知，为使物块平衡，水平力 F 的值应满足如下条件：
$$P\tan(\theta-\varphi_m) \leq F \leq P\tan(\theta+\varphi_m)$$

习 题 与 答 案

2-1 用几何法和解析法求题 2-1 图所示四个力的合力。已知，F_1 水平，$F_1 = 50\text{kN}$，$F_2 = 100\text{kN}$，$F_3 = 80\text{kN}$，$F_4 = 60\text{kN}$。

答案：$F_R = 93.83\text{kN}$，$\angle(F_R, F_1) = 62.4°$

2-2 梁 AB 的中点上作用一集中力 $F = 60\text{kN}$，如题 2-2 图所示，试求两种情况下支座 A、B 的约束力。

答案：a) $F_A = 39.69\text{kN}$，$F_B = 25.98\text{kN}$；b) $F_A = F_B = 34.64\text{kN}$

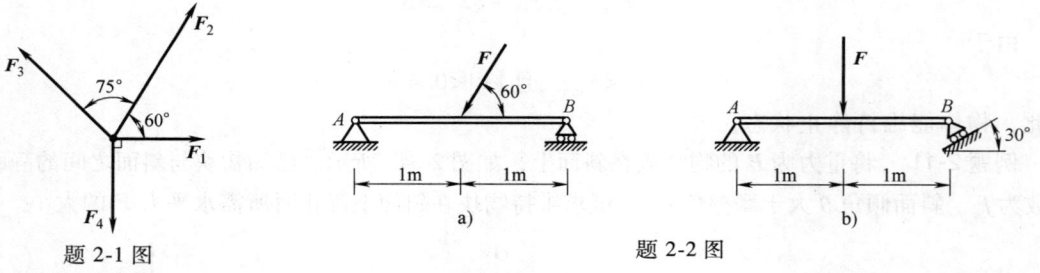

题 2-1 图　　　　题 2-2 图

2-3 平面刚架在点 B 受一水平力 $F = 20\text{kN}$，如题 2-3 图所示，试求支座 A、D 的约束力。

答案：$F_A = 25\text{kN}$，$F_D = 15\text{kN}$

2-4 系于墙面点 D 的钢丝绳绕过滑轮 C 吊起重 $P = 30\text{kN}$ 的重物，如题 2-4 图所示，杆件、钢丝绳和滑轮的自重不计，并忽略摩擦和滑轮的大小。试求平衡时杆 AC 和 BC 所受的力。

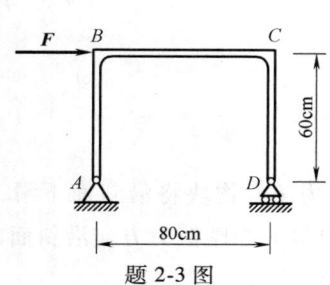 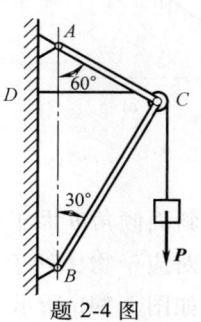

题 2-3 图　　　　题 2-4 图

答案：$F_{AC} = -10.98$kN，$F_{BC} = -40.98$kN

2-5 压路机的碾子重 $P = 20$kN，半径 $r = 40$cm，现用一水平力 F 拉着碾子欲越过高 $h = 8$cm 的石坎，如题 2-5 图所示。试求力 F 至少应多大？如果可以任意改变力 F 的方向，试求其最小值，以及与水平线的夹角。

答案：（1）$F = 15$kN；（2）$F_{min} = 12$kN，$\alpha = 36.88°$

2-6 如题 2-6 图所示，三铰刚架受一水平集中力 F 作用，刚架自重不计。试求支座 A、B 的约束力。

答案：$F_A = \frac{\sqrt{2}}{2}F$，$F_B = \frac{\sqrt{2}}{2}F$

2-7 铰链四连杆机构 ABCD 的 AD 边固定，在铰链 B、C 处有力 F_1、F_2 作用，如题 2-7 图所示。各杆自重不计，该机构在图示位置平衡。试求力 F_1、F_2 的关系。

答案：$F_1 = 0.966 F_2$

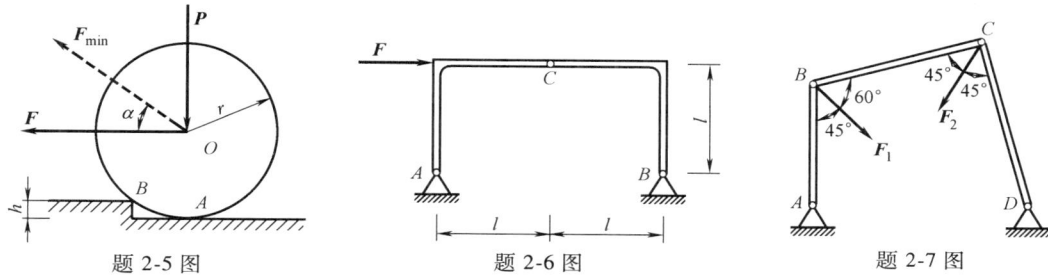

题 2-5 图　　题 2-6 图　　题 2-7 图

2-8 试计算题 2-8 图所示各图的力 F 对 O 点之矩。

答案：a）Fl；b）0；c）$Fl\sin\alpha$；d）$-Fa$；e）$F(l+r)$；f）$F\sqrt{a^2+b^2}\sin\alpha$

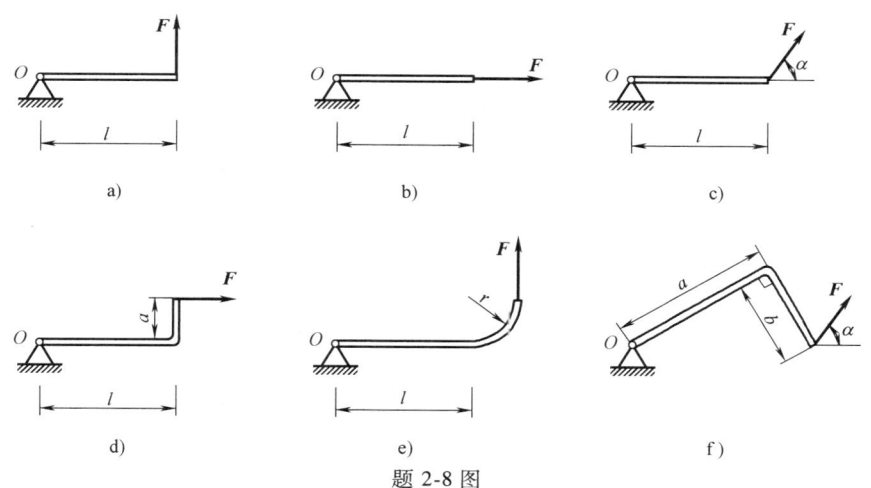

题 2-8 图

2-9 如题 2-9 图所示，各梁上作用一力偶，其力偶矩为 $M = 10$kN·m，梁的自重不计。试求各图中支座 A、

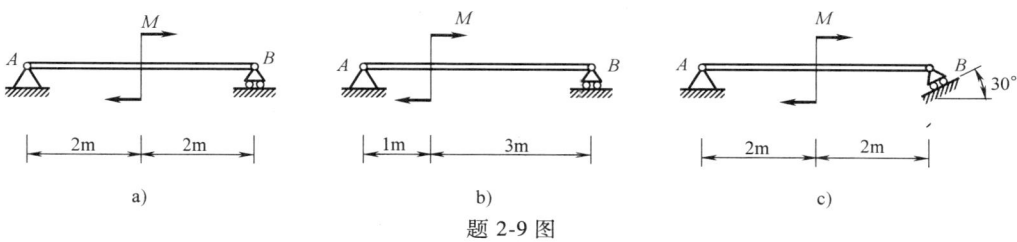

题 2-9 图

B 的约束力。

答案：a)、b) $F_A = F_B = 2.5\text{kN}$；c) $F_A = F_B = 2.89\text{kN}$

2-10 四连杆机构 $ABCD$ 在题 2-10 图所示位置平衡，杆 BC 水平，各杆自重不计，已知 $AB = 50\text{cm}$，$CD = 40\text{cm}$，作用在杆 AB 上的力偶矩大小为 $M_1 = 2\text{N}\cdot\text{m}$。试求力偶矩 M_2 的大小及杆 BC 所受的力。

答案：$M_2 = 1.39\text{N}\cdot\text{m}$，$F_{BC} = 4\text{N}$

2-11 平面任意力系如题 2-11 图所示，已知 $F_1 = 3\text{kN}$，$F_2 = 6\text{kN}$，$F_3 = 10\text{kN}$，$F_4 = 5\text{kN}$，$M = 1\text{kN}\cdot\text{m}$，图中尺寸的单位为 mm。求力系向点 O 的简化结果，并求合力的作用线与 x 轴的交点。

答案：$F'_R = 5\sqrt{2}\text{kN}$（第三象限），$M_O = 0.1\text{kN}\cdot\text{m}$，$x = -20\text{mm}$

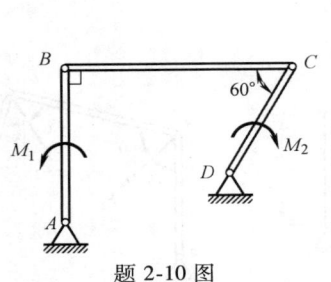
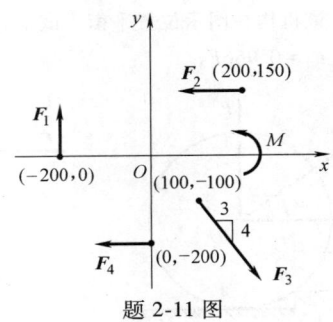

题 2-10 图　　　　　　　　　　题 2-11 图

2-12 如题 2-12 图所示，试求：（1）梁上分布力的合力，以及合力到点 A 的距离。（2）支座 A 和 B 处的约束力。

答案：（1）$F_R = 18\text{kN}$，$d = 2.33\text{m}$；（2）$F_{Ax} = 0$，$F_{Ay} = 11\text{kN}$，$F_B = 7\text{kN}$

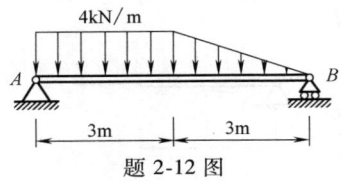

题 2-12 图

2-13 不计自重的水平梁的支承和荷载如题 2-13 图 a、b 所示，已知 $F = 6\text{kN}$，$M = 3\text{kN}\cdot\text{m}$，$q = 2\text{kN/m}$。试求支座 A 和 B 处的约束力。

答案：a) $F_{Ax} = 0$，$F_{Ay} = -3.75\text{kN}$，$F_B = 9.75\text{kN}$；b) $F_{Ax} = 0$，$F_{Ay} = 2.75\text{kN}$，$F_B = 7.25\text{kN}$

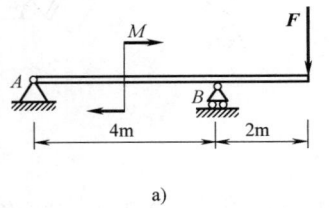
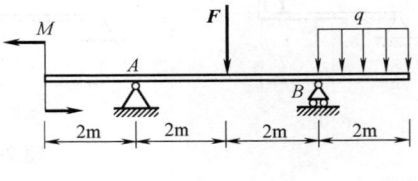

a)　　　　　　　　　　　　　b)

题 2-13 图

2-14 在题 2-14 图所示刚架中，已知 $F = 4\text{kN}$，$q = 2\text{kN/m}$，不计刚架自重。试求固定端 A 处的约束力。

答案：$F_{Ax} = -4\text{kN}$，$F_{Ay} = 3\text{kN}$，$M_A = 11\text{kN}\cdot\text{m}$

2-15 塔式起重机如题 2-15 图所示。机架重 $P = 600\text{kN}$，作用线距离右轨 1m。最大起重量 $P_1 = 200\text{kN}$，最大悬臂长为 10m，轨道的间距为 3m。平衡重 P_2 到左轨距离为 5m。试求保证起重机在满载和空载时都不致翻倒，平衡重 P_2 的大小。

答案：$325\text{kN} \leq P_2 \leq 480\text{kN}$

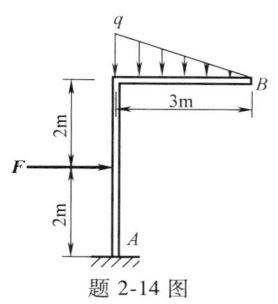

题 2-14 图

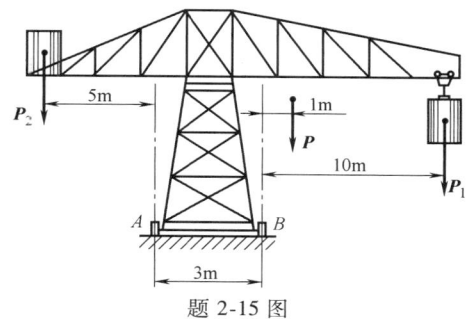

题 2-15 图

2-16 多跨静定梁的载荷和尺寸如题 2-16 图所示,已知 $F = 4$kN,$M = 6$kN·m,$q = 2$kN/m,不计梁的自重。试求梁在 A、B 处的约束力。

答案：a)$F_{Ax} = 2.31$kN,$F_{Ay} = 4$kN,$M_A = 10$kN·m,$F_B = 4.62$kN;

b)$F_{Ax} = 0$,$F_{Ay} = 2.5$kN,$M_A = 10$kN·m,$F_B = 1.5$kN

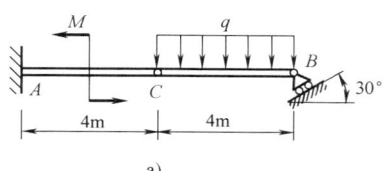   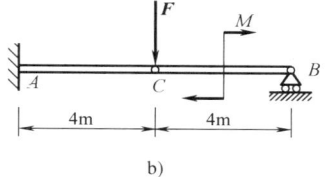

a) b)

题 2-16 图

2-17 由 AC 和 CD 构成的组合梁通过铰链 C 连接,其支承和受力如题 2-17 图所示。已知 $M = 8$kN·m,$q = 4$kN/m,梁自重不计。试求支座 A、B、D 处的约束力和铰链 C 处所受的力。

答案：$F_{Ax} = 0$,$F_{Ay} = -8$kN,$F_B = 20$kN,$F_{Cx} = 0$,$F_{Cy} = 4$kN,$F_D = 4$kN

2-18 三铰拱由 AC 和 BC 两个半拱通过铰链 C 连接,已知每个半拱重 $P = 150$kN,尺寸如题 2-18 图所示。试求支座 A、B 处的约束力。

答案：$F_{Ax} = -F_{Bx} = 50$kN,$F_{Ay} = F_{By} = 150$kN

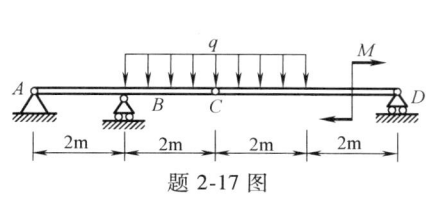   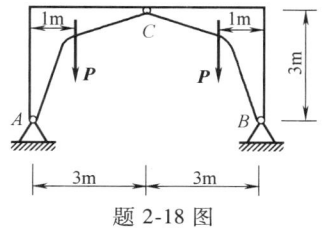

题 2-17 图   题 2-18 图

2-19 三铰拱自重不计,受到均布载荷 $q = 20$kN/m,尺寸如题 2-19 图所示。试求支座 A、B 处的约束力。

答案：$F_{Ax} = -F_{Bx} = 38.46$kN,$F_{Ay} = 111.54$kN,$F_{By} = 88.46$kN

2-20 不计题 2-20 图所示结构中各杆的自重,已知 $F = 60$kN,尺寸如图所示。试求杆 AC 和 BC 所受的力。

答案：$F_{AC} = 60$kN,$F_{BC} = -51.96$kN

2-21 题 2-21 图所示悬臂构架由 AB、BC、BD 和 CE 四杆用铰链连接而成,AB 和 CE 两杆水平,杆 BC 与铅锤墙面平行。已知 $q = 2$kN/m,各杆自重不计。试求支座 A、E 处的约束力与杆 BC、BD 所受的力。

41

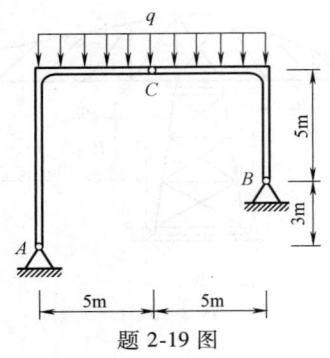

题 2-19 图

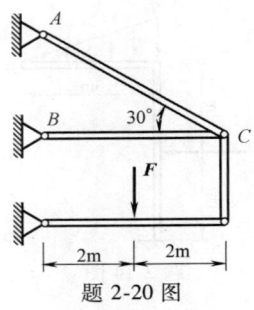

题 2-20 图

答案：$F_{Ax}=-16\text{kN}$，$F_{Ay}=8\text{kN}$，$F_{Ex}=16\text{kN}$，$F_{Ey}=8\text{kN}$，$F_{BC}=8\text{kN}$，$F_{BD}=-22.63\text{kN}$

2-22 组合结构如题 2-22 图所示，已知 $P_1=70\text{kN}$，$P_2=80\text{kN}$。试求支座 A、B 处的约束力以及 1 到 5 杆所受的力。

答案：$F_{Ax}=0$，$F_{Ay}=90\text{kN}$，$F_B=60\text{kN}$，$F_1=F_5=175\text{kN}$，$F_2=F_4=-105\text{kN}$，$F_3=140\text{kN}$

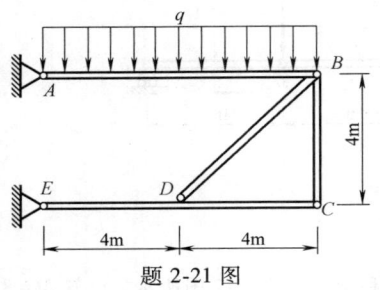

题 2-21 图

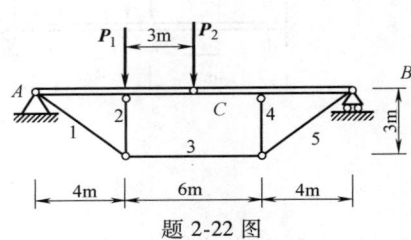

题 2-22 图

2-23 题 2-23 图所示结构由直角弯杆 AB、直杆 BC 和直角弯杆 CD 组成，各杆自重不计，荷载和尺寸如图所示，已知 $F=12\text{kN}$，$M=6\text{kN}\cdot\text{m}$，$q=4\text{kN/m}$。试求梁在 A、D 处的约束力。

答案：$F_{Ax}=3\text{kN}$，$F_{Ay}=-3\text{kN}$，$M_A=-72\text{kN}\cdot\text{m}$，$F_{Dx}=-3\text{kN}$，$F_{Dy}=3\text{kN}$

2-24 简易升降混凝土料斗的起重机如题 2-24 图所示，已知混凝土和料斗共重 25kN，料斗与滑道间的动滑动摩擦因数为 0.3。试求料斗匀速上升和下降时绳子的张力。

答案：$F_{T1}=26.06\text{kN}$，$F_{T2}=20.93\text{kN}$

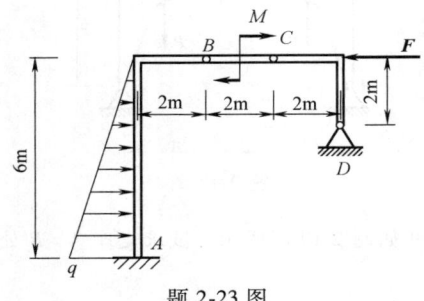

题 2-23 图

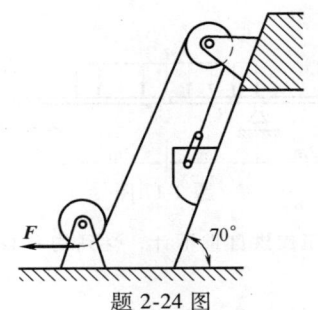

题 2-24 图

2-25 如题 2-25 图所示，置于 V 型槽中的圆柱重 $P=400\text{N}$，直径 $D=250\text{mm}$，力偶矩 $M=15\text{N}\cdot\text{m}$ 时，刚好能转动圆柱。试求圆柱与 V 型槽之间的静摩擦因数 f_s。

答案：$f_s=0.223$

2-26 尖劈顶重装置如题 2-26 图所示。尖劈 A 的顶角为 α，在物块 B 上受力 P 的作用。A 与 B 之间的静摩擦因数为 $f_s=\tan\varphi_m$（其他有滚珠处表示光滑接触），不计 A 和 B 的自重。试求维持系统平衡所需水平

力 F 的大小。

答案：$P\tan(\alpha-\varphi_m) \leq F \leq P\tan(\alpha+\varphi_m)$

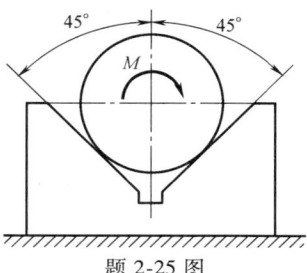

题 2-25 图

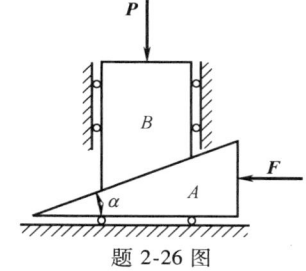

题 2-26 图

第三章 空间力系

空间力系是指力系中各力的作用线不处于同一个平面内的力系。本章主要研究空间力系的合成与平衡问题。

第一节 空间汇交力系

当空间力系中各力的作用线汇交于一点时，称该力系为空间汇交力系。

一、力的解析表达式

在空间中，力 F 的解析表达式为

$$F = F_x \boldsymbol{i} + F_y \boldsymbol{j} + F_z \boldsymbol{k} \tag{3-1}$$

其中，F_x、F_y、F_z 为力 F 在轴 x、y、z 上的投影，$\boldsymbol{i}$、$\boldsymbol{j}$、$\boldsymbol{k}$ 为轴 x、y、z 的单位矢量。

当空间中一个力的大小和方向已知时，可以求出它在坐标轴上的投影。若已知力 F 与三个轴的夹角为 α、β、γ，如图 3-1a 所示，则力 F 在三个轴上的投影为

$$F_x = F\cos\alpha, \quad F_y = F\cos\beta, \quad F_z = F\cos\gamma \tag{3-2}$$

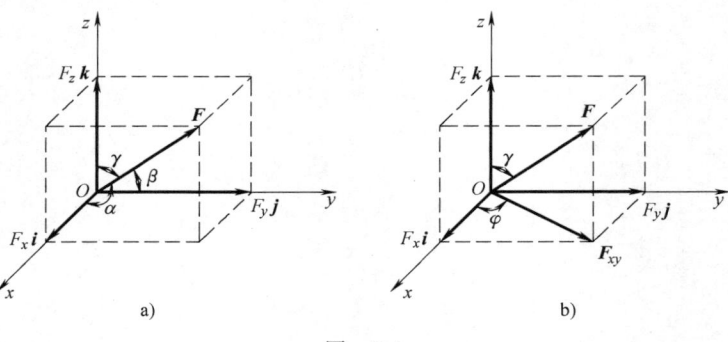

图 3-1

若已知力 F 与轴 z 的夹角为 γ，力 F 在 xy 平面内的投影 F_{xy} 与轴 x 的夹角为 φ，如图 3-1b 所示，则力 F 在三个轴上的投影为

$$F_x = F\sin\gamma\cos\varphi, \quad F_y = F\sin\gamma\sin\varphi, \quad F_z = F\cos\gamma \tag{3-3}$$

如果力 F 在三个轴上的投影 F_x、F_y、F_z 已知，则力 F 的大小和方向余弦为

$$\left.\begin{array}{c}F=\sqrt{F_x^2+F_y^2+F_z^2}\\ \cos\alpha=\dfrac{F_x}{F},\ \cos\beta=\dfrac{F_y}{F},\ \cos\gamma=\dfrac{F_z}{F}\end{array}\right\}\tag{3-4}$$

另外，当知道力的大小和其作用线上的两点的坐标时，力 **F** 的解析表达式可由下面的方法求得。

如图 3-2 所示，已知力的大小为 F，其作用线通过点 $A(x_A, y_A, z_A)$ 和点 $B(x_B, y_B, z_B)$。从点 A 到点 B 的矢量可表示为

$$\boldsymbol{r}=(x_B-x_A)\boldsymbol{i}+(y_B-y_A)\boldsymbol{j}+(z_B-z_A)\boldsymbol{k}\tag{3-5}$$

矢量 **r** 的大小为

$$r=\sqrt{(x_B-x_A)^2+(y_B-y_A)^2+(z_B-z_A)^2}\tag{3-6}$$

表示从点 A 到点 B 方向的单位矢量 **u** 为

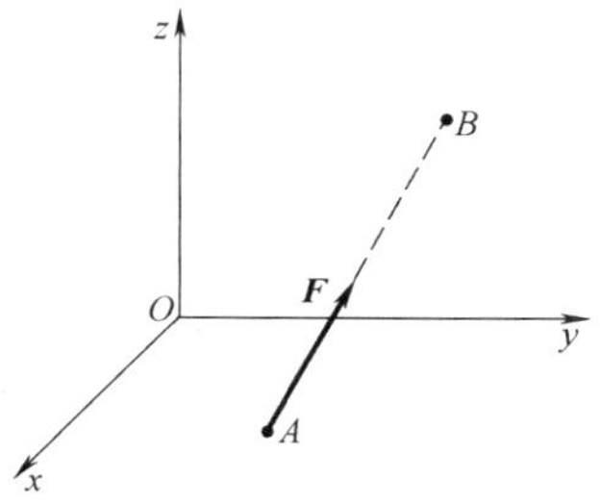

图 3-2

$$\begin{aligned}\boldsymbol{u}&=\frac{\boldsymbol{r}}{r}=\frac{(x_B-x_A)\boldsymbol{i}+(y_B-y_A)\boldsymbol{j}+(z_B-z_A)\boldsymbol{k}}{\sqrt{(x_B-x_A)^2+(y_B-y_A)^2+(z_B-z_A)^2}}\\&=u_x\boldsymbol{i}+u_y\boldsymbol{j}+u_z\boldsymbol{k}\end{aligned}\tag{3-7}$$

则力 **F** 的解析表达式为

$$\begin{aligned}\boldsymbol{F}&=F\boldsymbol{u}=F\left(\frac{\boldsymbol{r}}{r}\right)=F(u_x\boldsymbol{i}+u_y\boldsymbol{j}+u_z\boldsymbol{k})\\&=F\left(\frac{(x_B-x_A)\boldsymbol{i}+(y_B-y_A)\boldsymbol{j}+(z_B-z_A)\boldsymbol{k}}{\sqrt{(x_B-x_A)^2+(y_B-y_A)^2+(z_B-z_A)^2}}\right)\end{aligned}\tag{3-8}$$

其中，力 **F** 方向余弦为

$$\cos\alpha=u_x,\ \cos\beta=u_y,\ \cos\gamma=u_z\tag{3-9}$$

二、空间汇交力系的合力与平衡

将平面汇交力系合成的几何法应用于空间汇交力系，可得：空间汇交力系的合力等于各分力的矢量和，合力的作用线通过汇交点。合力矢为

$$\boldsymbol{F}_{\mathrm{R}}=\sum\boldsymbol{F}_i=\sum F_x\boldsymbol{i}+\sum F_y\boldsymbol{j}+\sum F_z\boldsymbol{k}\tag{3-10}$$

其中，$\sum F_x$、$\sum F_y$、$\sum F_z$为各分力在 x、y、z 轴上投影的代数和。若各分力大小和方向已知，则合力的大小和方向余弦为

$$\left.\begin{array}{c}F_{\mathrm{R}}=\sqrt{(\sum F_x)^2+(\sum F_y)^2+(\sum F_z)^2}\\ \cos\alpha=\dfrac{\sum F_x}{F_{\mathrm{R}}},\ \cos\beta=\dfrac{\sum F_y}{F_{\mathrm{R}}},\ \cos\gamma=\dfrac{\sum F_z}{F_{\mathrm{R}}}\end{array}\right\}\tag{3-11}$$

由于空间汇交力系与合力等效，因此，空间汇交力系平衡的充分和必要条件为：该力系的合力的大小等于零，即

$$F_{\mathrm{R}}=\sqrt{(\sum F_x)^2+(\sum F_y)^2+(\sum F_z)^2}=0$$

显然，使上式成立必须满足

$$\sum F_x=0,\ \sum F_y=0,\ \sum F_z=0\tag{3-12}$$

空间汇交力系平衡的解析条件为：该力系中所有分力在3个坐标轴上投影的代数和分别等于零。式（3-12）被称为空间汇交力系的平衡方程。

例题 3-1 如图3-3a所示，空间桁架结构由 AD、BD 和 CD 三根杆在点 D 处铰接在一起，A、B 和 C 处为球铰链，已知各点的坐标 $A(0,0,0)$、$B(2m,0,4m)$、$C(-2m,0,4m)$ 和 $D(0,3m,3m)$，在点 D 受到一个与 z 轴平行的力 $G=10kN$ 的作用，不计各杆自重，试求各杆所受到的力。

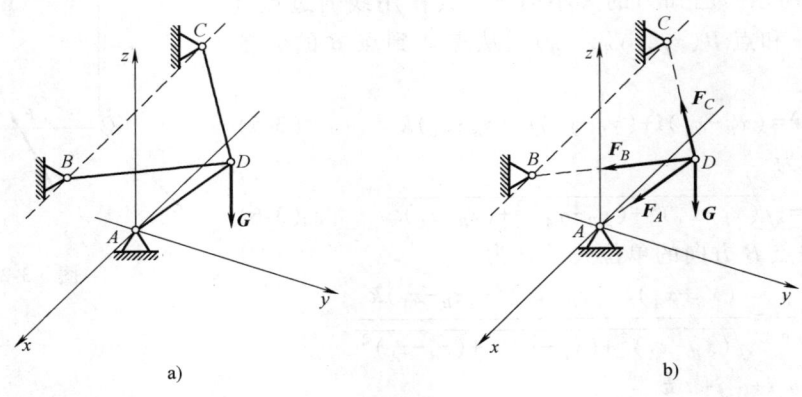

图 3-3

解： 取铰链 D 为研究对象，其上受主动力 G，由于三个杆都是二力杆，因此 F_A、F_B 和 F_C 分别沿三个杆的轴线，这四个力构成一空间汇交力系，如图3-3b所示。

建立图示坐标系，各力的解析表达式为

$$F_A = F_A \left(\frac{(x_A-x_D)i+(y_A-y_D)j+(z_A-z_D)k}{\sqrt{(x_A-x_D)^2+(y_A-y_D)^2+(z_A-z_D)^2}} \right) = F_A(0i-0.7071j-0.7071k)$$

$$F_B = F_B(0.5345i-0.8018j+0.2673k)$$

$$F_C = F_C(-0.5345i-0.8018j+0.2673k)$$

$$G = -10k \text{（kN）}$$

平衡方程为

$$\sum F_x = 0, \quad 0.5345F_B - 0.5345F_C = 0$$

$$\sum F_y = 0, \quad -0.7071F_A - 0.8018F_B - 0.8018F_C = 0$$

$$\sum F_z = 0, \quad -0.7071F_A + 0.2673F_B + 0.2673F_C - 10 = 0$$

求解上面三个平衡方程，得

$$F_A = -10.61kN, \quad F_B = F_C = 4.68kN$$

F_A 为负值，说明图3-3b中所设 F_A 的方向与实际相反，杆 AD 受压力。

第二节 力对点之矩和力对轴之矩

一、力对点之距的矢量表示

在第2章中介绍了平面问题中的力对点之距，它是度量力使刚体绕某点转动效应的物理量。在空间问题中，不仅要考虑力矩的大小、转向，而且还要确定力矩作用面的方位。因此在空间问题中，力对点之距有三个要素：大小、转向和作用面。如图 3-4 所示，这三个要素可用力矩矢 $\boldsymbol{M}_O(\boldsymbol{F})$ 来描述，即

$$\boldsymbol{M}_O(\boldsymbol{F}) = \boldsymbol{r} \times \boldsymbol{F} \tag{3-13}$$

上式为力对点之矩的矢积表达式，式中，$\boldsymbol{r}$ 是从矩心到力作用线上任一点的位置矢量。

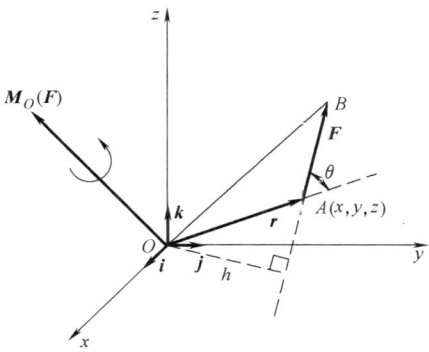

图 3-4

根据矢量积的定义可知，力矩矢的大小为

$$M_O(\boldsymbol{F}) = r \cdot F \cdot \sin\theta = Fh$$

即力矩的大小。力矩矢 $\boldsymbol{M}_O(\boldsymbol{F})$ 的始端必须画在矩心，方向由右手螺旋法则确定。因此，空间力对点之矩的作用面为过矩心 O 垂直于矢量 $\boldsymbol{M}_O(\boldsymbol{F})$ 的平面，右手拇指的方向与力矩矢的方向一致，右手四指弯曲的方向即为力对点之矩在作用面内的转向。

若以矩心 O 为原点，建立空间直角坐标系 $Oxyz$，力的作用点 A 的坐标为 $A(x, y, z)$，力在三个坐标轴上的投影分别为 F_x、F_y、F_z，则矢径 $\boldsymbol{r}$ 和力 $\boldsymbol{F}$ 可分别表示为

$$\boldsymbol{r} = x\boldsymbol{i} + y\boldsymbol{j} + z\boldsymbol{k}, \quad \boldsymbol{F} = F_x\boldsymbol{i} + F_y\boldsymbol{j} + F_z\boldsymbol{k}$$

代入式（3-13），得

$$\boldsymbol{M}_O(\boldsymbol{F}) = \boldsymbol{r} \times \boldsymbol{F} = \begin{vmatrix} \boldsymbol{i} & \boldsymbol{j} & \boldsymbol{k} \\ x & y & z \\ F_x & F_y & F_z \end{vmatrix} \tag{3-14}$$

$$= (yF_z - zF_y)\boldsymbol{i} + (zF_x - xF_z)\boldsymbol{j} + (xF_y - yF_x)\boldsymbol{k}$$

上式中，三个坐标轴单位矢量的系数分别为力矩矢在三个坐标轴上的投影，即

$$\left.\begin{array}{l} [\boldsymbol{M}_O(\boldsymbol{F})]_x = yF_z - zF_y \\ [\boldsymbol{M}_O(\boldsymbol{F})]_y = zF_x - xF_z \\ [\boldsymbol{M}_O(\boldsymbol{F})]_z = xF_y - yF_x \end{array}\right\} \tag{3-15}$$

二、力对轴之矩

力对轴之矩是度量力使刚体绕轴转动效应的物理量。

设作用于刚体上点 A 的力 $\boldsymbol{F}$，使刚体绕固定轴 z 转动，如图 3-5 所示。把力 $\boldsymbol{F}$ 分解为平行于 z 轴的分力 $\boldsymbol{F}_z$ 和垂直于 z 轴的分力 $\boldsymbol{F}_{xy}$。显然，分力 $\boldsymbol{F}_z$ 不能使刚体绕 z 轴转动，因此分

力 F_z 对 z 轴的矩为零。只有分力 F_{xy} 才能使刚体绕 z 轴转动，而且分力 F_{xy} 使刚体绕 z 轴转动就是使刚体在 xy 平面内绕点 O 转动。由上述可知，力 F 对 z 轴的矩就是分力 F_{xy} 对点 O 的矩，即

$$M_z(F) = M_O(F_{xy}) = \pm F_{xy}h \tag{3-16}$$

于是，力对轴之矩的绝对值等于力在垂直于轴的平面上的投影对这个平面与该轴的交点的矩。其正负号如下规定：右手四指弯曲与力对轴之矩的转向一致时，拇指的指向与轴的正方向一致为正，反之为负。

当力的作用线与轴相交时（此时 $h=0$），或力的作用线与轴平行时（此时 $F_{xy}=0$），力对轴之矩等于零。换言之，当力的作用线与轴共面时，力对轴之矩等于零。

在空间直角坐标系下，设力 F 的作用点 A 的坐标为 $A(x, y, z)$，力在三个坐标轴上的投影分别为 F_x、F_y、F_z，如图 3-6 所示，求力对 z 轴的矩。

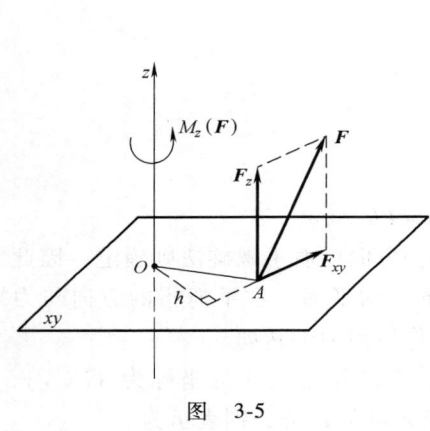

图 3-5

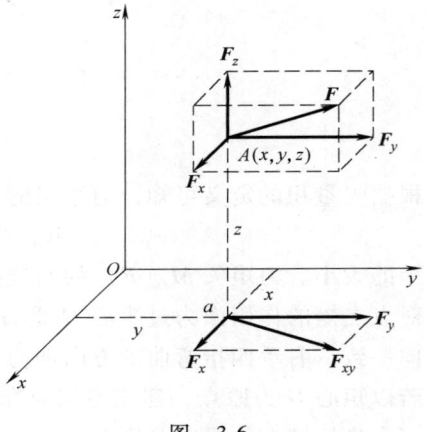

图 3-6

根据力对轴之矩的定义，得

$$M_z(F) = M_O(F_{xy}) = M_O(F_x) + M_O(F_y)$$

即

$$M_z(F) = xF_y - yF_x$$

同理可得对 x、y 轴的矩，把三式合写为

$$\left.\begin{array}{l} M_x(F) = yF_z - zF_y \\ M_y(F) = zF_x - xF_z \\ M_z(F) = xF_y - yF_x \end{array}\right\} \tag{3-17}$$

以上三式是力 F 对直角坐标轴之矩的解析表达式。

三、空间力对点之矩与力对轴之矩的关系

将式 (3-15) 与式 (3-17) 相比较，有

$$\left.\begin{array}{l} [M_O(F)]_x = M_x(F) \\ [M_O(F)]_y = M_y(F) \\ [M_O(F)]_z = M_z(F) \end{array}\right\} \tag{3-18}$$

上式说明：空间力对点的矩矢在通过该点的任一轴上的投影等于力对该轴之矩。因此，空间的力对点之矩可改写为

$$M_O(F) = M_x(F)i + M_y(F)j + M_z(F)k \qquad (3-19)$$

由此可见，在空间中力使物体绕某点转动的效应等于力使物体同时分别绕通过该点且相互垂直的三根轴转动效果的总和。

例题 3-2 如图 3-7 所示，已知力 F 的表达式及作用点的位置，求力 F 对点 O 和轴 OA 的矩。

解：（1）力 F 对点 O 的力矩矢为

$$M_O(F) = r \times F = \begin{vmatrix} i & j & k \\ -1 & 3 & 2 \\ -30 & 40 & 20 \end{vmatrix} = -20i - 40j + 50k \ \text{N·m}$$

（2）力 F 对轴 OA 之矩的大小等于 $M_O(F)$ 在轴 OA 上的投影。轴 OA 的单位矢量为

$$u_{OA} = \frac{3i + 4j}{\sqrt{3^2 + 4^2}} = 0.6i + 0.8j$$

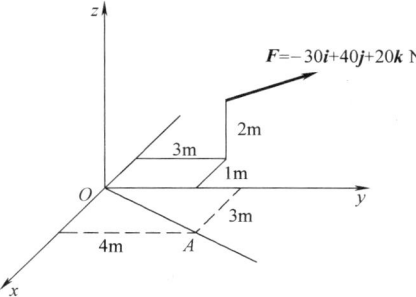

图 3-7

力 F 对轴 OA 的矩的大小为

$$M_{OA} = M_O(F) \cdot u_{OA} = -44 \text{N·m}$$

负号说明以右手四指弯曲表示力 F 对轴 OA 的矩的转向，拇指的方向是从点 A 指向点 O 的。也可以把力 F 对轴 OA 的矩用矢量形式表示，即

$$M_{OA} = M_{OA} u_{OA} = -26.4i - 35.2j \ \text{N·m}$$

第三节 空间力偶

一、力偶矩矢

实践表明，空间力偶（F，F'）对刚体的转动效应取决于以下三个要素：
（1）力偶作用面的方位；
（2）力偶在其作用面内的转向；
（3）力偶中任一力的大小与力偶臂的乘积 $F \cdot d$。

这三个要素可用矢量的形式表示。设有空间力偶（F，F'），两个力的作用点分别为 A、B，从点 B 到点 A 的位置矢量为 r_{BA}，如图 3-8a 所示，则力偶对空间任一点 O 的矩矢 $M_O(F, F')$ 为

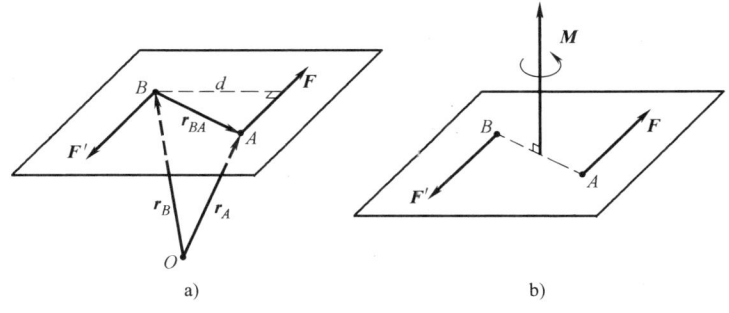

图 3-8

$$M_O(F, F') = M_O(F) + M_O(F') = r_A \times F + r_B \times F'$$
$$= r_A \times F + r_B \times (-F) = (r_A - r_B) \times F$$
$$= r_{BA} \times F$$

计算表明,力偶对空间任一点的矩矢与矩心无关,都为 $r_{BA} \times F$。

定义力偶矩矢 M 为

$$M = r_{BA} \times F \tag{3-20}$$

力偶矩矢 M 垂直于力偶作用面,方向用右手螺旋法则确定,如图 3-8b 所示。由于力偶对空间任一点的矩都等于力偶矩矢,因此力偶矩矢是一个自由的矢量,只要其大小、方向不变,可画在任意位置。

由力对点之矩与力对轴之矩的关系可知,力偶对轴之矩等于力偶矩矢在该轴上的投影。

二、空间力偶的等效定理

空间力偶对刚体的作用效果完全取决于力偶矩矢,而力偶矩矢又是自由矢量,因此,空间两个力偶不论作用在刚体的什么位置,也不论力偶中力的大小、方向,以及力偶臂的长短,只要力偶矩矢相等,这两个力偶就彼此等效,这就是空间力偶等效定理。

三、空间力偶系的合成与平衡

设刚体受 n 个空间分布的力偶作用,如图 3-9a 所示,由于力偶矩矢是自由矢量,可以平行移动这些力偶矩矢至任意点 O,成为一个空间的汇交力偶矩矢系,如图 3-9b 所示。

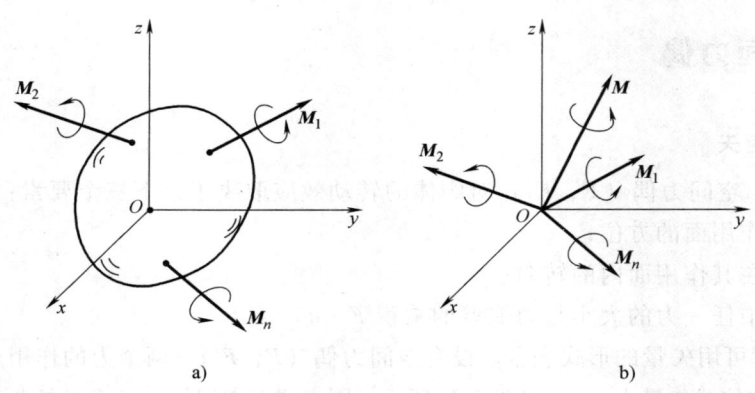

图 3-9

与空间汇交力系类似,可以证明,空间力偶系可以合成为一个力偶,合力偶矩矢等于各分力偶矩矢的矢量和,即

$$M = M_1 + M_1 + \cdots + M_n = \sum M \tag{3-21}$$

如果空间力偶系的合力偶矩矢等于零,则该力偶系平衡。因此,空间力偶系平衡的必要与充分条件是:力偶系中所有各力偶矩矢的矢量和等于零,即

$$\sum M = 0 \tag{3-22}$$

将上式分别向坐标轴投影,得

$$\sum M_x = 0, \quad \sum M_y = 0, \quad \sum M_z = 0 \tag{3-23}$$

式（3-23）称为空间力偶系的平衡方程，即力偶系中所有各力偶矩矢在空间三个坐标轴上投影的代数和分别等于零。上述三个平衡方程相互独立，可求解三个未知量。

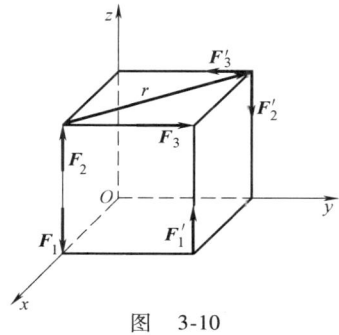

图 3-10

例题 3-3 如图 3-10 所示，已知力系中各力 $F_1 = F_1' = 2\text{kN}$，$F_2 = F_2' = 4\text{kN}$，$F_3 = F_3' = 4\text{kN}$，作用于边长为 1m 的正方体的棱边上。试求合力偶矩矢。

解：三个力偶矩矢分别为

$$M_1 = F_1 \cdot 1\text{m} \; i = 2i \text{ kN} \cdot \text{m}$$
$$M_2 = r \times F_2' = (-1i+1j) \times (-4k) \text{ kN} \cdot \text{m} = -4i-4j \text{ kN} \cdot \text{m}$$
$$M_3 = F_3 \cdot 1\text{m} \; k = 4k \text{ kN} \cdot \text{m}$$

合力偶矩矢为

$$M = \sum M = -2i - 4j + 4k \text{ kN} \cdot \text{m}$$

第四节 空间任意力系的简化

一、空间任意力系向一点简化

设在某刚体上作用一空间任意力系 F_1，F_2，$\cdots$，F_n，如图 3-11a 所示。与平面任意力系的简化方法一样，任选一点 O 作为简化中心，根据力的平移定理，将各力平移到点 O，于是得到一个作用于点 O 的空间汇交力系 F_1'，F_2'，$\cdots$，F_n'，和一个附加的空间力偶系，并以力偶矩矢的形式表示为 M_1，M_2，$\cdots$，M_n，如图 3-11b 所示。其中

$$F_1 = F_1', \; F_2 = F_2', \; \cdots, \; F_n = F_n'$$
$$M_1 = M_O(F_1), \; M_2 = M_O(F_2), \; \cdots, \; M_n = M_O(F_n)$$

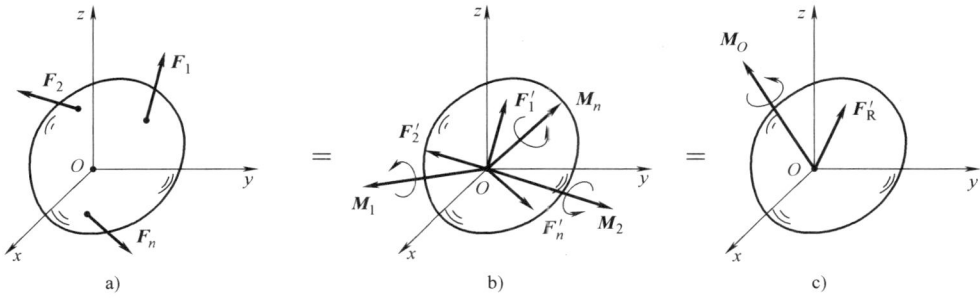

图 3-11

根据空间汇交力系和空间力偶系的知识可知，作用于点 O 的空间汇交力系 F_1'、F_2'，…，F_n' 可以合成为一个合力 F_R'，如图 3-11c 所示，称力矢 F_R' 为原力系的主矢。又因为 $F_i' = F_i$，所以

$$F_R' = \sum F_i' = \sum F_i \tag{3-24}$$

即主矢 F_R' 等于原力系中各力的矢量和。

求主矢的大小和方向，通常采用解析法，即主矢在三个坐标轴上的投影：

$$F_{Rx}' = \sum F_x, \quad F_{Ry}' = \sum F_y, \quad F_{Rz}' = \sum F_z \tag{3-25}$$

也即主矢在坐标轴上的投影等于原力系中各力在同一轴上投影的代数和。则主矢的大小为

$$F_R' = \sqrt{{F_{Rx}'}^2 + {F_{Ry}'}^2 + {F_{Rz}'}^2} = \sqrt{(\sum F_x)^2 + (\sum F_y)^2 + (\sum F_z)^2} \tag{3-26}$$

主矢的方向余弦为

$$\left. \begin{aligned} \cos(F_R', i) &= F_{Rx}'/F_R' \\ \cos(F_R', j) &= F_{Ry}'/F_R' \\ \cos(F_R', k) &= F_{Rz}'/F_R' \end{aligned} \right\} \tag{3-27}$$

附加的空间力偶矩矢系 M_1，M_2，…，M_n 可以合成为一个合力偶，如图 3-11c 所示，称合力偶矩矢 M_O 为原力系对简化中心 O 的主矩，即

$$M_O = \sum M_i = \sum M_O(F_i) \tag{3-28}$$

求主矩的大小和方向，通常也采用解析法，而且由于空间力对点之矩与力对过该点的轴之矩的关系，主矩的大小和方向余弦为

$$M_O = \sqrt{[\sum M_x(F)]^2 + [\sum M_y(F)]^2 + [\sum M_z(F)]^2} \tag{3-29}$$

$$\left. \begin{aligned} \cos(M_O, i) &= \sum M_x(F)/M_O \\ \cos(M_O, j) &= \sum M_y(F)/M_O \\ \cos(M_O, k) &= \sum M_z(F)/M_O \end{aligned} \right\} \tag{3-30}$$

其中，$\sum M_x(F)$、$\sum M_y(F)$、$\sum M_z(F)$ 分别表示各分力 F_i 对 x、y、z 轴的矩的代数和。

与平面任意力系简化一样，主矢与简化中心的位置无关，但是主矩一般与简化中心的位置有关。

二、空间固定端约束

在第二章第四节中已经介绍了平面力系下的固定端约束，但如果被固定端约束的刚体受到的主动力是空间任意力系，那么固定端的约束力也构成一个与主动力有关的空间力系，将约束力系向固定端中心点 A 进行简化可得到一个约束力 F_A（通常用三个相互正交的分力 F_{Ax}、F_{Ay}、F_{Az} 表示）和一个约束力偶，其力偶矩矢为 M_A（通常用绕三个坐标轴的分量 M_{Ax}、M_{Ay}、M_{Az} 表示），如图 3-12 所示。

三、空间任意力系简化结果的分析

空间任意力系的简化结果可能出现以下 4 种情况。

1. 空间任意力系简化为一合力偶

如果空间任意力系向一点简化的主矢 $F_R' = 0$，主矩

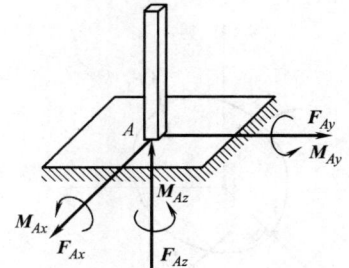

图 3-12

$M_O \neq 0$，则原力系合成为一个合力偶矩矢。这个力偶与原力系等效，称此力偶为原力系的合力偶。因为力偶矩矢对空间内任意一点的矩都相同，因此在这种情况下，主矩与简化中心的位置也无关。

2. 空间任意力系简化为一合力

如果空间任意力系向一点简化的主矢 $F'_R \neq 0$，主矩 $M_O = 0$，则原力系合成为一个合力，这个合力与原力系等效。

如果空间任意力系向一点简化的主矢 $F'_R \neq 0$，主矩 $M_O \neq 0$，但 $F'_R \perp M_O$，如图 3-13a 所示。用力偶（F_R，F''_R）代替主矩 M_O，如图 3-13b 所示，其中 $F_R = F'_R = -F''_R$，F'_R 与 F''_R 构成一对平衡力，减去这对平衡力，简化可得作用在 O' 点的一个合力 F_R，如图 3-13c 所示。此力即原力系的合力，其大小和方向与原力系的主矢 F'_R 相同，其作用线到简化中心 O 的距离为

$$d = \frac{|M_O|}{F'_R}$$

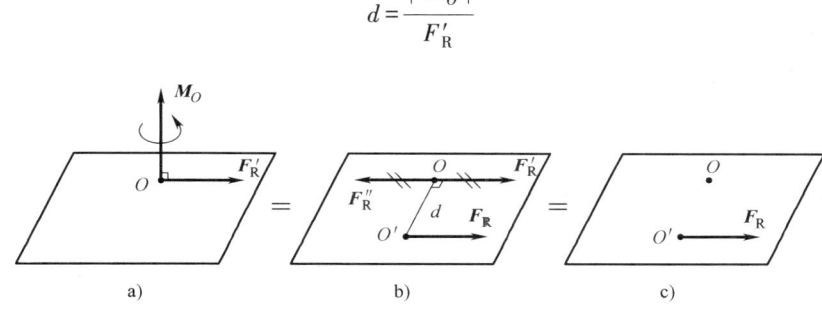

图 3-13

3. 空间任意力系简化为力螺旋

如果空间任意力系向一点简化的主矢 $F'_R \neq 0$，主矩 $M_O \neq 0$，但 $F'_R /\!/ M_O$，这个结果被称为**力螺旋**，如图 3-14 所示。所谓力螺旋是由一个力和一个力偶组成的力系，其中力的作用线垂直于力偶的作用面。力螺旋是由静力学的两个基本要素力和力偶组成的最简单的力系，不能再进一步合成。

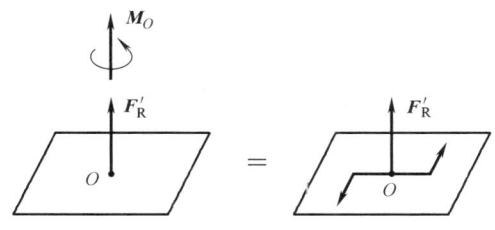

图 3-14

如果主矢 $F'_R \neq 0$，主矩 $M_O \neq 0$，且两者即不平行，又不垂直，如图 3-15a 所示。此时将 M_O 分解成两个分力偶矩矢 M'_O 和 M''_O，它们分别平行于 F'_R 和垂直于 F'_R，如图 3-15b 所示，由主矢和主矩垂直的情况可知，F'_R 和 M''_O 可合成为作用在点 O' 的力 F_R，而 M'_O 是自由矢量，可平移到点 O'，与力 F_R 组成力螺旋，如图 3-15c 所示。力 F_R 和 F'_R 之间的垂直距离为

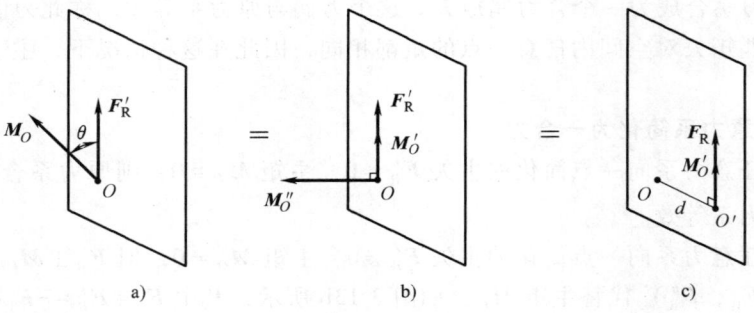

图 3-15

$$d = \frac{|M_O''|}{F_R'} = \frac{M_O \sin\theta}{F_R'}$$

4. 空间任意力系平衡

如果空间任意力系向一点简化的主矢 $F_R' = 0$，主矩 $M_O = 0$，则原力系平衡。这种情况将在下节讨论。

第五节 空间任意力系的平衡

由上节可知，当主矢和主矩都等于零时，空间任意力系与零力系等效，则该力系平衡。因此，刚体在空间任意力系作用下处于平衡的必要与充分条件是：该力系的主矢和对任一点的主矩都为零，即

$$F_R' = 0, \quad M_O = 0 \tag{3-31}$$

由于

$$F_R' = \sqrt{(\sum F_x)^2 + (\sum F_y)^2 + (\sum F_z)^2}$$
$$M_O = \sqrt{[\sum M_x(\boldsymbol{F})]^2 + [\sum M_y(\boldsymbol{F})]^2 + [\sum M_z(\boldsymbol{F})]^2}$$

故可得空间任意力系的平衡方程为

$$\left.\begin{array}{l}\sum F_x = 0, \quad \sum F_y = 0, \quad \sum F_z = 0 \\ \sum M_x(\boldsymbol{F}) = 0, \quad \sum M_y(\boldsymbol{F}) = 0, \quad \sum M_z(\boldsymbol{F}) = 0\end{array}\right\} \tag{3-32}$$

即空间任意力系平衡的必要和充分条件是：所有各力在三个坐标轴上投影的代数和等于零，各力对三个坐标轴之矩的代数和等于零。空间任意力系只有六个独立的平衡方程，可以求解六个未知量。

空间任意力系是最一般的力系，其他力系都是它的特殊情况。因此，其他力系的平衡方程都可由式（3-32）导出。

如图 3-16 所示，物体受一空间平行力系作用，且处于平衡状态。设力系中的各力与 z 轴平行，则各力对 z 轴的矩都等于零。而且各力都与 x 轴、y 轴垂直，则各力在这两个轴上的投影都等于零。因此空间平行力系只有三个独立的平衡方程，即

$$\sum F_z = 0, \sum M_x(\boldsymbol{F}) = 0, \sum M_y(\boldsymbol{F}) = 0 \tag{3-33}$$

例题 3-4 如图 3-17 所示，一空间直角折杆 $ABCD$，已知 $AB = BC = CD = 0.5\text{m}$，$F_1 =$

15N,$F_2=10$N,$M=8$N·m,不计折杆自重。求固定端 A 的约束力。

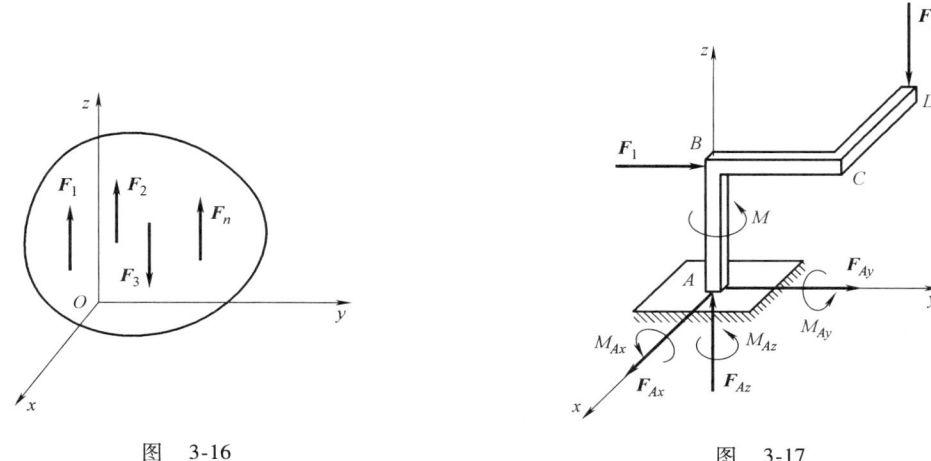

图 3-16 图 3-17

解：取折杆为研究对象，画受力图如图 3-17 所示。折杆受到空间任意力系作用，建立图示坐标系，列平衡方程：

$$\sum F_x = 0, \quad F_{Ax} = 0$$
$$\sum F_y = 0, \quad F_{Ay} + F_1 = 0$$
$$\sum F_z = 0, \quad F_{Az} - F_2 = 0$$
$$\sum M_x(\boldsymbol{F}) = 0, \quad M_{Ax} - F_1 \cdot 0.5\text{m} - F_2 \cdot 0.5\text{m} = 0$$
$$\sum M_y(\boldsymbol{F}) = 0, \quad M_{Ay} - F_2 \cdot 0.5\text{m} = 0$$
$$\sum M_z(\boldsymbol{F}) = 0, \quad M_{Az} + M = 0$$

解得

$$F_{Ax} = 0, \ F_{Ay} = -15\text{N}, \ F_{Az} = 10\text{N}$$
$$M_{Ax} = 12.5\text{N·m}, \ M_{Ay} = 5\text{N·m}, \ M_{Az} = -8\text{N·m}$$

例题 3-5 如图 3-18a 所示，均质正方形板由 6 根不计自重的直杆支撑于水平位置，直

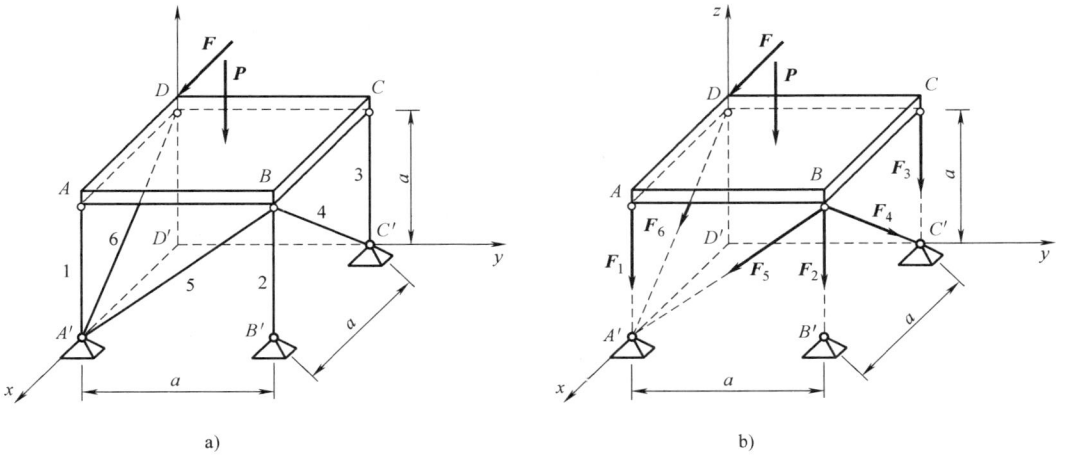

图 3-18

杆两端各用球铰链与板和地面连接。板重为 P，在 D 处作用一个沿 x 轴正方向的力 F，且 $F=2P$。求各杆所受的力。

解：选正方形板为研究对象，各支撑杆均为二力杆，设它们都受拉力，板的受力图如图 3-18b 所示。建立图示坐标系，确保每个平衡方程中只含有一个未知量，注意列平衡方程的次序和各轴的正方向。

$\sum M_{A'A}=0$，$F_4 \cdot \cos45° \cdot a = 0$，　　　得　$F_4 = 0$

$\sum M_{D'D}=0$，$-F_5 \cdot \cos45° \cdot a = 0$，　　得　$F_5 = 0$

$\sum F_x = 0$，$F_6 \cdot \cos45° + F = 0$，　　　　得　$F_6 = -2\sqrt{2}P$（压）

$\sum M_{A'B'}=0$，$-F_3 \cdot a + F \cdot a - P \cdot \dfrac{a}{2} = 0$，　得　$F_3 = \dfrac{3P}{2}$（拉）

$\sum M_{DA}=0$，$-F_3 \cdot a - F_2 \cdot a - P \cdot \dfrac{a}{2} = 0$，　得　$F_2 = -2P$（压）

$\sum M_{DC}=0$，$F_1 \cdot a + F_2 \cdot a + P \cdot \dfrac{a}{2} = 0$，　得　$F_1 = \dfrac{3P}{2}$（拉）

第六节　物体的重心

一、重心

在地球表面附近的物体，其内部的各质点都受到地球引力的作用，称之为**重力**。这个分布的重力系汇交于地心，但由于地球的尺寸比一般物体的尺寸大得多，因此把物体各质点受到的重力系看作空间平行力系是足够精确的。

由力系简化的知识可以得到，物体受到的空间平行分布重力系可以合成为一个合力，这个合力就是物体的总重力，但只有在总重力作用于一个特定的简化中心时，它才与分布的重力系等效。换言之，这时力系简化的主矩等于零。这个特定的简化中心就是物体的重心。把物体看作刚体时，物体的重心相对于物体本身来说是固定不变的。

如图 3-19 所示，为了确定物体的重心，可将物体分割成许多小部分，设为 n 个，各部分的重力分别为 P_1，P_2，…，P_n。建立空间直角坐标系 $Oxyz$，各部分重心的坐标为 (x_1, y_1, z_1)，(x_2, y_2, z_2)，…，(x_n, y_n, z_n)。

根据力系的简化，由于所有部分的重力都与 z 轴平行，将它们向 z 轴投影的代数和就是物体总的重力，即

$$P = \sum P_i$$

设物体重心点 C 的坐标为 (x_C, y_C, z_C)，重力 P 作用于重心上与平行分布的重力系等效，则重力 P 对 y 轴的矩等于分布的重力系对 y 轴的矩，即

$$Px_C = \sum P_i x_i$$

于是有

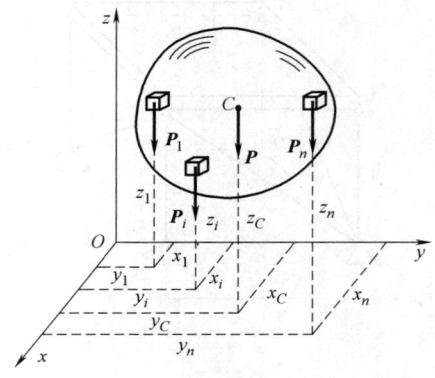

图　3-19

$$x_C = \frac{\sum P_i x_i}{P}$$

同理，对 x 轴取矩可得

$$y_C = \frac{\sum P_i y_i}{P}$$

由于重心相对物体的位置与物体放置的情况无关，因此可将物体连同坐标系一起绕 x 轴旋转 $90°$，这时重力与 y 轴平行，再对 x 轴取矩可得

$$z_C = \frac{\sum P_i z_i}{P}$$

故计算重心坐标的一般公式为

$$x_C = \frac{\sum P_i x_i}{P}, \quad y_C = \frac{\sum P_i y_i}{P}, \quad z_C = \frac{\sum P_i z_i}{P} \tag{3-34}$$

考虑到重力和质量的关系，$P = mg$，$P_i = m_i g$，其中 g 为重力加速度，m 为物体的总质量，m_i 为第 i 部分的质量，代入式（3-34），得到物体质心坐标的一般公式为

$$x_C = \frac{\sum m_i x_i}{m}, \quad y_C = \frac{\sum m_i y_i}{m}, \quad z_C = \frac{\sum m_i z_i}{m} \tag{3-35}$$

如果物体是均质的，由于 $m = \rho V$，$m_i = \rho V_i$，其中 ρ 为物体的密度，V 为物体的总体积，V_i 为第 i 部分的体积，代入式（3-35），得到物体形心坐标的一般公式为

$$x_C = \frac{\sum V_i x_i}{V}, \quad y_C = \frac{\sum V_i y_i}{V}, \quad z_C = \frac{\sum V_i z_i}{V} \tag{3-36}$$

如果令物体各小部分的体积趋近于零，则有

$$x_C = \frac{\int_V x \, dV}{V}, \quad y_C = \frac{\int_V y \, dV}{V}, \quad z_C = \frac{\int_V z \, dV}{V} \tag{3-37}$$

对于均质物体，其重心、质心、形心的位置是重合的。

如果物体为均质等厚的薄壳，如图 3-20 所示，由于 $V = tA$，$V_i = tA_i$，其中 t 为薄壳的厚度，A 为薄壳的总面积，A_i 为第 i 部分的面积，则其重心坐标的公式为

$$x_C = \frac{\sum A_i x_i}{A}, \quad y_C = \frac{\sum A_i y_i}{A}, \quad z_C = \frac{\sum A_i z_i}{A} \tag{3-38}$$

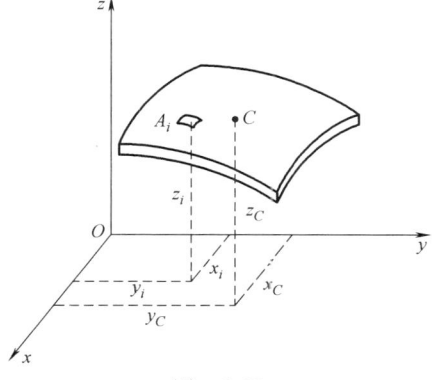

图 3-20

如果令物体各小部分的面积趋近于零,则有

$$x_C = \frac{\int_A x\,\mathrm{d}A}{A}, \quad y_C = \frac{\int_A y\,\mathrm{d}A}{A}, \quad z_C = \frac{\int_A z\,\mathrm{d}A}{A} \tag{3-39}$$

二、确定物体重心的方法

1. 对称确定法

对于均质物体,如果此物体有对称面、对称轴或对称中心,则物体的重心一定在此对称面、对称轴或对称中心上。

2. 积分法

当均质物体的边界可以用函数表示的时候,可以利用式(3-37)、式(3-39)确定其重心和形心的具体位置。

例题 3-6 确定一个均质三角形板的重心位置,其底为 b,高为 h,如图 3-21a 所示。

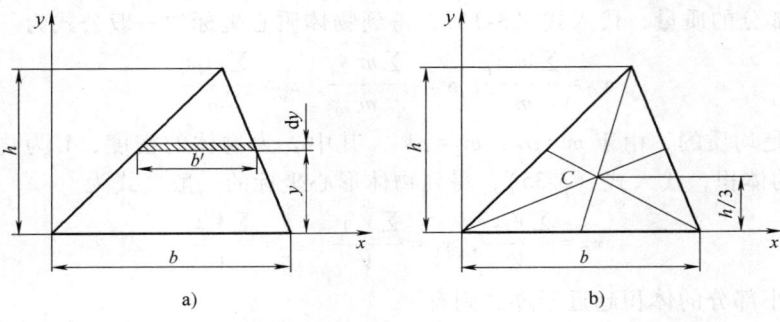

图 3-21

解: 确定形心坐标 y_C。

选取距离 x 轴为 y、宽度为 $\mathrm{d}y$ 的阴影面积 $\mathrm{d}A$。有

$$b' = \frac{h-y}{h}b = \left(1 - \frac{y}{h}\right)b$$

则

$$\mathrm{d}A = b'\mathrm{d}y = \left(1 - \frac{y}{h}\right)b\,\mathrm{d}y$$

代入式(3-39),得

$$y_C = \frac{\int_A y\,\mathrm{d}A}{A} = \frac{\int_0^h y\left(1 - \frac{y}{h}\right)b\,\mathrm{d}y}{\frac{1}{2}bh} = \frac{b\left(\frac{y^2}{2} - \frac{y^3}{3h}\right)\Big|_0^h}{\frac{1}{2}bh} = \frac{h}{3}$$

由于每一个 $\mathrm{d}A$ 的重心都在其中心上,因此,均质三角形板的重心也一定在其中线上,如图 3-21b 所示。

3. 组合法

当均质物体由几个已知重心的部分组成时,可根据式(3-36)、式(3-38)确定其重心和形心的具体位置。如果物体中有被挖去的部分,则在计算中把该部分的重量、体积或面积

取为负值。

例题 3-7　T 形截面如图 3-22 所示（尺寸单位为 mm）。试求此截面的形心位置。

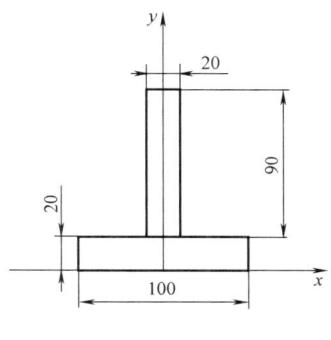

图　3-22

解：根据对称性，截面的形心一定在 y 轴上，即
$$x_C = 0$$

该截面可以分成两个矩形，$A_1 = 2000\text{mm}^2$，形心 $y_1 = 10\text{mm}$；$A_2 = 1800\text{mm}^2$，形心 $y_2 = 65\text{mm}$。代入式（3-38），得

$$y_C = \frac{\sum A_i y_i}{A} = \frac{2000 \times 10 + 1800 \times 65}{2000 + 1800}\text{mm} = 36.05\text{mm}$$

3-1　已知力 $F_1 = 400\text{N}$，$F_2 = 240\text{N}$，作用于点 O，方向如题 3-1 图所示。试求两个力在坐标轴上的投影，以及这两个力的合力。

答案：（1）$F_{1x} = 200\text{N}$，$F_{1y} = 282.84\text{N}$，$F_{1z} = 200\text{N}$，
$F_{2x} = 84.85\text{N}$，$F_{2y} = -84.85\text{N}$，$F_{2z} = 207.85\text{N}$
（2）$F_R = 535.42\text{N}$，$\alpha = 57.9°$，$\beta = 68.3°$，$\gamma = 40.4°$

3-2　图示空间构架由三根不计自重的直杆组成，在 A 端用球铰链连接，B、C、D 端用球铰链与固定水平地面连接，在图示坐标系下，各点的坐标分别为 $A(0,3,3)$、$B(0,-5,0)$、$C(2,0,0)$、$D(-2,0,0)$，单位为 m，在 A 端挂一重 $P = 15\text{kN}$ 的重物，如题 3-2 图所示。试求三杆所受的力。

答案：$F_{AB} = 25.63\text{kN}$，$F_{AC} = F_{AD} = -18.76\text{kN}$

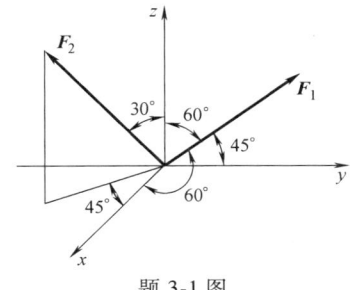
题 3-1 图

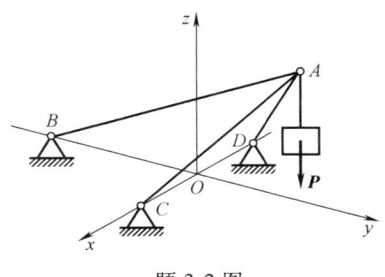
题 3-2 图

3-3　试求题 3-3 图所示力 $F = 106\text{N}$ 对于 z 轴的力矩 M_z。
答案：$M_z = -9.17\text{N}\cdot\text{m}$

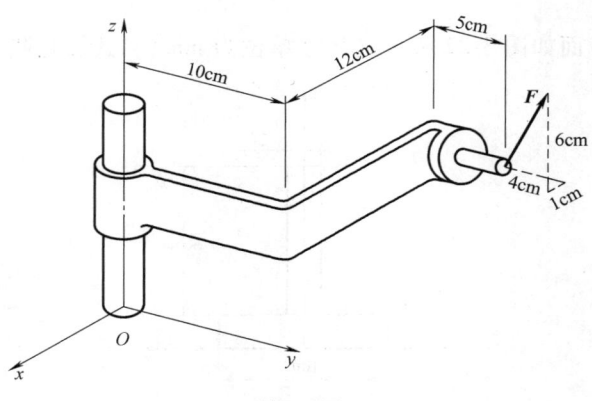

题 3-3 图

3-4 水平圆盘的半径为 $r=40$cm，外缘 C 处作用有力 $F=100$N，力 F 位于圆盘 C 处的切平面内，与 C 处的圆盘切线夹角为 $\alpha=60°$，其他尺寸如题 3-3 图所示。试求力 F 对 x、y、z 轴之矩。

答案：$M_x=-17.5$N·m，$M_y=38.97$N·m，$M_z=-20$N·m

3-5 正方体棱长 $a=0.5$m，沿棱边作用有 6 个力，已知 $F_1=40$N，$F_2=60$N，$F_3=F_4=30$N，$F_5=80$N，$F_6=100$N，方向如题 3-5 图所示。试求力系向点 O 简化的结果。

答案：$F_R=80i-60j+60k$ N，$M_O=30i+25j-20k$ N·m

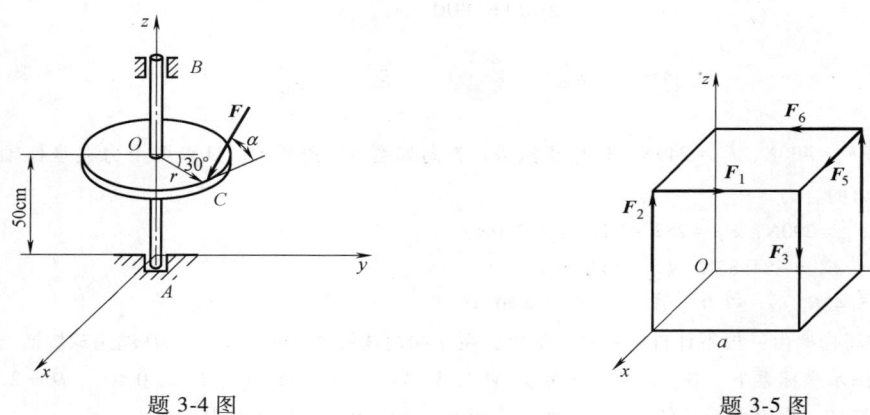

题 3-4 图　　　　　　　　题 3-5 图

3-6 齿轮轴上有两个齿轮 B、D，节圆半径分别为 $R=30$cm、$r=15$cm，其他尺寸如题 3-6 图所示。在齿轮 B、D 分别作用有两个切向力，已知 $F_1=440$N。设轴平衡，试求力 F_2 的大小和轴承 A、C 的约束力。

答案：$F_2=220$N，$F_{Ay}=-120$N，$F_{Az}=160$N，$F_{Cy}=-100$N，$F_{Cz}=-600$N

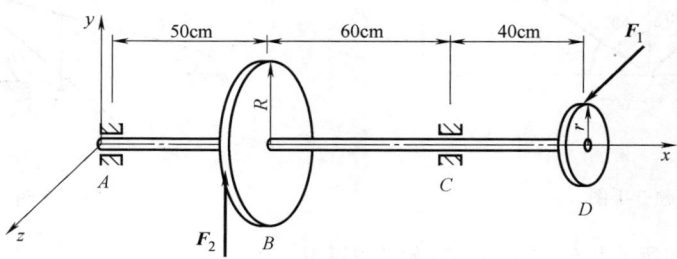

题 3-6 图

3-7 如题 3-7 图所示一直角悬臂刚架 ABC，A 端固定在基础上，在刚架的 C 点和 D 点分别作用有水平力 F_1 和 F_2，在 BC 段作用有集度为 q 的均布荷载。已知 $AB = 0.8$m，$BC = 0.6$m，$AD = 0.4$m，$F_1 = 80$N，$F_2 = 60$N，$q = 100$N/m，不计刚架自重。试求固定端 A 的约束力。

答案：$F_{Ax} = -80$N，$F_{Ay} = -60$N，$F_{Az} = 60$N，$M_{Ax} = 42$N·m，$M_{Ay} = -64$N·m，$M_{Az} = 48$N·m

3-8 折杆 ABCD 有两个直角，自重不计，受到两个力的作用，已知 $F_1 = 600$N，方向与 y 轴重合，$F_2 = 300$N，方向与 z 轴平行，尺寸如题 3-8 图所示。试求 A、B、D 三处轴承的约束力。

答案：$F_{Ax} = 100$N，$F_{Az} = -60$N，$F_{Bx} = 400$N，$F_{Bz} = -240$N，$F_{Dx} = -500$N，$F_{Dy} = -600$N

3-9 均质长方形薄板，重 $P = 2.5$kN，并在 D 点受到一竖直方向的力 $F = 1$kN 的作用，如题 3-9 图所示。当板平衡时，试求三根绳子的拉力。

答案：$F_{TA} = 1.25$kN，$F_{TB} = 0.5$kN，$F_{TC} = 1.75$kN

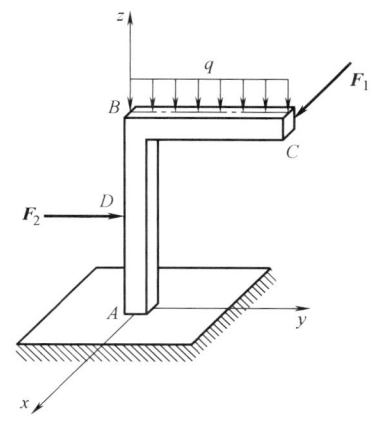

题 3-7 图

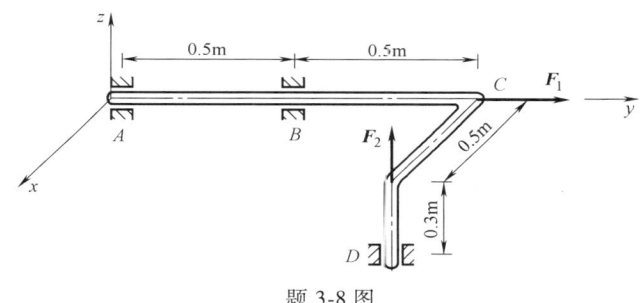

题 3-8 图

3-10 如题 3-10 图示，一水平板用 6 根直杆支撑，在板角处作用一铅垂力 F，已知各杆上、下端均用球铰链与水平板和水平地面连接，板和各杆自重不计。试求各杆所受的力。

答案：$F_1 = F_5 = -F$，$F_3 = F$，$F_2 = F_4 = F_6 = 0$

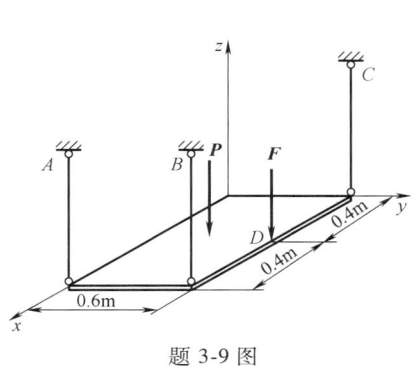

题 3-9 图

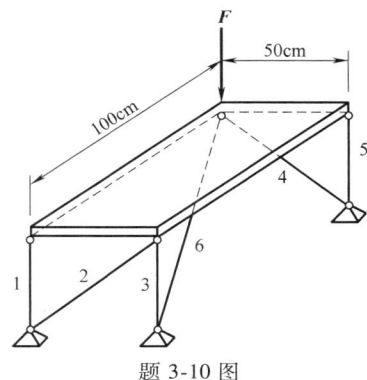

题 3-10 图

3-11 试求题 3-11 图所示各图的形心位置（尺寸单位为 mm）。
答案：a) $x_C = 0$，$y_C = 51.4$mm；b) $x_C = 10$mm，$y_C = 55$mm

3-12 试求题 3-12 图所示阴影部分的形心位置（尺寸单位为 mm）。

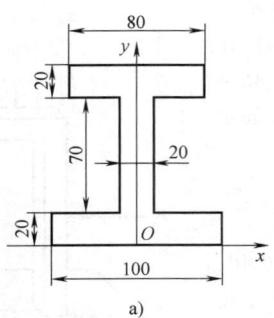 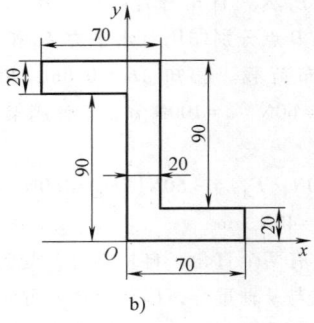

题 3-11 图

答案：$x_C = -1.55$mm，$y_C = 0$

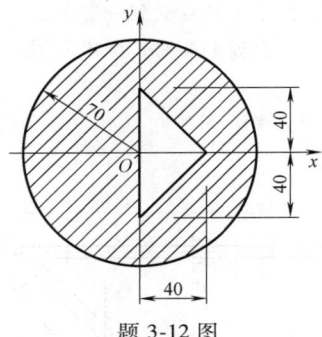

题 3-12 图

3-13　试求题 3-13 图所示均质混凝土基础重心的位置（尺寸单位为 m）。

答案：$x_C = 406.7$mm，$y_C = 516.7$mm，$z_C = -322$mm

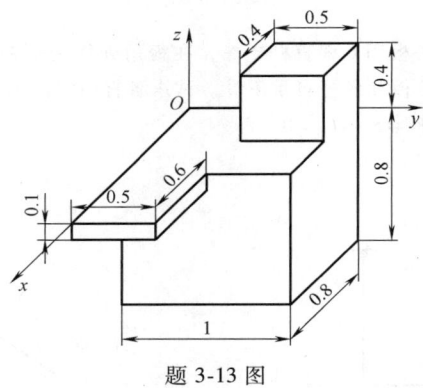

题 3-13 图

第二篇　材料力学

第四章 材料力学基础

第一节 材料力学简介

在上一篇静力学中，研究了力与平衡的关系，研究对象是刚体或刚体系统。在材料力学中，研究对象是构件，**构件**是工程结构或机械的单个组成部分。结构物和机械在工作时会受到各种外力的作用，构件通常会发生变形。**变形**是指构件的形状和尺寸发生变化。为保证结构或机械能够安全正常工作，必须保证每一构件都能安全正常地工作。工程上对构件提出了以下要求：

（1）强度要求。在荷载作用下，构件应具有足够的抵抗破坏的能力，即应具有足够的**强度**；

（2）刚度要求。在荷载作用下，构件应具有足够的抵抗变形的能力，即应具有足够的**刚度**；

（3）稳定性要求。在荷载作用下，构件应具有保持其原有平衡形态的能力，即应具有足够的**稳定性**。

综上所述，在设计构件时，应使其满足强度、刚度、稳定性要求。同时，在保证构件安全工作的基础上，还应充分考虑其经济性，合理有效地使用材料，避免浪费。材料力学主要研究构件的强度、刚度、稳定性问题，为设计既安全可靠又经济合理的构件提供必要的理论基础和计算方法。

另一方面，构件的强度、刚度、稳定性均与构件的材料有关，因此材料力学还应研究材料的力学性能，即研究材料在外力作用下所表现出的变形或破坏等方面的性能。材料的力学性能需要通过试验来测定。试验还可以验证理论分析的结论是否与实际相符，并帮助解决单靠理论分析难以解决的问题。因此，在材料力学中，实验研究与理论分析同样重要，都是解决材料力学问题不可或缺的方法。

第二节 可变形固体及其基本假设

一、可变形固体及其变形

工程中使用的构件均由固体材料制成，当受到外力作用时，固体材料都将发生变形，因此，这些材料统称为**可变形固体**。可变形固体发生的变形，按卸载后能否消失分为弹性变形和塑性变形。**弹性变形**是固体在卸载后完全消失的变形。**塑性变形**是卸载后残留下来的变形。大多数工程材料都在其弹性范围内工作，发生弹性变形。

二、可变形固体的基本假设

工程中使用的材料是多种多样的，不同材料的物质结构和性质都各不相同。因此，在研究构件的强度、刚度、稳定性时，应抓住可变形固体的主要特点，忽略一些次要因素，将实际的工程材料抽象为理想的力学模型。为此，对可变形固体做如下假设：

1. 连续性假设

假设固体的整个体积都被物质毫无空隙地充满，即物质在固体的体积内是连续的。

实际上固体材料中是存在空隙的，以金属为例，金属具有晶体结构，其原子与原子之间存在间距，同时材料也不可避免地存在气孔、杂质等缺陷。但原子的大小及空隙的尺寸与构件的尺寸相比极其微小，可忽略不计，仍然认为固体是连续密实的。

根据连续性假设，固体的一些力学量如变形、位移等可视为固体中质点坐标的连续函数，对其可以进行极限分析。例如可以在固体的任一点处截取一微小的体积单元，研究该点处的力或变形的性质。同时还应注意，满足连续性假设的可变形固体，在安全正常的工作范围内，其变形也是连续的。

2. 均匀性假设

假设固体是由同一种均匀物质组成的，固体内各部分的力学性能相同。根据均匀性假设，可以从固体内任取一部分进行研究，研究结果可以应用于整个固体。

有些工程材料由两种或两种以上的材料组成，如水泥混凝土由水泥、石、砂组成，每一类材料的性质都不相同。但每种材料的颗粒尺寸都远远小于固体构件的尺寸，并且在固体内近似于均匀分布，因此从宏观上来说，混凝土构件的每一部分都具有相同的力学性能，可视为均匀材料。

3. 各向同性假设

假设固体的力学性能在所有方向上都相同。以金属为例，金属的单晶体沿不同方向的力学性能并不相同，是**各向异性**的。但由于晶体很微小，而且无规则排列，即金属构件中包含了大量的随机排列的晶体，因此从宏观上来看，金属材料沿不同方向的力学性能大致相同，可视为各向同性材料。

工程中有一些材料，如木材、竹材、胶合板等，沿不同方向的力学性能不同，称为**各向异性材料**。

4. 小变形假设

假设固体在外力作用下产生的变形远远小于固体的原始尺寸。应用小变形假设可以使材料力学问题得到很大简化，在研究固体变形后的平衡状态时，可以不考虑固体的尺寸和位置的变化，仍使用变形前的尺寸来建立固体的平衡方程；在研究固体的变形时，可忽略变形的高次方项。工程中大多数材料在其工作范围内都满足小变形假设。

综上所述，材料力学研究连续、均匀、各向同性、满足小变形条件，且在弹性变形范围内工作的可变形固体。

第三节　内力·截面法·应力

一、内力

物体受到外力作用而发生变形，其内部各质点的相对位置发生改变，使得各质点间的相互作用力也随之改变。这种由外力作用而引起的质点间相互作用力的改变量叫作**内力**。

物体在不受外力的情况下，内部各质点间也存在相互作用力，这些力使物体保持了它本身的形态。当物体受到外力作用而发生变形时，各质点间的原有平衡被打破，此时出现了与变形后物体形态相应的内力，这种内力抵抗变形，与外力一起使物体达到一种新的平衡态。因此材料力学研究的内力是伴随着变形出现的，是内部各质点间的附加相互作用力，是"附加内力"，简称内力。内力伴随着变形出现，与构件的强度、刚度等问题密切相关。

二、截面法

为显示和计算内力，通常使用截面法。如图 4-1a 所示任意变形固体，欲求其内部 m—m 截面上的内力。截面法步骤如下：

（1）**截开**　假想有一平面沿 m—m 截面把物体截开，分成左右两部分。任取其中一部分（如左侧部分）作为研究对象，称为脱离体；弃去另一部分（如右侧部分）。

（2）**代替**　用脱离体 m—m 截面上的内力来代替弃去部分对留下部分的作用。如图 4-1b、c 所示。由连续性假设可知，固体的变形是连续的，相应的，m—m 截面上各点处的内力也是连续分布的，截面上的内力实质上是一个连续分布的空间力系。因截面上的内力分布规律未知，通常需要先将内力系进行简化。取截面形心作为简化中心，简化后得到主矢 F_R⊖ 和主矩 M，如图 4-1d 所示。以后，将分布内力系向形心简化后所得到的主矢和主矩称为截面上的内力。

（3）**平衡**　因脱离体取自平衡的变形体，所以也应保持**平衡**。即脱离体在所受外力和 m—m 截面内力的共同作用下处于平衡状态。此时，截面上的内力对脱离体来说是外力。建立脱离体的平衡方程

$$\begin{cases} \sum F_x = 0 \\ \sum F_y = 0 \\ \sum F_z = 0 \end{cases} \quad \begin{cases} \sum M_x = 0 \\ \sum M_y = 0 \\ \sum M_z = 0 \end{cases}$$

可求出内力的分量 F_N、F_{Sy}、F_{Sz} 和 M_x、M_y、M_z，如图 4-1e 所示。

使用截面法求内力需要注意以下几点：

（1）物体被假想平面截开后，可选取任一部分为研究对象。两个脱离体求出的内力等值、反向、共线，互为作用力与反作用力。

（2）内力的方向需要进行假设。

（3）内力分量的个数由外力决定。最一般情况下，内力有六个分量。工程中，若构件受力较为简单，则内力分量的个数减少。

⊖　从本章开始为材料力学内容，不再重点强调矢量的方向性，除特别说明外，力等矢量统一用明体字母表示。

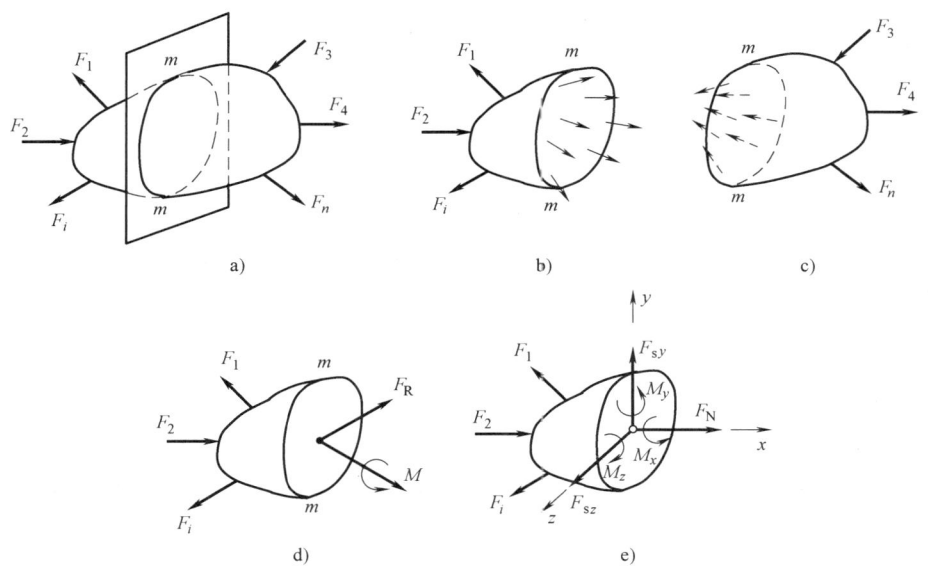

图 4-1

三、应力

如上所述,变形体某截面的内力是截面上的内力系向形心简化后的结果。工程构件受力后通常发生不均匀变形,相应地,任一截面上的内力分布通常也是不均匀的。由均匀性假设,在变形体内各点处材料的力学性能相同,构件的破坏与分布内力系在一点处的强弱程度有关。为研究任一截面上内力的分布情况,引入应力的概念。**应力**是内力在截面上一点处的分布集度。

如图 4-2a 所示,研究变形体 m—m 截面上 C 点处的应力。围绕 C 点取一微面积 ΔA,ΔA 上分布内力的合力为 ΔF。则

$$p_m = \frac{\Delta F}{\Delta A} \tag{4-1}$$

p_m 称为面积 ΔA 上的**平均应力**。平均应力 p_m 与微面积 ΔA 有关,当 ΔA 趋向于零时,p_m 的极限值即为 C 点处的应力,称为**总应力**,用 p 来表示。即

$$p = \lim_{\Delta A \to 0} \frac{\Delta F}{\Delta A} = \frac{\mathrm{d}F}{\mathrm{d}A} \tag{4-2}$$

由式 (4-2) 可知,总应力 p 是矢量。在应用中,通常将总应力 p 分解为与截面垂直的分量

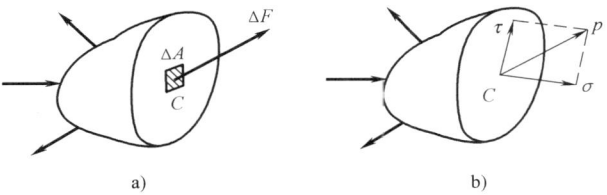

图 4-2

σ 和与截面相切的分量 τ。σ 称为**正应力**，τ 称为**切应力**。如图 4-2b 所示。

应力的单位是 Pa（帕），$1Pa = 1N \cdot m^{-2}$。由于这个单位太小，工程中常使用 MPa 和 GPa 单位。$1MPa = 10^{6} N \cdot m^{-2}$，$1 GPa = 10^{9} N \cdot m^{-2}$。

第四节 位移和应变

变形体在受到外力后会发生变形，为保证构件能够安全正常工作，应使其具有足够的刚度，因此材料力学需要研究构件的变形问题，描述构件变形所涉及的主要概念有位移和应变。

一、位移

位移是指物体受力变形后，物体中各质点及各截面位置的改变。由连续性假设，物体的变形是连续的，当物体在弹性范围内工作时，位移是质点位置坐标的连续单值函数。

若物体受到约束限制，不能产生刚体位移，则位移只由变形引起，是物体内各部分变形累加的结果。工程中常使用位移来描述构件的变形情况。

二、应变

物体受到外力作用通常发生不均匀变形，为度量物体内一点处的变形程度，引入应变的概念。

研究一点处的变形情况，需要围绕该点截取一微小的体积单元（通常为正六面体），其棱边的长度分别为 Δx、Δy、Δz。当 Δx、Δy、Δz 均为无穷小量时，所截取的微小正六面体称为**单元体**。如图 4-3a 所示，为围绕某一变形体中 K 点截取的单元体。

物体发生变形时，微小正六面体的变形表现在两个方面：棱边长度的改变和棱边间夹角的改变。为方便理解应变的概念，假设微小正六面体只在 xy 平面内发生变形。

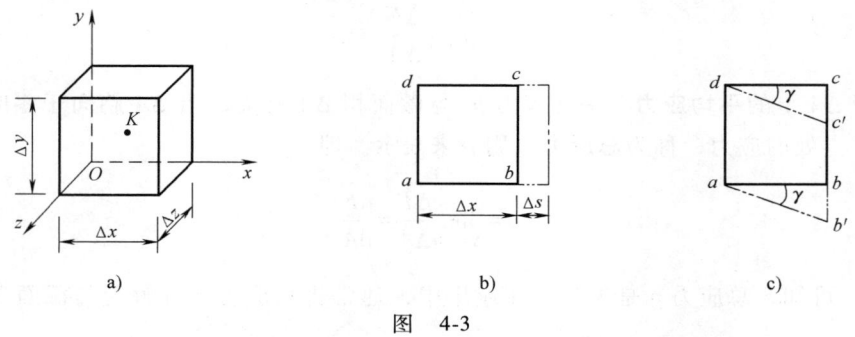

图 4-3

1. 线应变

如图 4-3b 所示，变形前，沿 x 方向的棱边长度为 Δx，变形后长度为 $\Delta x + \Delta s$，棱边的变形量为 Δs。则

$$\varepsilon_{m} = \frac{\Delta s}{\Delta x} \tag{4-3}$$

ε_m 称为**平均线应变**，表示长为 Δx 的线段每单位长度的平均伸长量或缩短量。当 Δx 趋向于零时，ε_m 的极限值称为 K 点处沿 x 方向的**线应变**。即

$$\varepsilon_x = \lim_{\Delta x \to 0} \frac{\Delta s}{\Delta x} \tag{4-4}$$

线应变是一个量纲为一的量，表示一点处沿某一方向的长度变化的程度。类似的，还可以讨论 y 和 z 方向的线应变 ε_y、ε_z。

2. 切应变

如图 4-3c 所示，变形前，棱边 ad 与棱边 ab 垂直，变形后，两棱边的夹角改变了 γ。相邻两棱边的直角改变量 γ 称为**切应变**。切应变也是量纲为一的量，其单位是弧度。

第五节 杆件变形的基本形式

一、杆件及其几何特征

工程构件按照形状可以分为杆件、板、壳、块体等，材料力学主要研究杆件。**杆件**是长度远大于其横向尺寸的构件。描述杆件需要确定两个几何要素：横截面和轴线。**横截面**是垂直于杆件长度方向的截面，**轴线**是横截面形心的连线。轴线与横截面相互垂直（图 4-4a）。

杆件可以按轴线的形状来分类，轴线是直线的杆件称为直杆（图 4-4a），轴线是曲线的杆件称为曲杆（图 4-4b）。杆件还可以按横截面是否变化来分类，横截面沿轴线保持不变的杆件称为等截面杆，横截面沿轴线有变化的杆件称为变截面杆。材料力学主要研究等截面直杆（图 4-4a）。

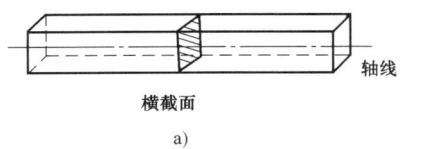
a)
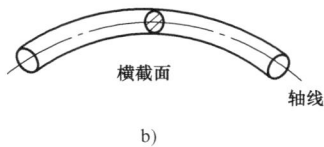
b)

图 4-4

二、杆件变形的基本形式

工程实际中，杆件因所受外力不同而发生不同变形（图 4-5），其基本变形形式有以下四种：

（1）轴向拉伸或轴向压缩；（2）剪切；（3）扭转；（4）弯曲。

工程中的杆件大多受力复杂，通常同时发生两种或两种以上的基本变形，即发生组合变形。本书将首先讨论四种基本变形，然后在此基础上，讨论组合变形问题的解决方法。

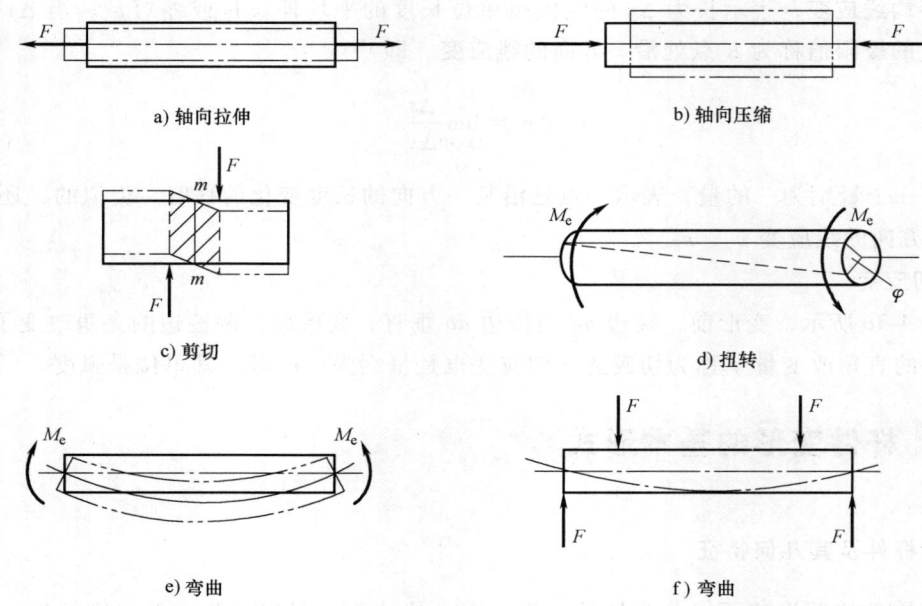

图 4-5

第五章 轴向拉伸与压缩

第一节 轴向拉伸与压缩的概念及工程实例

轴向拉伸与压缩变形是杆件基本变形之一,其计算简图如图 5-1 所示。杆件受一对平衡外力 F 的作用,力 F 的作用线与杆件轴线重合。在轴向拉力作用下,杆件沿轴线方向伸长,沿与轴线垂直的横向缩短;在轴向压力作用下,杆件沿轴线方向缩短,沿横向伸长。

图 5-1

轴向拉伸和压缩杆件在工程中很常见。如图 5-2 所示铣床工作台进给液压缸中的活塞杆,图 5-3 所示混合屋架结构中的钢拉杆和撑杆,通常视为轴向拉伸或压缩杆件。

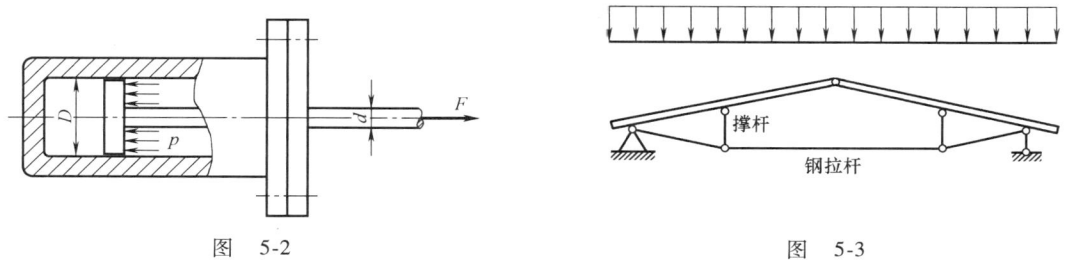

图 5-2   图 5-3

第二节 轴力与轴力图

在绪论中已了解了内力的概念,内力是外力引起物体变形时,在物体内部产生的相互作用力的改变量。如前所述,显示并计算内力的最基本方法是截面法。本节将用截面法计算轴向拉伸、压缩杆件的内力,并绘制内力图。

一、轴向拉压杆的内力——轴力

如图 5-4a 所示轴向拉伸直杆,欲求杆件横截面 $m—m$ 上的内力。采用截面法。

（1）假想有一平面沿 m—m 截面把杆件**截开**，分成左右两部分。

（2）任取其中一部分（如左侧杆段）作为研究对象，如图 5-4b 所示；弃去另一部分（如右侧杆段）。弃去部分对留下部分的作用以脱离体 m—m 截面上的内力 F_N 来**代替**。

（3）脱离体在 F 和 F_N 的共同作用下处于**平衡状态**。F_N 必与 F 等值、反向、共线。即 F_N 为沿轴线作用的轴向内力，称为**轴力**。对脱离体列出平衡方程，求解可得 m—m 截面上的轴力。

$$\sum F_x = 0, \quad F_N - F = 0$$
$$F_N = F$$

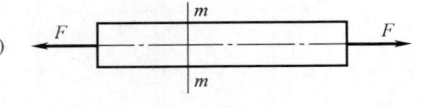
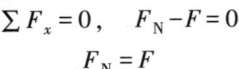
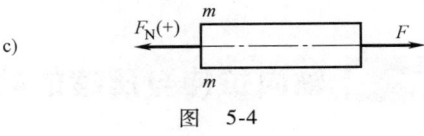

图 5-4

在求解轴力时，也可选取右侧杆段为研究对象，如图 5-4c 所示。由作用和反作用定律可知，所求出的轴力与左侧杆段求得的轴力等值、反向、共线。同理也可求出轴向压杆的轴力，其方向如图 5-5 所示。可以发现，在选择不同部分为脱离体时，轴力的方向必然相反。因此，如果按照力的方向来规定轴力的符号，取不同的脱离体得到的轴力必然是异号的。为避免这一情况，按照轴力与杆件变形之间的关系，规定：使杆件沿轴线伸长的轴力为正，此时轴力背离截面，对任一脱离体来说都是拉力（图 5-4b、c）；使杆件沿轴线缩短的轴力为负，此时轴力指向截面，对任一脱离体来说都是压力（图5-5b、c）。简单来说，轴力以拉力为正，以压力为负。

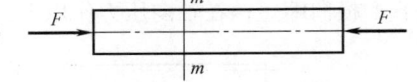
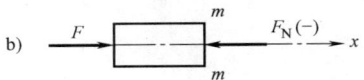
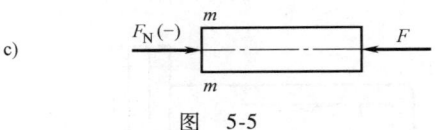

图 5-5

二、轴力图

在上述分析中，直杆只在杆端作用了一对轴向平衡力 F，易知杆件任一横截面上的轴力相等。如果杆件受到多个轴向外力的作用，则不同截面上的轴力各不相同，需要分段进行计算。为了直观地表示横截面上的轴力沿轴线的变化情况，通常需要作轴力图。**轴力图**是表示轴力与横截面位置关系的图形。在轴力图中用平行于轴线的坐标表示横截面的位置，用垂直于轴线的坐标表示横截面上的轴力值。对水平放置的轴向拉、压杆件，通常把正的轴力画在上侧，把负的轴力画在下侧。同时还需要在轴力图中标明轴力值和轴力的符号。

例题 5-1 一端固定的等截面直杆，受力如图 5-6a 所示，试作杆的轴力图。

解：（1）求 D 截面的支座约束力 F_D。取直杆整体为研究对象，画受力图（图 5-6b）。列平衡方程如下：

$$\sum F_x = 0, \quad -F_D + 40\text{kN} + 15\text{kN} - 25\text{kN} = 0$$
$$F_D = 30\text{kN}$$

（2）求各段轴力。以集中力作用点为边界将杆件分段，同一段内横截面上的轴力相等，

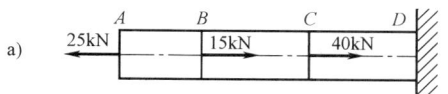

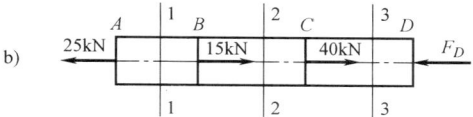

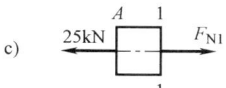

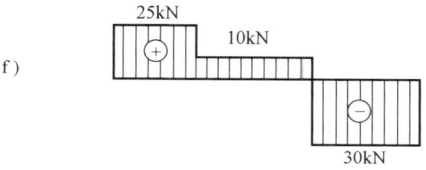

图 5-6

可任取杆段上的一个横截面计算轴力。在使用截面法时，对欲求的轴力通常都设为正值，即设为拉力。这样能使计算结果与轴力的符号规定保持一致。各段杆件轴力计算如下：

AB 段（图 5-6c）

$$\sum F_x = 0, \quad F_{N1} - 25\text{kN} = 0$$

$$F_{N1} = 25\text{kN}$$

BC 段（图 5-6d）

$$\sum F_x = 0, \quad F_{N2} + 15\text{kN} - 25\text{kN} = 0$$

$$F_{N2} = 10\text{kN}$$

CD 段（图 5-6e）

$$\sum F_x = 0, \quad -F_{N3} - F_D = 0$$

$$F_{N3} = -F_D = -30\text{kN}$$

在求轴力时，为使计算简单，通常选受力较少的杆段为脱离体。如求 CD 段的轴力时，选择了 3—3 截面的右侧杆段作为脱离体。从计算结果来看，$F_{N3} = -30\text{kN}$，说明该段杆件轴力为压力。

（3）按作图规则作轴力图（图 5-6f）。最大轴力发生在 CD 段，为压力，其值为 30kN。

第三节 轴向拉伸和压缩杆件的应力

内力是截面上的分布内力系向截面形心简化后的结果。要判断构件是否满足强度要求，还需要掌握内力在截面上每一点处的集度，即应力。这是因为，对均匀连续的变形体来说，若其截面上的内力分布不均匀，破坏多发生在应力最大的危险点处，所以确定截面上的应力至关重要。本节将研究轴向拉伸、压缩杆件的应力。

一、拉、压杆横截面上的应力

轴向拉、压杆件横截面上某点处的应力与微面积 dA 相乘，得到相应的分布内力，所有的分布内力一起构成分布内力系，向截面形心简化后得到轴力。可以利用静力学中力系简化的方法，建立轴力与横截面应力之间的关系。但因应力在横截面上的分布规律未知，一个静力学方程不能确定无数个点的应力，所以首先应确定横截面上的应力分布规律。

物体的内力分布与变形息息相关，且物体表面的变形是可以观察到的，通过对物体变形的观察和分析，推测物体内部的变形情况，并借助力与变形之间的关系，可以得到相应的应力分布规律。

如图 5-7a 所示，取一等截面直杆，在其侧面画上一系列与轴线垂直的横向线如 m—m 和 n—n，以及一系列与杆件轴线平行的纵向线如 a—a 和 b—b。在杆的两端施加一对轴向拉力 F，杆件产生轴向拉伸变形。可以观察到，变形后的横向线 m—m 和 n—n 分别平移至 m'—m' 和 n'—n'，仍然保持为直线并与轴线垂直；变形后的纵向线 a—a 和 b—b 伸长，仍然保持为直线并与轴线平行，与横向线垂直（图 5-7b）。根据变形现象，做如下分析：

a)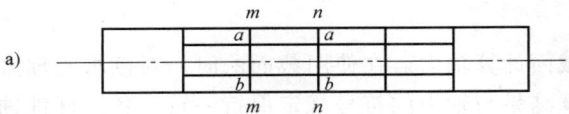

b)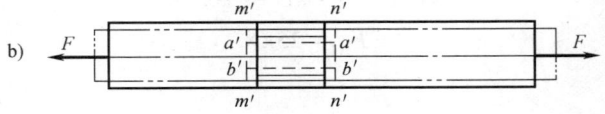

c)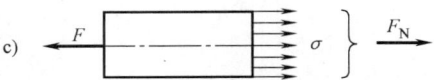

d)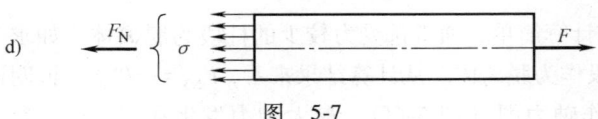

图 5-7

（1）横向线可视为横截面与杆件表面的交线，以横向线代表杆件的横截面，可假设，横截面在轴向拉伸变形后仍保持为平面且仍与轴线垂直，称为**平面假设**。

（2）因纵向线伸长，并始终与轴线平行，与横向线（横截面）垂直，所以横截面上不存在切应力，只有正应力。

（3）由平面假设，两横截面之间的纵向线段变形相同，即横截面上每一点处沿轴线方向的变形是相同的。由变形体的均匀性假设可知，横截面上每点处的应力也是相同的。即轴向拉伸杆件横截面上有均匀分布的正应力。

根据由正应力形成的分布内力系与轴力间的静力合成关系（图5-7c、d），建立如下方程：

$$F_N = \int \sigma dA = \sigma A$$

则轴向拉伸等截面直杆横截面上的正应力为

$$\sigma = \frac{F_N}{A} \tag{5-1}$$

关于式（5-1）应注意以下几点：

（1）公式是在等截面直杆发生轴向拉伸变形时导出的，同样适用于发生轴向压缩变形的等截面直杆。

（2）正应力 σ 的符号与轴力 F_N 相同，以拉应力为正，压应力为负。

（3）公式是基于平面假设导出的，对于变截面杆，平面假设不成立。当截面变化比较缓慢时，可以近似使用式（5-1）计算横截面上的正应力。

（4）式（5-1）表示轴向拉、压杆件横截面上的正应力均匀分布，事实上，在靠近外力作用处，杆件截面上的正应力分布会受到加载方式的影响，通常是不均匀的。只有在离加载处稍远的区域，正应力才是均匀分布的。**圣维南原理**描述了这一现象，即外力作用方式对应力分布的影响，只限于外力作用区域较小的范围内，在离外力作用较远的区域，外力作用方式对应力分布的影响可忽略不计。此时若用与外力静力等效的力系代替原力系，只会影响外力作用区域附近的较小范围。例如对轴向拉伸和压缩杆件，杆端加载方式对应力分布的影响只限于离杆端不大于杆件横向尺寸的范围内。圣维南原理也被称为**局部作用原理**，已被实验所证实。

（5）当等截面直杆受到多于两个轴向外力的作用时，不同杆段上的轴力不同，由式（5-1）可知，最大的正应力发生在轴力最大的截面处，即

$$\sigma_{max} = \frac{F_{Nmax}}{A} \tag{5-2}$$

杆件中的最大正应力称为**最大工作应力**，轴力最大的横截面称为**危险截面**。

例题 5-2 阶梯形直杆受力如图 5-8 所示，试求杆件中的最大工作应力。已知各段杆的横截面面积分别为 $A_1 = 200\text{mm}^2$，$A_2 = 500\text{mm}^2$，$A_3 = 600\text{mm}^2$。

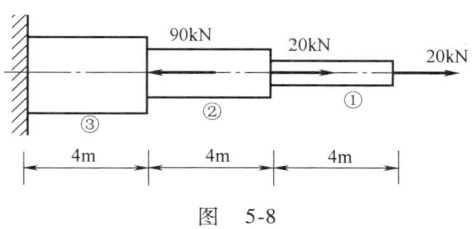

图 5-8

解：（1）作阶梯形杆的轴力图（图 5-9）。

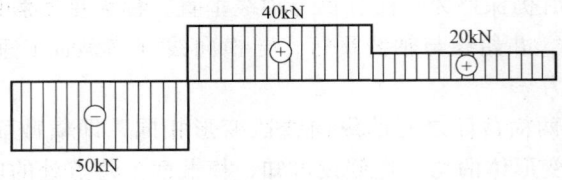

图 5-9

（2）分段计算杆件横截面上的正应力：

$$\sigma_1 = \frac{F_{N1}}{A_1} = \frac{20 \times 10^3}{200 \times 10^{-6}} \text{Pa} = 100 \times 10^6 \text{ Pa} = 100 \text{MPa}$$

$$\sigma_2 = \frac{F_{N2}}{A_2} = \frac{40 \times 10^3}{500 \times 10^{-6}} \text{Pa} = 80 \times 10^6 \text{ Pa} = 80 \text{MPa}$$

$$\sigma_3 = \frac{F_{N3}}{A_3} = \frac{-50 \times 10^3}{600 \times 10^{-6}} \text{Pa} = -83.3 \times 10^6 \text{ Pa} = -83.3 \text{MPa}$$

（3）确定杆件中的最大工作应力：

$$\sigma_{\max} = \sigma_1 = 100 \text{MPa}$$

二、拉、压杆斜截面上的应力

物体受到外力作用发生变形时，内部各质点的相对位置发生变化，导致物体内部任意截面上都会出现与变形相应的分布内力。在上一部分中，通过观察试验现象，提出了平面假设，得到了正应力在横截面上均匀分布的结论。现在进一步来研究杆件在发生轴向拉伸或压缩变形时任意斜截面上的应力。

取一等截面直杆，使其产生轴向拉伸变形，研究与横截面成 α 角的任意斜截面 $k-k$ 上的应力（图 5-10a）。仿照推导横截面正应力时所做的试验，在直杆表面平行于 $k-k$ 画上一系列的斜向平行线，杆件拉伸后，依据所观察的现象，同样提出平面假设，并因此得到轴向拉伸时杆件斜截面上的应力也是均匀分布的（图 5-10b）。

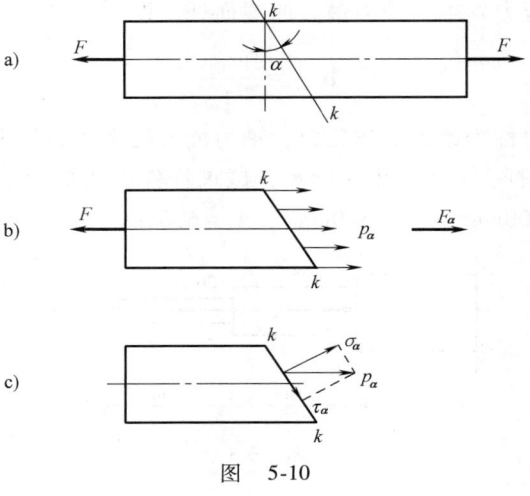

图 5-10

沿 k—k 将杆件截开，任取其中一部分为脱离体，考虑其平衡，易得斜截面上的内力

$$F_\alpha = F \tag{a}$$

设斜截面面积为 A_α，横截面面积为 A，斜截面上的总应力为 p_α，则

$$p_\alpha = \frac{F_\alpha}{A_\alpha} \tag{b}$$

$$A_\alpha = \frac{A}{\cos\alpha} \tag{c}$$

将式（a）和式（c）代入式（b），可得

$$p_\alpha = \frac{F_\alpha}{A_\alpha} = \frac{F}{A_\alpha} = \frac{F}{A}\cos\alpha = \sigma_0 \cos\alpha \tag{d}$$

其中 σ_0 为横截面上的正应力。

如图 5-10c 所示，将总应力 p_α 分解为与斜截面垂直的正应力 σ_α 和与斜截面相切的切应力 τ_α，即

$$\sigma_\alpha = p_\alpha \cos\alpha = \sigma_0 \cos^2\alpha \tag{5-3}$$

$$\tau_\alpha = p_\alpha \sin\alpha = \frac{\sigma_0}{2}\sin 2\alpha \tag{5-4}$$

以上两式同样适用于轴向压缩杆件。

由式（5-3）和式（5-4）可知，轴向拉、压杆的斜截面上同时存在正应力 σ_α 与切应力 τ_α，两种应力均为 α 的函数。$\alpha \in [-\pi, \pi]$，规定横截面外法线逆时针转动至斜截面外法线时 α 为正，反之为负。过一点有无数个截面，通过式（5-3）和式（5-4）可以得到轴向拉伸或压缩杆件中一点处正应力与切应力的极值。

（1）当 $\alpha = 0$ 时，$\sigma_{\max} = \sigma_0$，$\tau_0 = 0$。即，在过轴向拉伸或轴向压缩杆件内一点的所有截面中，横截面上的正应力最大。同时，横截面上的切应力为零。

（2）当 $\alpha = 45°$ 时，$\tau_{\max} = \frac{\sigma}{2}$，$\sigma_{45°} = \frac{\sigma}{2}$。即，在过轴向拉伸或轴向压缩杆件内一点的所有截面中，与横截面成 45° 夹角的斜截面上的切应力最大。

三、应力集中

等截面直杆在发生轴向拉伸或压缩变形时，在离外力作用处稍远的区域，横截面上只有正应力，且正应力在横截面上均匀分布，满足式（5-1）。在工程中，杆件有时需要开槽、打孔或带有轴肩等，导致杆件的截面尺寸发生突然变化。实验结果和理论分析均表明，在尺寸发生突变的横截面上，正应力不是均匀分布的。以开有小孔的均匀拉伸平板为例（图5-11a），在孔的边缘应力急剧增大，在离孔稍远处应力迅速下降并趋于平均（图5-11b）。这种由于杆件截面突然变化而引起的局部应力急剧增大的现象，称为**应力集中**。

若将发生应力集中时出现的局部最大应力记为 $\sigma_{\max}$，同截面上的平均应力记为 σ，则应力集中程度可用二者的比值来表示，即

$$K = \frac{\sigma_{\max}}{\sigma} \tag{5-5}$$

式中，K 称为**应力集中系数**。

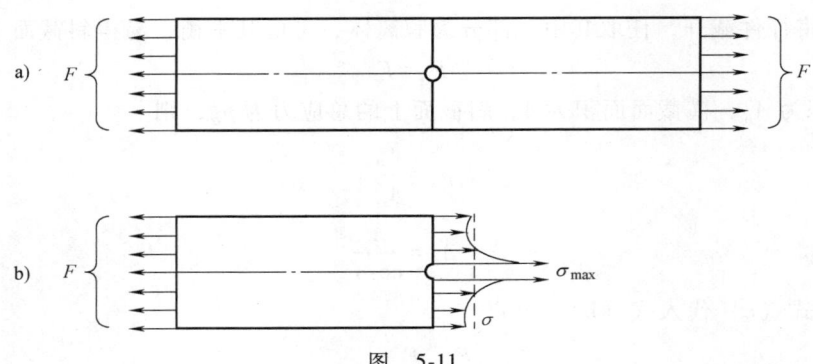

图 5-11

第四节 材料在拉伸和压缩时的力学性能

材料力学研究构件的强度、刚度和稳定性问题，这些问题均与材料的力学性能有关。以轴向拉伸和压缩杆件的强度为例，在本章第三节中虽然推导出了横截面上的正应力计算公式，但并不能确定杆件破坏时的应力值，因此无法进行强度分析。

材料的力学性能是指材料在受到外力作用时所表现出的变形、破坏等方面的特性。材料的力学性能需要通过试验来测定。试验应按国家标准进行，如试件的形状和尺寸、加工精度、试验条件等均应符合国家标准的规定。

拉伸试件有圆截面和矩形截面两种，如图 5-12 所示。试验之前，取试件中间的等直部分作为试件的工作段，工作段的长度 l 称为标距。对圆截面试件，国家标准规定标距 l 与横截面直径 d 的比例为

$$l=10d \quad 和 \quad l=5d$$

对矩形截面试件，规定了其标距 l 与横截面面积 A 的比例为

$$l=11.3\sqrt{A} \quad 和 \quad l=5.65\sqrt{A}$$

压缩试件通常采用圆截面或正方形截面短柱体（图 5-13）。试件高度 l 与横截面直径 d 或边长 b 的比值一般为 1~3。

在实验室中测试材料的拉伸和压缩力学性能时，采用的设备主要有液压万能试验机和电子万能试验机，测量试件变形的常用仪器是引伸计。通常是在室温条件下，以缓慢平稳的加载方式进行试验，这被称为常温静载试验，是测定材料力学性能的基本实验。本节重点介绍两种典型的金属材料——低碳钢和铸铁在拉伸和压缩时的力学性能。

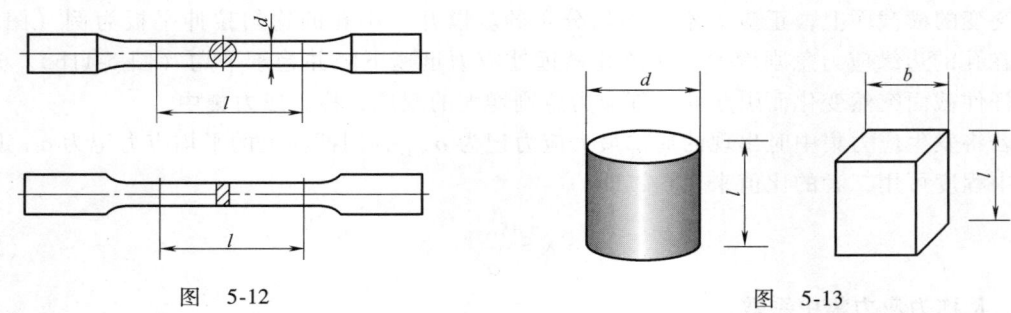

图 5-12　　　　　　　　　　图 5-13

一、低碳钢拉伸时的力学性能

低碳钢是工程中广泛使用的金属材料,在拉伸试验中表现出的力学性能也比较典型。

试验时,万能试验机和引伸计能分别测出试件在拉伸过程中的抗力 F 和试件标距范围内的伸长量 Δl,并自动绘出 F 和 Δl 之间的关系曲线。F-Δl 曲线的横坐标为 Δl,纵坐标为 F。F-Δl 曲线也称为试件的**拉伸图**。如图 5-14 所示。

拉伸图与试件的尺寸有关,为消除试件尺寸的影响,将纵坐标 F 除以试件横截面的原面积 A,得到正应力 $\sigma=\dfrac{F}{A}$;将横坐标 Δl 除以标距的原长 l,得到线应变 $\varepsilon=\dfrac{\Delta l}{l}$。如图 5-15 所示,以 ε 为横坐标,以 σ 为纵坐标,描述拉伸时 σ 和 ε 关系的曲线称为**应力-应变曲线**或 σ-ε **曲线**。

上述应力-应变曲线中的正应力称为**名义应力**或**工程应力**,线应变称为**名义应变**或**工程应变**。若用 F 除以变形过程中横截面的实际面积,则得到真实应力;用 Δl 除以标距的实际长度,则得到真实应变。在小变形情况下,试件的横截面尺寸和标距长度改变很小,因此名义应力与真实应力、名义应变与真实应变的差别也很小。

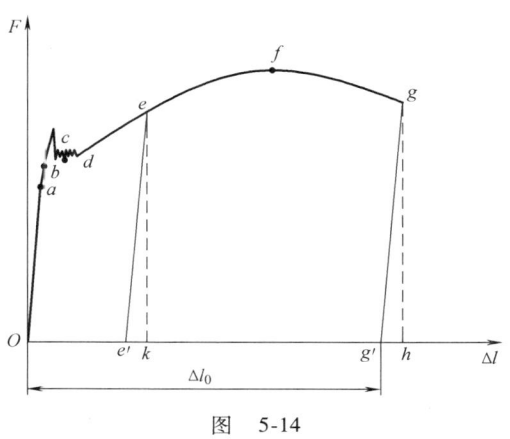

图 5-14

1. 低碳钢拉伸的四个典型阶段

图 5-15 为低碳钢的应力-应变曲线。可以看出,在拉伸过程中,低碳钢的 σ-ε 关系分为四个典型阶段。

(1) 弹性阶段 从 O 点到 b 点,试件的变形完全是弹性的,卸去荷载后,试件的变形全部消失,试件恢复原长。弹性阶段中的 Oa 段为斜直线,表示在这一阶段,正应力与线应变成正比,即

$$\sigma=E\varepsilon \quad \text{或} \quad \varepsilon=\dfrac{\sigma}{E} \qquad (5\text{-}6)$$

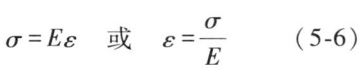

图 5-15

上式称为**胡克定律**。其中 E 是斜直线 Oa 的斜率,称为**弹性模量**,单位为 Pa。弹性模量是表征材料弹性的常数,由试验测定,不同材料的弹性模量值不同。

a 点是直线部分的最高点,对应的应力 σ_p 称为**比例极限**。只有当应力低于比例极限时,材料的应力-应变关系才服从胡克定律。此时,称材料是线弹性的或材料在线弹性范围内。

弹性阶段中的 ab 段为曲线,材料不服从胡克定律。b 点为弹性阶段的最高点,对应的应力 σ_e 称为**弹性极限**。因 a 点与 b 点相距很近,比例极限 σ_p 与弹性极限 σ_e 在数值上也非常

接近，所以在工程中对 σ_p 和 σ_e 并不严格区分，统称为弹性极限。

（2）**屈服阶段** 从 b 点到 d 点，σ-ε 曲线出现微小波动，应力基本保持不变，而应变显著增加，此时材料似乎暂时失去了抵抗变形的能力，这种现象称为**屈服**或**流动**。在屈服阶段，将 σ-ε 曲线上应力首次下降前的最大应力称为上屈服强度，将不计初始瞬时效应时屈服阶段的最小应力称为下屈服强度（图 5-15 中 c 点应力）。试验证实，下屈服强度比上屈服强度更为稳定，因此工程上通常取下屈服强度作为材料屈服的性能指标，称为**屈服强度**或**屈服极限**，用 σ_s 表示。

材料在屈服阶段会发生显著的塑性变形，影响构件的正常使用。因此，工程中将屈服极限 σ_s 作为衡量材料强度的重要指标。

在低碳钢拉伸实验中，若采用表面磨光的试件，在发生屈服时，试件表面会出现与轴线大约成 45° 夹角的条纹，称为**滑移线**。在本章第三节中，通过分析轴向拉伸杆件斜截面上的应力，可知与横截面成 45° 夹角的斜截面上有最大的切应力。因此滑移线与最大切应力有关。

（3）**强化阶段** 经过屈服阶段以后，材料恢复了抵抗变形的能力，试件的应力和应变均持续增加。表现为从 d 点到 f 点，σ-ε 曲线持续上升。这一阶段称为强化阶段。f 点为强化阶段的最高点，也是 σ-ε 曲线的最高点，f 点对应的应力称为**强度极限**，强度极限是低碳钢试件承受的最大名义应力，用 σ_b 表示。σ_b 也是衡量材料强度的重要指标。

强化阶段试件的变形主要是塑性变形，且塑性变形量远大于弹性变形量。在强化阶段，可以观察到试件的横向尺寸有较明显的缩小。

加载使试件拉伸至强化阶段，其应力、应变对应于强化阶段的某一点，如 e 点。停止加载，并逐渐卸除荷载，在卸载过程中，应力和应变按直线关系变化，该直线 ee' 近似平行于弹性阶段的斜直线 Oa。卸载时应力和应变按直线关系变化的规律称为**卸载定律**。荷载完全卸除后，弹性变形 $e'k$ 消失，残留的是塑性变形 Oe'。

若卸载后立即重新加载，则应力和应变大致上遵循卸载时的直线关系，从 e' 点开始，沿 $e'e$ 上升至 e 点后，继续沿曲线 efg 变化。因此，将材料加载至强化阶段后卸载，再重新加载时，材料的比例极限增大，即材料在弹性范围内的承载力提高，同时材料的塑性变形降低。这一现象称为**冷作硬化**。工程上常利用冷作硬化来提高材料的弹性阶段承载力。

（4）**局部变形阶段** 拉伸应力达到强度极限后，继续加载，可以看到在试件的某一段内，横向尺寸显著缩小，出现**缩颈**现象。这一阶段试件的拉伸变形主要集中在缩颈部分，因此称为局部变形阶段（图 5-15 中的 fg 段）。由于缩颈部分的横截面积急剧缩小，使试件拉伸所需要的荷载也相应减小，名义应力也相应降低。应力-应变关系表现为下降的曲线，直至名义应力降到 g 点试件被拉断。

低碳钢拉伸试件拉断后的断口形状如图 5-16 所示。

2. 塑性指标

试件拉断后，弹性变形消失，塑性变形保留下来，为衡量材料的塑性变形能力，工程上常采用两个指标。

（1）**伸长率** 试件拉伸前标距为 l，拉断后标距为 l_1，则伸长率 δ 可表示为

$$\delta = \frac{l_1 - l}{l} \times 100\% \tag{5-7}$$

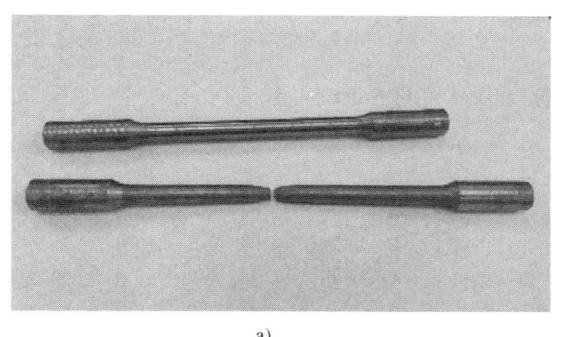
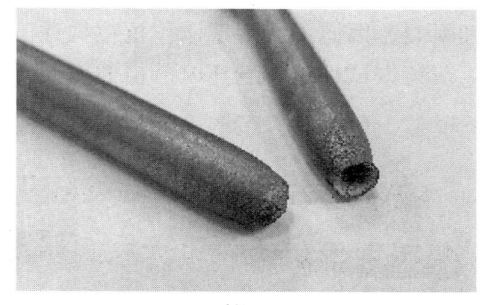

图 5-16

伸长率越大，表示材料拉断前发生的塑性变形越大。工程上通常把 δ>5% 的材料称为塑性材料，把 δ<5% 的材料称为脆性材料。常用的塑性材料有碳钢、铜、铝等，常用的脆性材料有灰铸铁、玻璃、陶瓷等。

（2）**断面收缩率** 试件拉伸前横截面面积为 A，拉断后断口处的最小横截面面积为 A_1，则断面收缩率 ψ 可表示为

$$\psi = \frac{A-A_1}{A} \times 100\% \tag{5-8}$$

二、其他塑性材料拉伸时的力学性能

工程中使用的塑性材料种类较多，有些塑性材料，如 Q345 钢，在拉伸时和低碳钢一样，分为四个明显的阶段；有些材料没有屈服阶段，但其他三个阶段很明显，如黄铜、铝合金、退火球墨铸铁等；还有一些材料，如锰钢，只有弹性阶段和强化阶段，没有屈服阶段和局部变形阶段。

对于没有明显屈服阶段的塑性材料，通常将塑性应变为 0.2% 时所对应的应力作为材料屈服的指标，称为**规定非比例延伸强度**，用 $\sigma_{p0.2}$ 表示（图 5-17）。

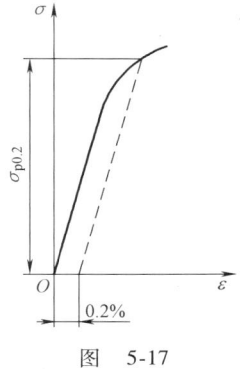

图 5-17

三、铸铁拉伸时的力学性能

灰铸铁是典型的脆性材料，图 5-18 为灰铸铁拉伸时的 σ-ε 曲线。铸铁在拉伸时，应力和应变之间不存在明显的直线关系，即应力与应变不成正比。工程上通常取总应变为 0.1% 时 σ-ε 曲线的割线斜率作为其弹性模量，称为**割线弹性模量**。所作割线如图 5-18 中的虚线所示。

铸铁试件在应力较低时被拉断，拉断前没有出现屈服和缩颈现象，应变与伸长率也很小。因此与低碳钢不同，灰铸铁只有一个强度指标，即强度极限 σ_b，σ_b 是铸铁拉断时的最大应力。因铸铁拉断时变形很小，σ_b 可以看作铸铁试件被

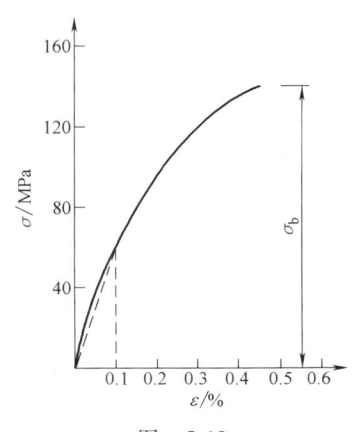

图 5-18

拉断时的真实应力。试验表明，铸铁等脆性材料的拉伸强度极限较低，破坏时表现为突然的脆性断裂，因此不宜用于制作抗拉构件。

灰铸铁试件拉伸破坏时沿横截面断开，断口形状如图 5-19 所示。

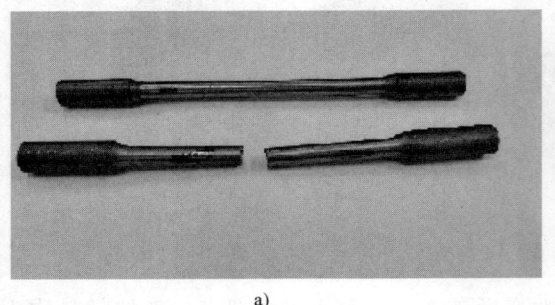

图 5-19

四、低碳钢压缩时的力学性能

低碳钢压缩时的 σ-ε 曲线如图 5-20 中实线所示，图中虚线为低碳钢拉伸时的 σ-ε 曲线。可以发现，低碳钢的压缩曲线与拉伸曲线在屈服阶段以前大致相同，两者的弹性模量和屈服极限也基本相同。屈服阶段以后，低碳钢试件的高度不断缩短，横截面面积不断增大，试件的抗压能力提高。压缩 σ-ε 曲线中的应力是名义应力，随着抗力的增大而增大，因此屈服阶段后的压缩 σ-ε 曲线逐渐上升。低碳钢试件压缩时不会发生破坏，试件会越压越扁，无法测定其强度极限。

五、铸铁压缩时的力学性能

图 5-21 对比了灰铸铁压缩与拉伸时的 σ-ε 曲线。可以发现：

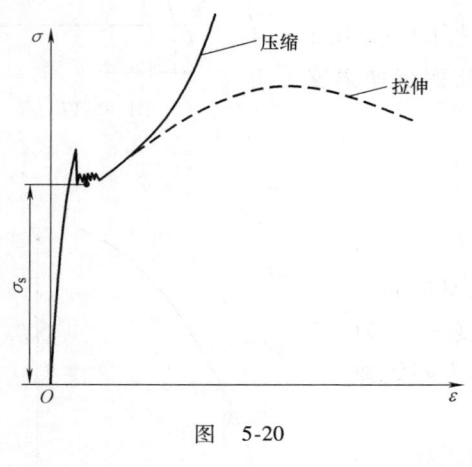

图 5-20

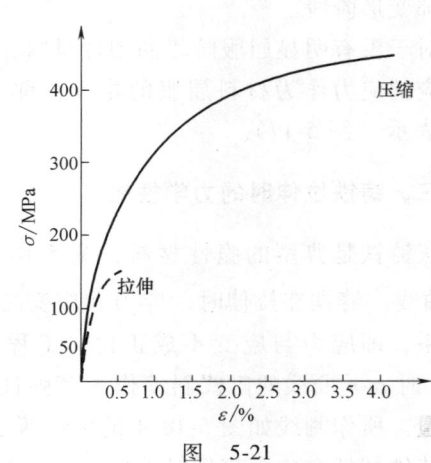

图 5-21

（1）灰铸铁压缩时的 σ-ε 曲线也没有明显的直线段，因此只是近似符合胡克定律。
（2）灰铸铁压缩时的弹性模量与拉伸时不同。
（3）灰铸铁压缩时的强度极限和伸长率均远大于拉伸时的值。铸铁也因价格低，抗压性能良好，在工程中常被用于制作受压构件。

铸铁试件压缩时发生斜截面破坏，断口形状如图 5-22 所示。

六、塑性材料与脆性材料力学性能的比较

综合上述材料在拉伸、压缩时的力学性能，将塑性材料和脆性材料在力学性能上的主要特征归纳如下：

图 5-22

（1）塑性材料在断裂前变形较大，塑性指标较高；多数塑性材料在屈服阶段以前，拉伸和压缩时的力学性能基本相同（弹性模量和屈服极限分别相同）；有两个强度指标，屈服极限 σ_s 和强度极限 σ_b，较常用的强度指标是屈服极限 σ_s；抗拉性能较好。

（2）脆性材料在断裂前的变形很小，塑性指标较低；只有一个强度指标，为强度极限 σ_b；拉伸时的强度极限远低于压缩时的强度极限，抗拉性能远低于抗压性能。

上述对比是基于常温、静载试验的，材料的力学性能还会受到温度和荷载作用方式等因素的影响。在一定试验条件下，塑性材料可能会发生脆性断裂，脆性材料也可能会发生较大的塑性变形和缩颈现象。

第五节 轴向拉伸和压缩杆件的强度条件

若要使构件能够安全正常工作，必须满足强度、刚度、稳定性三方面的要求。本节将讨论如何建立轴向拉伸和压缩杆件的强度条件，及如何进行强度计算。

一、许用应力与安全因数

强度是构件抵抗破坏（失效）的能力。构件破坏的方式与构件的材料、荷载作用方式等多种因素有关。在本章第四节中，典型的塑性材料如低碳钢，在轴向拉伸时，拉断之前会出现较大的塑性变形，杆件虽然没有断裂，但会因变形过大而不能正常工作，因此出现较大塑性变形时认为杆件已经破坏；典型的脆性材料如铸铁，拉伸过程中塑性变形很小，发生断裂时杆件破坏。材料破坏时的应力称为**极限应力**，用 σ_u 表示。

塑性材料 $\sigma_u = \sigma_s$ 或 $\sigma_u = \sigma_{p0.2}$
脆性材料 $\sigma_u = \sigma_b$

要保证杆件安全正常工作，应使杆件中的最大工作应力不超过材料的极限应力。在工程实际中需要对极限应力 σ_u 进行折减后再用于强度条件，即用极限应力除以一个大于 1 的**安全因数** n，折减后得到的应力称为材料的**许用应力**。许用正应力用 $[\sigma]$ 表示。即

$$[\sigma] = \frac{\sigma_u}{n} \tag{5-9}$$

在工程实际中，构件的强度会受到多种不确定性因素的影响，采用安全因数对极限应力进行折减后，当材料的工作应力达到许用应力时，材料只是部分发挥了其承载能力，这样可以确保构件能够安全正常工作。选取安全因数是一项复杂而重要的工作，需要综合考虑多种

因素的影响，根据设计手册和规范来确定。这类规范和手册通常由国家指定的专门机构制定。影响构件强度的不确定性因素主要有：

（1）荷载的不确定性。设计构件时，对荷载的估计是近似的，构件实际承受的荷载可能会超过设计值。

（2）构件的不确定性。在构件的制造、运输和安装等过程中，构件的形状和尺寸可能会发生变化。

（3）材料性能的不确定性。材料的性能指标需要通过抽样试验得到，试验结果具有一定的随机性。

（4）分析方法的不确定性。公式和理论是以一定的假设为基础建立的，计算结果只是真实情况的近似。

除了上述因素之外，选取安全因数时还需要综合考虑安全与经济两个方面。重要的构件在破坏后会给人身安全和财产带来较大威胁，应选取较大的安全因数；破坏后影响较小的构件，可以选择较小的安全因数。塑性材料制成的构件，在破坏前通常会发生较大的塑性变形，即在破坏前是有预兆的，因此可以选择较小的安全因数；脆性材料制成的构件，通常发生脆性断裂，破坏是突然发生的，无征兆的，因此需要选择较大的安全因数。通常在静载条件下，塑性材料的安全因数 $n=1.2\sim2.5$，脆性材料的安全因数 $n=2\sim3.5$。

二、轴向拉、压杆的强度条件

轴向拉伸和压缩杆件安全正常工作所应满足的强度条件为

$$\sigma_{\max} \leqslant [\sigma] \tag{5-10}$$

若为等截面直杆，则上式可进一步表示为

$$\sigma_{\max} = \frac{F_{N\max}}{A} \leqslant [\sigma] \tag{5-11}$$

利用轴向拉伸和压缩杆件的强度条件，通过变换不等式，可以解决以下三种类型的强度计算问题。

（1）强度校核。已知杆件的材料、尺寸及所受外力，校核杆件是否满足强度条件。所用公式为式（5-10）或式（5-11）。

（2）选择截面。对等截面直杆，已知杆件的材料及所受外力，确定杆件的横截面面积或尺寸。所用公式为

$$A \geqslant \frac{F_{N\max}}{[\sigma]}$$

（3）确定许可荷载。对等截面直杆，已知杆件的材料及横截面尺寸，确定杆件或结构的最大承载力。首先需要计算出杆件可以承受的最大轴力，所用公式为

$$F_{N\max} \leqslant A[\sigma]$$

然后利用轴力与外力之间的静力平衡关系，求出杆件或结构在满足强度要求的情况下，所能承受的最大外力，即许可荷载。

例题 5-3 正方形截面钢杆受力如图 5-23a 所示。已知材料的许用应力 $[\sigma]=160\text{MPa}$，试选择钢杆的横截面尺寸。

解：（1）作钢杆的轴力图，确定危险截面。由轴力图可知，CD 段轴力最大

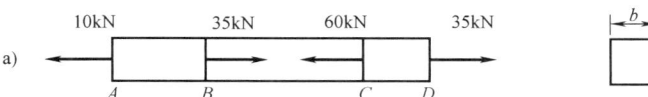

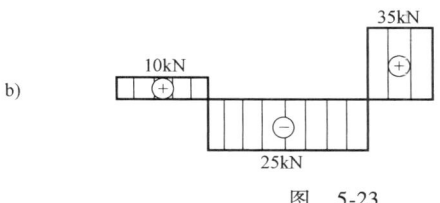

图 5-23

(图5-23b):
$$F_{Nmax} = 35kN$$

(2) 根据强度条件选择截面尺寸。由
$$\sigma_{max} = \frac{F_{Nmax}}{A} \leq [\sigma]$$

有
$$A = b^2 \geq \frac{F_{Nmax}}{[\sigma]}$$

$$b \geq \sqrt{\frac{F_{Nmax}}{[\sigma]}} = \sqrt{\frac{35 \times 10^3}{160 \times 10^6}} m = 0.0148m = 14.8mm$$

可取钢杆边长 $b = 14.8mm$。

例题 5-4 如图5-24a所示三角形支架,在 B 点受集中力 $F = 60kN$。杆 AB 为钢杆,横截面面积 $A_1 = 400mm^2$,许用应力 $[\sigma] = 160MPa$;杆 BC 为铸铁杆,横截面面积 $A_2 = 1000mm^2$,许用压应力 $[\sigma_c] = 100MPa$。试校核 AB 杆与 BC 杆的强度。

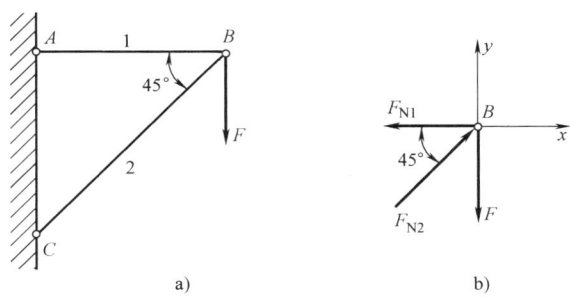

图 5-24

解:(1) 求各杆轴力。如图5-24b所示,取结点 B 为研究对象,假设 AB 杆的轴力 F_{N1} 为拉力,BC 杆的轴力 F_{N2} 为压力。列出平衡方程:
$$\sum F_y = 0, \quad F_{N2}\sin45° - F = 0$$
$$\sum F_x = 0, \quad F_{N2}\cos45° - F_{N1} = 0$$

解得
$$F_{N1} = F = 60\text{kN}, \quad F_{N2} = 1.414F = 84.84\text{kN}$$

(2) 强度校核。AB 杆横截面上的工作应力为
$$\sigma_1 = \frac{F_{N1}}{A_1} = \frac{60 \times 10^3}{400 \times 10^{-6}}\text{Pa} = 150 \times 10^6 \text{ Pa} = 150\text{MPa} < [\sigma]$$

即 AB 杆满足强度要求。

BC 杆横截面上的工作应力为
$$\sigma_2 = \frac{F_{N2}}{A_2} = \frac{84.84 \times 10^3}{1000 \times 10^{-6}}\text{Pa} = 84.84 \times 10^6 \text{ Pa} = 84.84\text{MPa} < [\sigma_c]$$

即 BC 杆满足强度要求。

例题 5-5 如图 5-25a 所示结构中，AB 杆由两根 5 号槽钢组成，BC 杆由两根 40×40×5 等边角钢组成。已知钢的许用应力 $[\sigma] = 170\text{MPa}$。试求结构的许可荷载 $[P]$。

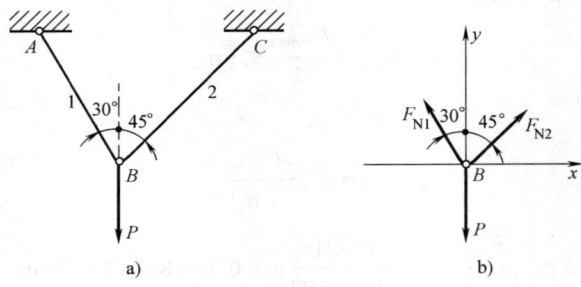

图 5-25

解：(1) 求两杆轴力。取 B 结点为研究对象，设 AB 杆与 BC 杆的轴力均为拉力，如图 5-25b 所示。建立 B 结点的平衡方程：
$$\sum F_x = 0, \quad F_{N2}\sin45° - F_{N1}\sin30° = 0$$
$$\sum F_y = 0, \quad F_{N2}\cos45° + F_{N1}\cos30° - P = 0$$

解得
$$F_{N1} = 0.732P, \quad F_{N2} = 0.518P$$

(2) 计算两杆许可轴力。查型钢表可得 AB 杆的横截面面积为
$$A_1 = (693 \times 10^{-6} \times 2)\text{m}^2 = 1386 \times 10^{-6}\text{m}^2$$

BC 杆的横截面面积为
$$A_2 = (379.1 \times 10^{-6} \times 2)\text{m}^2 = 758.2 \times 10^{-6}\text{m}^2$$

由强度条件
$$\sigma = \frac{F_N}{A} \leq [\sigma]$$

得两杆的许可轴力分别为
$$[F_{N1}] = A_1[\sigma] = (1386 \times 10^{-6} \times 170 \times 10^6)\text{N} = 235.62 \times 10^3\text{N} = 235.62\text{kN}$$
$$[F_{N2}] = A_2[\sigma] = (758.2 \times 10^{-6} \times 170 \times 10^6)\text{N} = 128.89 \times 10^3\text{N} = 128.89\text{kN}$$

(3) 求结构许可荷载。若 AB 杆发生破坏导致结构失效，则结构的许可荷载

$$[P_1] = \frac{[F_{N1}]}{0.732} = \frac{235.62}{0.732} \text{kN} = 321.88 \text{kN}$$

若 BC 杆发生破坏导致结构失效，则结构的许可荷载

$$[P_2] = \frac{[F_{N2}]}{0.518} = \frac{128.89}{0.518} \text{kN} = 248.82 \text{kN}$$

因此，结构的许可荷载为 $[P] = 248.82 \text{kN}$。

第六节 轴向拉伸和压缩杆件的变形

一、轴向拉、压杆的变形

杆件在发生轴向拉伸或压缩变形时，其轴向尺寸与横向尺寸均发生变化。轴向尺寸的改变也称为纵向变形，横向尺寸的改变称为横向变形。

取一等截面直杆，设变形前直杆的长度为 l，横向尺寸为 d。在轴向拉力 F 的作用下，直杆沿轴线方向伸长，长度变为 l_1；沿横向缩短，横向尺寸变为 d_1，如图 5-26 所示。则杆件的纵向变形量为

$$\Delta l = l_1 - l \quad (\text{a})$$

杆件的横向变形量为

$$\Delta d = d_1 - d \quad (\text{b})$$

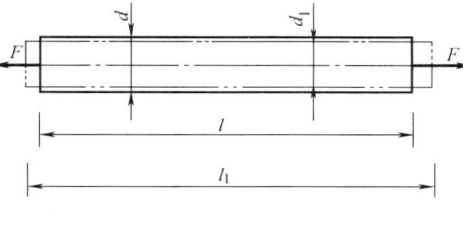

图 5-26

上图所示拉杆变形均匀，因此杆件的纵向线应变为

$$\varepsilon = \frac{\Delta l}{l} \quad (\text{c})$$

杆件的横向线应变为

$$\varepsilon' = \frac{\Delta d}{d} \quad (\text{d})$$

由式（a）~式（d）可知，轴向拉伸变形时，杆件的纵向变形量与纵向线应变为正值，横向变形量与横向线应变为负值。上述概念同样适用于轴向压缩变形，其纵向变形量与纵向线应变为负值，横向变形量与横向线应变为正值。

在本章第四节中，通过常用工程材料的轴向拉伸和压缩试验可以发现，多数材料如低碳钢、合金钢等都存在一个线弹性阶段，材料在线弹性阶段工作时，其应力与应变之间的关系满足胡克定律。即，当工作应力不超过材料的比例极限 σ_p 时，其应力与应变成正比：

$$\sigma = E\varepsilon \quad \text{或} \quad \varepsilon = \frac{\sigma}{E} \quad (5-6)$$

因

$$\varepsilon = \frac{\Delta l}{l}, \quad \sigma = \frac{F_N}{A}$$

可得

$$\Delta l = \frac{F_N l}{EA} \tag{5-12}$$

式（5-12）是胡克定律的另一种表达形式，适用于轴向拉伸和压缩杆件。式（5-12）中的 **EA** 称为杆件的**拉伸（压缩）刚度**，反映了杆件在线弹性阶段抵抗轴向拉伸（压缩）变形的能力。受力相同、长度相等的轴向变形杆件，EA 越大，杆件的纵向变形越小。

工程中大多数材料在发生轴向拉伸、压缩变形时，横向线应变 ε' 与纵向线应变 ε 符号相反。试验表明，当轴向拉伸和压缩杆件内的应力不超过材料的比例极限时，杆件的横向线应变 ε' 与纵向线应变 ε 的比值为一个常数。引入负号，可得 ε' 与 ε 的关系如下：

$$\nu = -\frac{\varepsilon'}{\varepsilon} \quad \text{或} \quad \varepsilon' = -\nu\varepsilon \tag{5-13}$$

式中，ν 称为**泊松比**或**横向变形因数**。ν 与弹性模量 E 一样，也是材料的弹性常数，通过试验测定。表 5-1 给出了几种常用工程材料的 E 和 ν 的约值。

表 5-1　几种常用工程材料的 E 和 ν 的约值

材料名称	E/GPa	ν
碳钢	196~216	0.24~0.28
合金钢	186~206	0.25~0.30
灰铸铁	78.5~157	0.23~0.27
铝合金	70	0.33
混凝土	15.2~36	0.16~0.18
木材（顺纹）	9~12	

二、简单杆系结构的结点位移

工程中有一种常见的结构叫作桁架，桁架是由多根杆件连接而成的。其中，杆与杆之间的连接处称为结点。基于一系列假设，通常将组成桁架的杆件视为二力杆，即每一根桁架杆均承受轴向拉力或压力作用，发生轴向拉伸或压缩变形。（关于桁架的内力计算详见本书第十二章）以单根杆件在轴向拉伸和压缩时的胡克定律为基础，可以进一步分析出桁架结构的结点位移。下面将借助例题来介绍结点位移的计算方法。

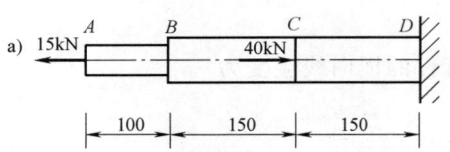

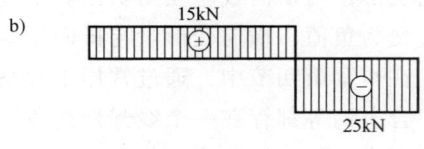

图 5-27

例题 5-6　如图 5-27a 所示阶梯形直杆，AB 段的横截面面积 $A_1 = 300\text{mm}^2$，BC 段和 CD 段的横截面面积 $A_2 = A_3 = 500\text{mm}^2$，已知材料的弹性模量 $E = 210\text{GPa}$。试求（1）各段杆的纵向变形量；（2）全杆的纵向变形量；（3）B 截面的线位移。

解：作杆的轴力图，如图 5-27b 所示。

（1）各段杆的纵向变形量。AB 段：

$$\Delta l_{AB} = \frac{F_{NAB} l_{AB}}{EA_1} = \frac{15 \times 10^3 \times 0.1}{210 \times 10^9 \times 300 \times 10^{-6}}\text{m} = 2.38 \times 10^{-5}\text{m} = 0.0238\text{mm}$$

BC 段：
$$\Delta l_{BC} = \frac{F_{NBC} l_{BC}}{EA_2} = \frac{15 \times 10^3 \times 0.15}{210 \times 10^9 \times 500 \times 10^{-6}} \text{m} = 2.14 \times 10^{-5} \text{m} = 0.0214 \text{mm}$$

CD 段：
$$\Delta l_{CD} = \frac{F_{NCD} l_{CD}}{EA_3} = \frac{-25 \times 10^3 \times 0.15}{210 \times 10^9 \times 500 \times 10^{-6}} \text{m} = -3.57 \times 10^{-5} \text{m} = -0.0357 \text{mm}$$

（2）全杆的纵向变形量。
$$\Delta l = \Delta l_{AB} + \Delta l_{BC} + \Delta l_{CD} = (0.0238 + 0.0214 - 0.0357) \text{mm} = 0.0095 \text{mm}$$

（3）B 截面的线位移。杆件的 D 截面被固定，因此 B 截面的线位移等于 BC 段和 CD 段变形量的和。即
$$\Delta_B = \Delta l_{BC} + \Delta l_{CD} = (0.0214 - 0.0357) \text{mm} = -0.0143 \text{mm}$$

负号说明 BD 杆段变形后缩短，B 截面的线位移向右。

例题 5-7 如图 5-28a 所示两杆铰接结构，AB 杆由两根 40mm×40mm×5mm 等边角钢组成，BC 杆为圆截面钢杆，直径 $d = 20$mm，结构在 B 结点受集中力 $F = 40$kN。已知两杆材料相同，弹性模量 $E = 200$GPa，试求 B 结点的位移。

解： 在 F 作用下，两杆均发生变形。结构采用铰链连接，变形后其 A、C 两点位置不变，B 点因 AB 杆和 BC 杆的变形而产生位移。变形后的 AB 杆和 BC 杆仍铰接在一起，即两杆应满足变形的几何相容条件。

（1）求两杆轴力。取 B 结点为研究对象（图 5-28b），假设 AB 杆的轴力 F_{N1} 为拉力，BC 杆的轴力 F_{N2} 为压力，建立平衡方程：
$$\sum F_y = 0, \quad F_{N1} \sin\alpha - F = 0$$
$$\sum F_x = 0, \quad F_{N2} - F_{N1} \cos\alpha = 0$$

解得
$$F_{N1} = \frac{5}{4} F = 50 \text{kN}, \quad F_{N2} = \frac{3}{4} F = 30 \text{kN}$$

（2）求各杆变形。查表得 AB 杆的横截面面积为
$$A_1 = (2 \times 3.791) \text{cm}^2 = 7.582 \text{cm}^2 = 7.582 \times 10^{-4} \text{m}^2$$

BC 杆的横截面面积为
$$A_2 = \frac{\pi}{4} d^2 = \left(\frac{\pi}{4} \times 20^2\right) \text{mm}^2 = 314 \text{mm}^2 = 3.14 \times 10^{-4} \text{m}^2$$

则
$$\Delta l_1 = \frac{F_{N1} l_1}{EA_1} = \frac{50 \times 10^3 \times 2.5}{200 \times 10^9 \times 7.582 \times 10^{-4}} \text{m} = 8.24 \times 10^{-4} \text{m} = 0.824 \text{mm}$$

$$\Delta l_2 = \frac{F_{N2} l_2}{EA_2} = \frac{30 \times 10^3 \times 1.5}{200 \times 10^9 \times 3.14 \times 10^{-4}} \text{m} = 7.17 \times 10^{-4} \text{m} = 0.717 \text{mm}$$

（3）求 B 结点位移。假想将 B 结点拆开，AB 杆沿轴线伸长 Δl_1，BC 杆沿轴线缩短 Δl_2，在图 5-28c 中，$\overline{BB_1} = \Delta l_1$，$\overline{BB_2} = \Delta l_2$。以 A 点为圆心，以伸长后的 1 杆长度 $\overline{AB_1}$ 为半径作圆弧；以 C 点为圆心，以缩短后 2 杆的长度 $\overline{CB_2}$ 为半径作圆弧，两条圆弧的交点 B' 即为结点 B

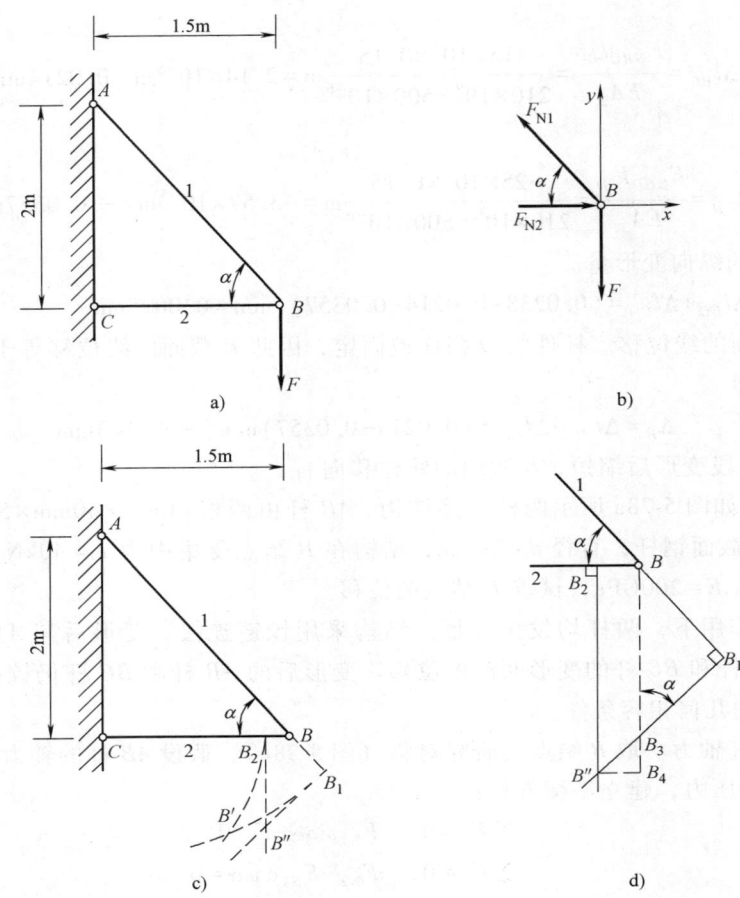

图 5-28

的新位置。因为变形微小，所以可以分别作两段圆弧的切线代替圆弧，即分别过 B_1 点、B_2 点作 AB 杆和 BC 杆的垂线，两条垂线交于 B'' 点。如图 5-28d 所示，在小变形的情况下，可认为 $\overline{BB'} = \overline{BB''}$。即 B 结点位移

$$\Delta_B = \overline{BB''}$$

B 点位移的在水平方向和竖直方向的分量为

$$\Delta_x = \overline{BB_2} = \Delta l_2 = 0.717 \text{mm}$$

$$\Delta_y = \overline{BB_4} = \overline{BB_3} + \overline{B_3 B_4} = \frac{\overline{BB_1}}{\sin\alpha} + \frac{\overline{BB_2}}{\tan\alpha}$$

$$= \frac{\Delta l_1}{\sin\alpha} + \frac{\Delta l_2}{\tan\alpha} = \frac{0.824\text{mm}}{4/5} + \frac{0.717\text{mm}}{4/3} = 1.567\text{mm}$$

$$\Delta_B = \sqrt{\Delta_x^2 + \Delta_y^2} = 1.723\text{mm}$$

作结点位移图时应注意以下几个方面：

（1）应明确杆系结构的变形几何相容条件。杆件连接形成杆系结构，结点对杆件具有

约束作用。结构受力后，杆件发生变形，在结点的约束下，所有杆件应变形协调，即满足变形几何相容条件。因此结点位移虽然由杆件的变形引起，但并不等同于杆件的变形，还应满足变形几何相容条件。

（2）小变形条件。在小变形情况下，确定结构变形后的结点位置，可以"以切代弧"。

（3）结点位移在每根杆件轴线上的投影等于该杆件的变形量。因角度不易确定，计算结点位移时，通常将其分解成水平和竖直两个方向的分量，分别进行计算。此时，两个位移分量在某杆件轴线上的投影的代数和即为该杆件的变形量，通过这一关系可求出位移分量。

习 题 与 答 案

5-1 试求题 5-1 图所示各杆指定横截面上的轴力，并作轴力图。

题 5-1 图

答案：a) $F_{N1} = F$，$F_{N2} = -2F$

b) $F_{N1} = -5\text{kN}$，$F_{N2} = 4\text{kN}$，$F_{N3} = -3\text{kN}$

5-2 如题 5-2 图所示等截面直杆，已知直杆的横截面面积 $A = 400\text{mm}^2$，试求直杆横截面上的最大应力。

答案：$\sigma_{\max} = 20\text{MPa}$

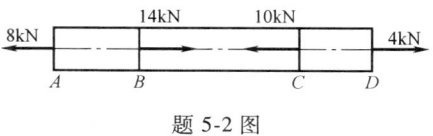

题 5-2 图

5-3 等截面直杆受力如题 5-3 图所示，已知 $F = 20\text{kN}$，直杆的横截面面积为 $A = 500\text{mm}^2$，试求：（1）$\alpha = 30°$ 时斜截面上的应力；（2）求杆件的最大正应力和最大切应力。

答案：（1）$\sigma_{-30°} = 30\text{MPa}$，$\tau_{-30°} = -17.32\text{MPa}$；（2）$\sigma_{\max} = 40\text{MPa}$，$\tau_{\max} = 20\text{MPa}$

5-4 题 5-4 图所示结构中，AB 杆为刚性杆，CD 杆由两根相同型号的等边角钢组成，已知 $F = 80\text{kN}$，材料的许用应力 $[\sigma] = 160\text{MPa}$，试选择等边角钢的型号。

答案：2∟63×63×6

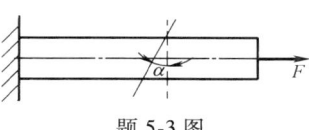

题 5-3 图

5-5 阶梯形直杆受力如题 5-5 图所示，已知 AB 段的横截面面积为 $A_1 = 120\text{mm}^2$，BC 段和 CD 段的横截面面积 $A_2 = 200\text{mm}^2$，材料的许用应力 $[\sigma] = 160\text{MPa}$，试校核直杆的强度。

答案：$\sigma_{AB} = 166.67\text{MPa}$，$\sigma_{BC} = 150\text{MPa}$

5-6 简易起重装置如题 5-6 图所示。其中 AB 为钢杆，横截面面积 $A_1 = 500\text{mm}^2$，材料的许用应力 $[\sigma] = 160\text{MPa}$；BC 为铸铁杆，横截面面积 $A_2 = 1000\text{mm}^2$，抗压许用应力 $[\sigma_c] = 100\text{MPa}$。试求该装置最大的起吊重量。

答案：$[F] = 40\text{kN}$

5-7 题 5-7 图为一钢筋混凝土组合屋架的计算简图，其中 AC 杆和 BC 杆由钢筋混凝土制成，AB 杆为圆截面钢拉杆。屋架受竖向均布荷载作用，$q = 4.2\text{kN/m}$，荷载作用长度为 $l = 9.3\text{m}$。已知钢的许用应力

$[\sigma]$ = 170MPa，试选择钢拉杆的直径 d。

答案：d = 14mm

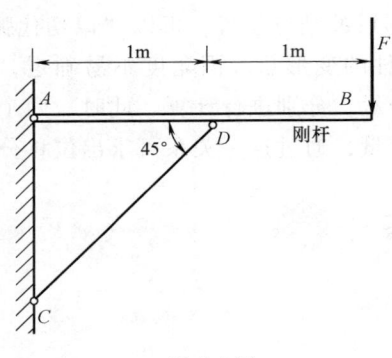

题 5-4 图

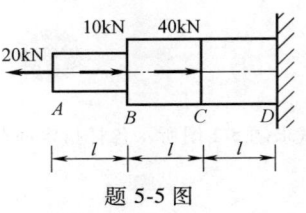

题 5-5 图

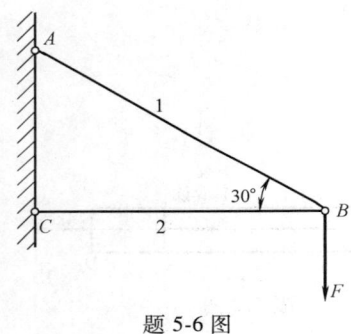

题 5-6 图

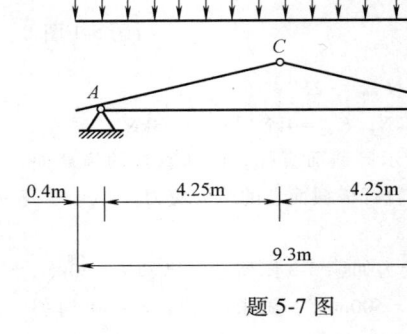

题 5-7 图

5-8 如题 5-8 图所示圆截面直杆，直径 d = 20mm，材料的弹性模量 E = 210GPa，试作杆的轴力图，并求：(1) 各段杆的变形；(2) 各段杆的纵向线应变；(3) 全杆的总变形。

答案：Δl_{AB} = -0.1516mm，Δl_{BC} = -0.0303mm，Δl_{CD} = 0.0303mm

5-9 题 5-9 图所示铰接结构，AB 杆和 BC 杆均为圆截面钢杆，在 B 点作用有铅垂向下的力 F = 35kN。已知杆 AB 和杆 BC 的直径分别为 d_1 = 12mm，d_2 = 15mm，钢的弹性模量 E = 210GPa。试求 B 结点在铅垂方向的位移。

答案：Δ_y = 1.364mm

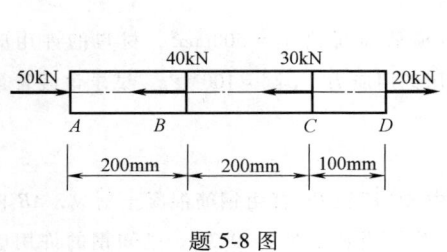

题 5-8 图

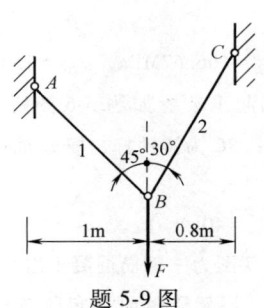

题 5-9 图

5-10 如题 5-10 图所示结构，AB 杆为圆截面钢杆，其直径 $d = 12\text{mm}$，在竖向荷载 F 作用下，测得 AB 杆的轴向线应变 $\varepsilon = 2 \times 10^{-4}$，已知钢的弹性模量 $E = 210\text{GPa}$。试求 F 的值。

答案：$F = 3.36\text{kN}$

5-11 吊架结构的计算简图如题 5-11 图所示。AB 杆刚度很大，可视为刚性横梁；CA 杆与 DB 杆的拉压刚度相同。刚性横梁上作用集中力 F，若结构变形后，横梁保持水平，试求 F 离 CA 杆的距离 x。

答案：$x = \dfrac{4}{7}l$

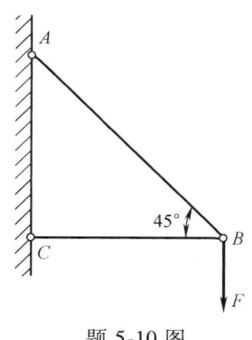

题 5-10 图　　　　　　　　　　题 5-11 图

第六章
剪切和截面几何性质

第一节 剪切的概念及工程实例

剪切是杆件四种基本变形形式之一，其力学模型如图6-1所示。在杆件 $m—m$ 截面两侧处分别作用一对大小相等、方向相反、作用线相互平行且相距很近的横向力（图6-1是放大了的两力间距），杆件两部分沿外力方向在 $m—m$ 截面处相对错动，发生**剪切变形**。相对错动的截面称为**剪切面**。

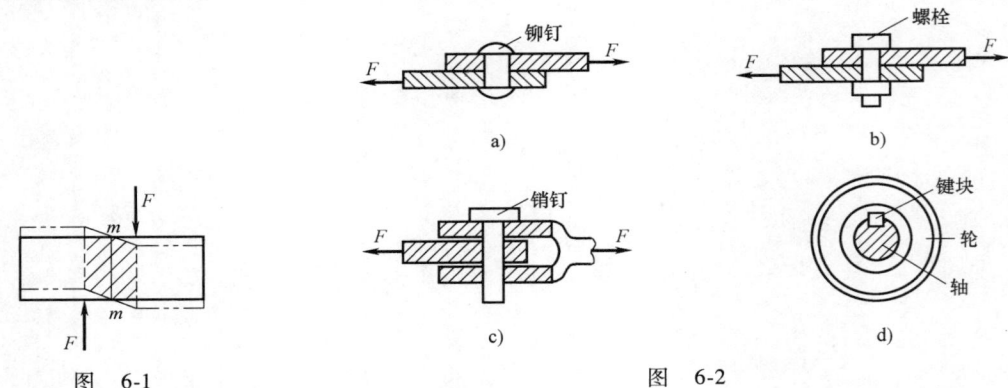

图 6-1　　　　　　　　　　　图 6-2

实际工程中常需将两个或多个分离构件连接在一起，连接分离部件的构件称为**连接件**，被连接的部件称为**被连接件**，连接件和被连接件的组合部位，通常称为**接头**。连接件主要发生剪切变形，常见的连接件有铆钉、螺栓、销钉、键块（图6-2a、b、c、d）等。若将大尺寸的构件分成几部分，也会存在剪切问题（图6-3a、b）。还可以将两个分离构件通过焊接

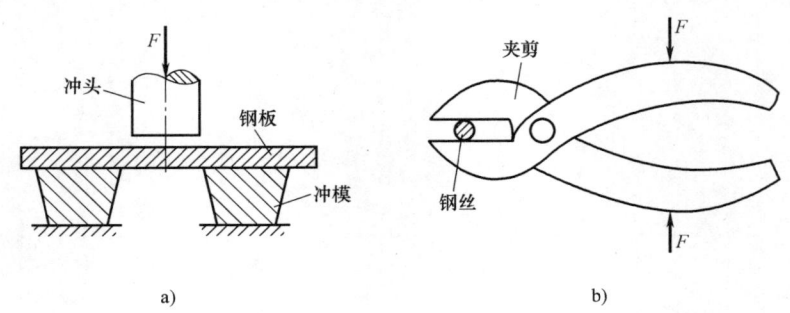

图 6-3

等方式连接在一起，焊缝处也存在剪切问题，在此不做讨论。

连接件发生剪切变形的同时，由于连接件与被连接件在接触面上相互压紧，会存在着局部的承压现象，将这种现象称为**挤压**，接触面称为**挤压面**。与此同时，还会伴随弯曲等其他变形形式，其受力与变形很复杂，剪切面与挤压面上的应力分布规律也很难确定，所以为方便工程应用，常采用近似和假定的计算方法，解决剪切强度和挤压强度的问题，这种工程近似的处理方法称为**实用计算**。本章主要分析连接件的剪切和挤压的受力情况，进行剪切强度和挤压强度的实用计算。

第二节 剪切的实用计算

连接件受到平行反向荷载作用，发生剪切变形，在其中间的横截面（剪切面）上存在内力，称为**剪力** F_s，可采用截面法求得。图 6-4a 是工程中对钢筋的定长切断的示意图，计算指定 m—m 截面上的内力。首先在剪切面 m—m 处将受剪杆件分成两部分，取其中一部分（图 6-4b）为研究对象，由平衡方程

$$\sum F_y = 0, \quad F - F_s = 0$$

得

$$F_s = F$$

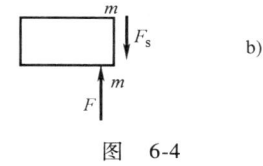

图 6-4

采用实用计算法，假定剪力在剪切面上是均匀分布的，若剪切面面积为 A_s，则剪切面上相应的切应力 τ 称作名义切应力，为

$$\tau = \frac{F_s}{A_s} \tag{6-1}$$

式中，F_s 为剪力，剪力作用在剪切面内，与外力方向平行，即沿着剪切面发生相对错动的方向，是受剪件的内力；A_s 为剪切面面积，一般为连接件的横截面。

剪切强度条件为

$$\tau = \frac{F_s}{A_s} \leq [\tau] \tag{6-2}$$

式中，$[\tau]$ 为材料的许用切应力，由剪切试验得到。

剪切面上的切应力是通过假定得到的"平均切应力"，故在进行剪切破坏试验确定许用应力 $[\tau]$ 时，模拟实际受剪件的受力情况，测出试样破坏时的极限荷载，也采用实用计算式（6-1）计算 τ，再除以安全因数得到 $[\tau]$。实践表明，这种实用计算法[式（6-2）]简单、可靠，能满足工程上的要求。

剪切变形根据剪切面的类型，一般将其归纳为：**开剪问题**（图 6-1、图 6-2、图 6-3b）和**闭剪问题**（图 6-3a）等。开剪问题和闭剪问题是根据剪切面位置判断的，开剪问题中剪切面可以有一个（图 6-5），也可有两个（图 6-6）或多个，但不能连贯围绕一周；闭剪问题中剪切面可围绕成一个闭区域，剪切面可以是圆柱面或折面（图 6-7）。

图 6-5d 所示的剪切面面积为铆钉的横截面面积（圆面积），若圆直径为 d，则

$$A_s = \frac{\pi d^2}{4}$$

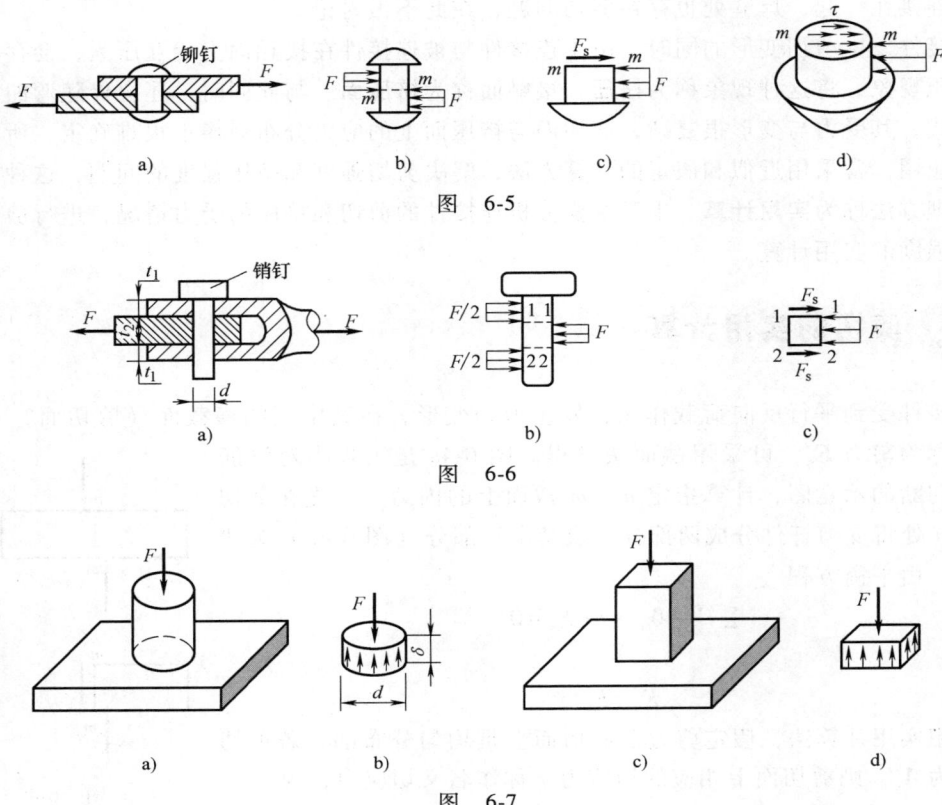

图 6-5

图 6-6

图 6-7

图 6-7b 所示的剪切面面积为圆柱面面积，若圆柱直径为 d，板厚为 δ，则

$$A_s = \pi d \delta$$

思考：图 6-7d 所示的剪切面面积为多少？

第三节 挤压的实用计算

铆钉与钢板在接触面处（图 6-5a），由于相互挤压而产生的作用力，称为**挤压力** F_{bs}，挤压力不是内力，铆钉受到的挤压力和钢板受到的挤压力互为作用力与反作用力，它们大小相等、方向相反。挤压力在挤压面上相应的应力称为**挤压应力**，用 σ_{bs} 表示。

采用实用计算法，假定挤压力在挤压面上是均匀分布的，若挤压面面积为 A_{bs}，则挤压面上相应的挤压应力 σ_{bs} 称作名义挤压应力，为

$$\sigma_{bs} = \frac{F_{bs}}{A_{bs}} \tag{6-3}$$

式中，F_{bs} 为挤压力，是两个构件之间的相互挤压力的合力，可列平衡方程求得；A_{bs} 为挤压面面积，它是实际挤压面（接触面）在垂直于挤压力方向上的投影面积（图 6-8），一般有如下两种形式。

（1）挤压面为平面（图 6-8），挤压面面积为

$$A_{bs} = hl$$

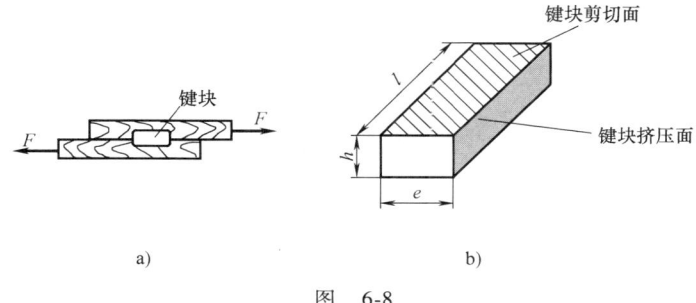

图 6-8

（2）挤压面为圆柱面（图6-9），计算挤压面面积（矩形阴影面积）为

$$A_{bs} = dh$$

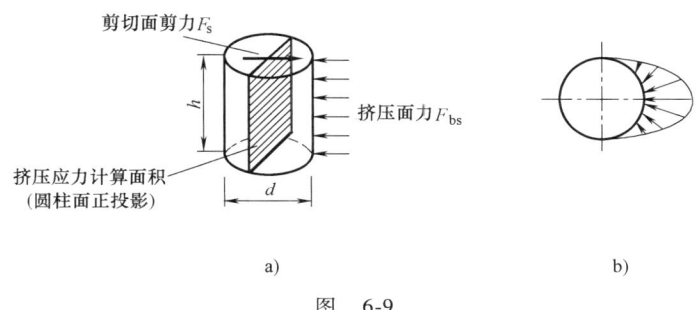

图 6-9

挤压面是圆柱面时，实际挤压应力不是均匀分布的，其分布大致为图 6-9b 所示，最大应力在半圆柱面的中点。按式（6-3）计算出的挤压应力基本接近实际最大的挤压应力。

以铆钉接头为例，当挤压力过大时，铆钉或钢板孔处会发生局部明显的塑性变形，导致连接松动，接头部位从而丧失正常工作能力，进而影响到整个构件的正常工作，为此不仅要进行剪切强度计算，还应考虑挤压强度问题。

挤压强度条件为

$$\sigma_{bs} = \frac{F_{bs}}{A_{bs}} \leq [\sigma_{bs}] \tag{6-4}$$

式中，$[\sigma_{bs}]$ 为材料的许用挤压应力，由挤压试验得到。根据实际受力情况，测出试样挤压破坏时的极限荷载，按式（6-3）计算得到挤压极限应力，再除以安全因数得到 $[\sigma_{bs}]$。

注意：挤压应力是连接件与被连接件之间的相互作用，当两者材料不同时，应对许用挤压应力低（小）的材料的挤压强度进行计算。

思考：图 6-6 和图 6-7 的挤压面面积分别为多少？

例题 6-1　在厚度 $\delta = 5\,\mathrm{mm}$ 的钢板上，分别冲剪出两个不同形状的孔，一个是边长 $a = 140\,\mathrm{mm}$ 的正方形，另一个形状如图 6-10 所示。冲头的冲击压力 $F = 850\,\mathrm{kN}$，试求钢板剪切面上的名义切应力。

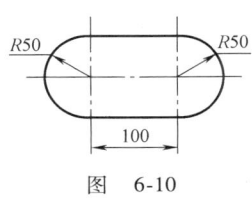

图 6-10

解：（1）计算孔的剪切面面积：

$$A_{s1} = (4 \times 140 \times 5)\,\mathrm{mm}^2 = 2800\,\mathrm{mm}^2$$

$$A_{s2} = [(\pi \times 50 \times 2 + 2 \times 100) \times 5]\,\mathrm{mm}^2 = 2570.8\,\mathrm{mm}^2$$

(2) 计算剪力：
$$F_{s1} = F_{s2} = F = 850\text{kN}$$

(3) 计算名义切应力：
$$\tau_1 = \frac{F_s}{A_{s1}} = \frac{850 \times 10^3}{2800 \times 10^{-6}}\text{Pa} = 303.6\text{MPa}$$

$$\tau_2 = \frac{F_s}{A_{s2}} = \frac{850 \times 10^3}{2570.8 \times 10^{-6}}\text{Pa} = 330.6\text{MPa}$$

例题 6-2 图 6-6a 所示的电瓶车挂钩由插销连接板件。插销的直径 $d = 15\text{mm}$，板厚 $t_1 = 8\text{mm}$，$t_2 = 12\text{mm}$。材料为钢，$[\tau] = 30\text{MPa}$，$[\sigma_{bs}] = 100\text{MPa}$，试求插销所能传递的牵引力 F。

解：（1）取插销为研究对象，画受力图（图 6-6b、c），计算剪力与挤压力。

剪力为
$$F_s = \frac{F}{2}$$

上段和下段挤压面上总挤压力为
$$F_{bs1} = F$$

中段挤压面上的挤压力为
$$F_{bs2} = F$$

（2）通过剪切强度确定牵引力 F，即由
$$\tau = \frac{F_s}{A_s} = \frac{F/2}{\pi d^2/4} \leq [\tau]$$

得
$$F \leq \frac{\pi d^2 [\tau]}{2} = \frac{\pi \times (15 \times 10^{-3})^2 \times 30 \times 10^6}{2}\text{N} = 10.6\text{kN}$$

（3）由挤压强度条件确定牵引力 F。

上、下两段总挤压面面积为
$$A_{bs1} = 2dt_1 = (2 \times 15 \times 8)\text{mm}^2 = 240\text{mm}^2$$

中段挤压面面积为
$$A_{bs2} = dt_2 = (15 \times 12)\text{mm}^2 = 180\text{mm}^2$$

由于
$$F_{bs1} = F_{bs2}, \quad A_{bs1} > A_{bs2}$$
$$\sigma_{bs1} < \sigma_{bs2}$$

故按中段挤压强度条件确定 F，即
$$\sigma_{bs2} = \frac{F_{bs2}}{A_{bs2}} = \frac{F}{dt_2} \leq [\sigma_{bs}]$$

$$F \leq dt_2 [\sigma_{bs}] = (15 \times 10^{-3} \times 12 \times 10^{-3} \times 100 \times 10^6)\text{N} = 18\text{kN}$$

（4）结论：插销能传递的最大牵引力为 $F = 10.6\text{kN}$。

例题 6-3 图 6-11a 所示的铆钉接头受轴向力 $F = 30\text{kN}$ 作用。已知 $d = 18\text{mm}$，$b = 150\text{mm}$，

$\delta = 10$mm，$l = 80$mm。铆钉和钢板的材料相同，$[\sigma] = 160$MPa，$[\tau] = 120$MPa，$[\sigma_{bs}] = 320$MPa，试校核接头的强度。

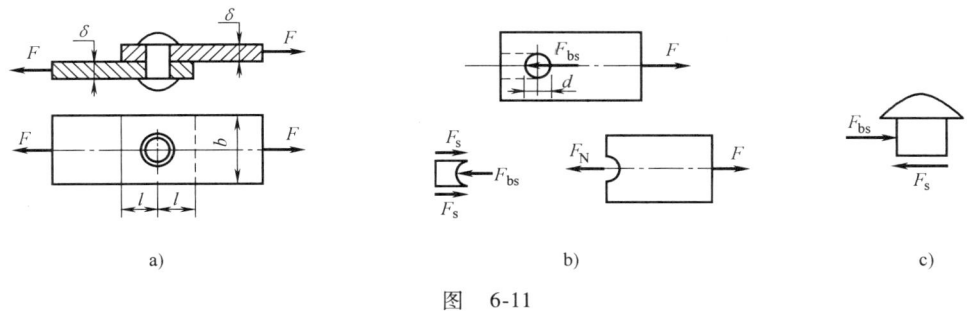

图 6-11

解：(1) 取接头上半部分为研究对象，画受力图（图 6-11b、c），计算剪力、挤压力、轴力。钢板与铆钉的挤压力

$$F_{bs} = F$$

双剪钢板一个剪切面（图 6-11b 虚线）上的剪力

$$F_s = \frac{F}{2}$$

钢板的拉伸轴力

$$F_N = F$$

铆钉剪切面上剪力

$$F_s = F$$

(2) 校核钢板的拉伸强度：

$$\sigma = \frac{F_N}{A} = \frac{F}{(b-d)\delta} = \frac{30 \times 10^3}{(150-18) \times 10^{-3} \times 10 \times 10^{-3}}\text{Pa} = 22.7\text{MPa} < [\sigma]$$

(3) 校核钢板的剪切强度：

$$\tau = \frac{F_s}{A_s} = \frac{F/2}{l\delta} = \frac{30 \times 10^3}{2 \times 80 \times 10^{-3} \times 10 \times 10^{-3}}\text{Pa} = 18.8\text{MPa} < [\tau]$$

(4) 校核铆钉的剪切强度：

$$\tau = \frac{F_s}{A_s} = \frac{F}{\pi d^2/4} = \frac{4 \times 30 \times 10^3}{\pi \times (18 \times 10^{-3})^2}\text{Pa} = 117.9\text{MPa} < [\tau]$$

(5) 校核钢板与铆钉的挤压强度：

$$\sigma_{bs} = \frac{F_{bs}}{A_{bs}} = \frac{F}{d\delta} = \frac{30 \times 10^3}{18 \times 10^{-3} \times 10 \times 10^{-3}}\text{Pa} = 166.7\text{MPa} < [\sigma_{bs}]$$

(6) 结论：该接头的强度满足要求。分析各强度计算结果，发现铆钉的剪切强度与挤压强度是控制性条件。

第四节 截面几何性质

杆件的截面可归纳为简单截面与组合截面。如圆形、矩形、三角形等简单几何图形的截面称为**简单截面**，由多个简单图形组合而成的截面称为**组合截面**（图 6-12a、b、c），在外力作用下杆件产生的应力和变形，都与杆件截面的形状和尺寸有关，如拉压杆、连接件的剪切与挤压等都与面积 A 有关。与截面形状和尺寸有关的几何量，统称为**截面几何性质**。截面几何性质属于几何量，与材料的力学性质无关。

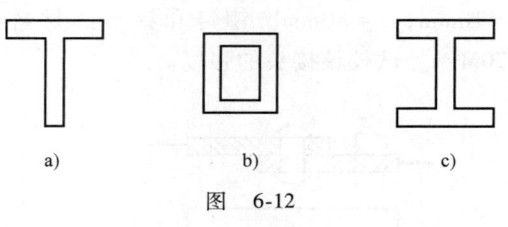

图 6-12

后面要学习的两章内容（扭转、弯曲）也会涉及一些截面几何性质，本章将集中介绍这些几何性质的定义和计算方法。

一、形心与静矩

形心是几何图形的形状中心，由第三章第六节物体的重心可知，匀质薄板的重心与板平面图形的形心是重合的，故平面图形（截面）的形心坐标计算公式为

$$z_C = \frac{\int_A z \mathrm{d}A}{A}, \quad y_C = \frac{\int_A y \mathrm{d}A}{A} \tag{6-5}$$

取任意截面如图 6-13 所示，面积为 A，在截面所在平面内选取任意直角坐标系 zOy，在截面内围绕任意点［坐标 (z, y)］取微面积 $\mathrm{d}A$，则乘积 $y\mathrm{d}A$ 和 $z\mathrm{d}A$ 分别称为微面积 $\mathrm{d}A$ 对 z 轴和 y 轴的**静矩或面积矩**，而在整个截面上的积分则定义为该截面对 z 轴和 y 轴的**静矩**，即

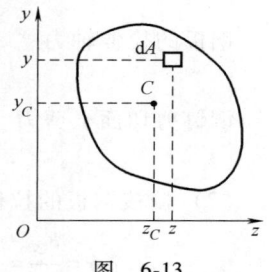

图 6-13

$$S_z = \int_A y \mathrm{d}A, \quad S_y = \int_A z \mathrm{d}A \tag{6-6}$$

截面静矩是对一定的轴而言的，同一截面对不同轴的静矩值不同。静矩可为正值、负值和零，其常用单位是 mm^3。

由式（6-5）和式（6-6）可以看出，截面静矩和形心位置有如下关系，即

$$z_C = \frac{S_y}{A}, \quad y_C = \frac{S_z}{A} \tag{6-7}$$

或

$$S_y = z_C A, \quad S_z = y_C A \tag{6-8}$$

当已知截面形心坐标时，可由式（6-8）计算截面的静矩，若已知截面静矩则可由式（6-7）计算截面的形心位置。由此可推知如下结论：

（1）截面对通过形心的轴的静矩等于零；
（2）若截面对某轴的静矩等于零，则该轴一定通过形心。

计算组合截面的静矩时，可分别计算各简单图形的静矩，然后进行代数相加，即

$$S_y = \sum_{i=1}^{n} z_{Ci} A_i, \quad S_z = \sum_{i=1}^{n} y_{Ci} A_i \tag{6-9}$$

由此可得出计算组合截面形心坐标的公式，即

$$z_C = \frac{\sum_{i=1}^{n} z_{Ci} \cdot A_i}{A}, \quad y_C = \frac{\sum_{i=1}^{n} y_{Ci} \cdot A_i}{A} \tag{6-10}$$

式中，A_i、z_{Ci}、y_{Ci} 分别代表任一简单图形的面积和形心坐标；n 为组合截面的简单图形的个数。

二、极惯性矩·惯性矩·惯性半径·惯性积

图 6-14 所示任意图形的截面，面积为 A，微面积 dA 到坐标原点距离为 ρ，乘积 $\rho^2 dA$ 称为微面积 dA 对 O 点的极惯性矩，而在整个截面上的积分

$$I_p = \int_A \rho^2 dA \tag{6-11}$$

定义为截面对 O 点的**极惯性矩**，常用单位为 mm^4。

乘积 $y^2 dA$ 和 $z^2 dA$ 分别称为微面积 dA 对 z 轴和 y 轴的惯性矩，而在整个截面上的积分

$$I_z = \int_A y^2 dA, \quad I_y = \int_A z^2 dA \tag{6-12}$$

定义为截面对 z 轴、y 轴的**惯性矩**，常用单位为 mm^4。

在力学计算中，习惯将惯性矩表示成截面面积 A 与某一长度平方的乘积，即

$$I_y = A \cdot i_y^2, \quad I_z = A \cdot i_z^2 \tag{6-13}$$

或改写为

$$i_y = \sqrt{\frac{I_y}{A}}, \quad i_z = \sqrt{\frac{I_z}{A}} \tag{6-14}$$

定义 i_y、i_z 为截面对于 y 轴、z 轴的**惯性半径**，常用单位为 mm。

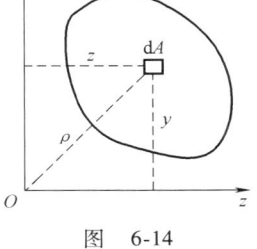

图 6-14

显然，极惯性矩 I_p，惯性矩 I_z、I_y 和惯性半径 i_y、i_z 恒为正值。

由图 6-14 可知，$\rho^2 = z^2 + y^2$，则截面对坐标原点的极惯性矩与对轴的惯性矩之间存在如下关系：

$$I_p = \int_A \rho^2 dA = \int_A (z^2 + y^2) dA = I_y + I_z \tag{6-15}$$

即：截面对任一坐标原点的极惯性矩，等于过坐标原点任一对垂直轴的惯性矩之和。

乘积 $yz dA$ 称为微面积 dA 对 z、y 两轴的惯性积，而在整个截面上的积分

$$I_{zy} = \int_A yz \, dA \tag{6-16}$$

定义为截面对 z、y 两轴的**惯性积**。惯性积可为正值、负值和零，其常用单位是 mm^4。若 z 和 y 轴之一为截面的对称轴，则截面对该两轴的惯性积一定等于零。

截面的极惯性矩 I_p 是对点而言的，同一截面对不同的点其值不同；惯性矩 I_z、I_y，惯性半径 i_y、i_z 与惯性积 I_{zy} 都是对一定轴而言的，同一截面对不同轴的数值亦不同。

下面讨论矩形与圆形两个简单截面常用几何性质的计算。

1. 矩形截面

图 6-15 所示矩形截面，宽为 b，高为 h，其形心与坐标原点 O 重合，坐标轴 z、y 分别平行矩形的 b 边、h 边。取宽为 b、高为 dy 的微面积 $dA = b dy$，则矩形截面对 z 轴的惯性矩为

$$I_z = \int_A y^2 dA = \int_{-h/2}^{h/2} y^2 b dy = \frac{bh^3}{12}$$

同理，矩形截面对 y 轴的惯性矩为

$$I_y = \frac{hb^3}{12}$$

在力学计算中，常将惯性矩 I_z 与距离 z 轴最远处值（即一半高度）的比值定义为**弯曲截面系数** W_z，即

$$W_z = \frac{I_z}{h/2} = \frac{bh^3/12}{h/2} = \frac{bh^2}{6}$$

同理，**弯曲截面系数** W_y 为

$$W_y = \frac{I_y}{b/2} = \frac{hb^2}{6}$$

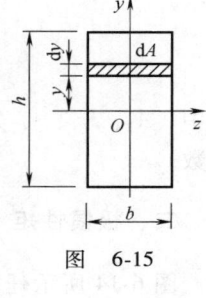

图 6-15

2. 圆形截面

图 6-16 所示圆形截面，直径为 d，其圆心与坐标原点 O 重合。取图示圆环面积为微面积 $dA = 2\pi\rho d\rho$，则圆形截面对圆心 O 点的极惯性矩为

$$I_p = \int_A \rho^2 dA = \int_0^{d/2} \rho^2 2\pi\rho d\rho = \frac{\pi d^4}{32}$$

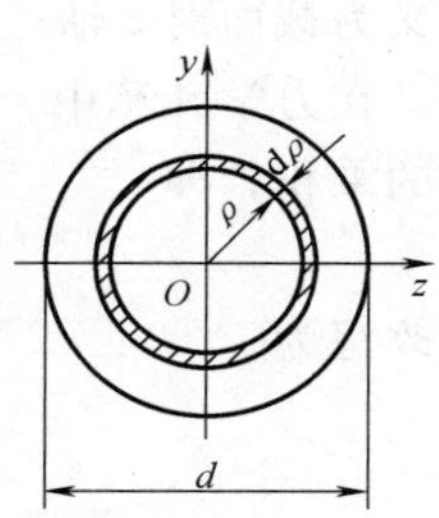

由式（6-15）可得

$$I_p = I_z + I_y = \frac{\pi d^4}{32}$$

显然，圆形截面的惯性矩 $I_z = I_y$，故

$$I_z = I_y = \frac{\pi d^4}{64}$$

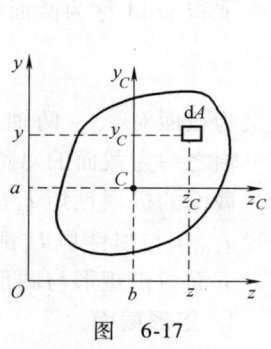

图 6-16

在力学计算中，常将极惯性矩 I_p 与半径的比值定义为**扭转截面系数** W_p，即

$$W_p = \frac{I_p}{d/2} = \frac{\pi d^4/32}{d/2} = \frac{\pi d^3}{16}$$

三、平行移轴公式·主惯性轴·主惯性矩

1. 平行移轴公式

图 6-17 所示任意图形的截面，面积为 A，C 点为形心，其形心坐标为 (b, a)。zOy 为截面所在平面内的任意直角坐标系。z_C 轴与 z 轴平行，两轴间距为 a；y_C 轴与 y 轴平行，两轴间距为 b。截面对形心轴的惯性矩分别为 I_{z_C} 和 I_{y_C}。

讨论截面对两平行轴惯性矩的关系。截面上任一微面积 dA 在两坐标系中的坐标 (z, y) 和 (z_C, y_C) 之间的关系为

$$z = z_C + b, \quad y = y_C + a$$

依据惯性矩的定义，有

图 6-17

$$I_z = \int_A y^2 dA = \int_A (y_C + a)^2 dA = \int_A y_C^2 dA + 2a\int_A y_C dA + a^2 \int_A dA$$

整理上式，得

$$I_z = I_{z_C} + 2a \cdot S_{z_C} + a^2 A$$

因 z_C 轴过截面形心，故静矩 $S_{z_C} = 0$，得

$$I_z = I_{z_C} + a^2 A \tag{6-17}$$

式（6-17）即为**平行移轴公式**：截面对任一坐标轴 z 的惯性矩，等于截面对其平行形心轴 z_C 的惯性矩加上截面面积与两轴间距平方的乘积。

同理，截面对 y 轴的惯性矩 I_y 为

$$I_y = I_{y_C} + b^2 A \tag{6-18}$$

截面对 y 轴、z 轴的惯性积 I_{zy} 为

$$I_{zy} = I_{z_C y_C} + abA \tag{6-19}$$

即：截面对于对任一直角坐标轴 z、y 的惯性积 I_{zy}，等于该截面对其平行形心轴 z_C、y_C 的惯性积 $I_{z_C y_C}$，加上截面形心 C 点的坐标积 $a \times b$ 与截面积 A 的乘积。

注意：形心坐标 a、b 是代数量，有正、负，也代表了两平行轴的间距。

*2. 主惯性轴和主惯性矩

这里仅介绍主惯性轴和主惯性矩的概念。由惯性积的定义式（6-16）可知，截面对不同的一对直角坐标轴的惯性积是不同的，其值可正，可负，也可为零。使惯性积为零（$I_{zy} = 0$）的一对坐标轴称为**主惯性轴**，简称**主轴**。由两个相互垂直的主轴构成的坐标系，称为**主惯性坐标系**，截面对主惯性轴的惯性矩称为**主惯性矩**，简称**主矩**。

如果主轴过截面形心，则称其为**形心主轴**；截面对形心主轴的惯性矩为**形心主矩**。显然，截面的对称轴就是形心主轴。上述概念在深入研究弯曲变形时会用到。

3. 组合截面惯性矩的计算

由惯性矩的定义知，惯性矩具有可加性。计算组合截面对某轴的惯性矩时，首先将组合截面分成几个简单截面，分别计算各简单截面对该轴的惯性矩，然后将其相加求和。即

$$I_z = \sum_{i=1}^{n} I_{zi} \tag{6-20}$$

例题 6-4 试求图 6-18 所示截面对 z 轴的静矩和惯性矩。

解：选取坐标系 zOy，分割组合截面为两个矩形：

$A_1 = 114\text{mm} \times 24\text{mm}, z_{C1} = 12\text{mm}, y_{C1} = 57\text{mm}$

$A_2 = 100\text{mm} \times 24\text{mm}, z_{C2} = 74\text{mm}, y_{C2} = 12\text{mm}$

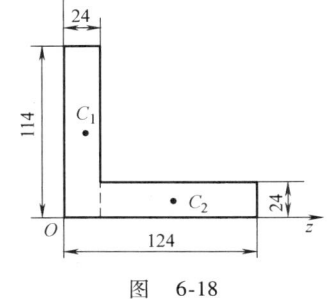

图 6-18

将上述有关数值代入式（6-9），计算静矩 S_z：

$$S_z = \sum_{i=1}^{n} y_{Ci} A_i = [57 \times (114 \times 24)]\text{mm}^3 + [12 \times (100 \times 24)]\text{mm}^3$$

$$= 1.85 \times 10^5 \text{mm}^3$$

将上述有关数值代入式（6-20），计算惯性矩 I_z：

$$I_z = \sum_{i=1}^{n} I_{zi} = I_1 + I_2 = \left(\frac{24 \times 114^3}{12} + 57^2 \times 114 \times 24\right) \text{mm}^4 + \left(\frac{100 \times 24^3}{12} + 12^2 \times 100 \times 24\right) \text{mm}^4$$

$$= 1.23 \times 10^7 \text{mm}^4$$

例题 6-5 试求图 6-19 所示截面对水平形心轴 z 的惯性矩。

解：选取形心坐标系 zOy，分割组合截面为一个矩形和两个半圆（负面积）。

$$I_z = \frac{4r \times (4r)^3}{12} - \frac{\pi \times (2r)^4}{64} = 20.5r^4$$

思考：该截面对竖向形心轴 y 的惯性矩？

提示：半圆对竖向形心轴 y_C 的惯性矩 I_{y_C}，由平行移轴公式可得，即

$$I_{y_C} = I_{直径轴} - z_C^2 \cdot A$$

其中，$I_{直径轴} = \frac{1}{2} \times \frac{\pi (2r)^4}{64}$，$z_C = \frac{4r}{3\pi}$。

图 6-19

习 题 与 答 案

6-1 题 6-1 图所示一销钉将拉杆与板件相连接。已知销钉直径 $d = 32$mm，材料的许用切应力 $[\tau] = 60$MPa，传递的拉力 $F = 110$kN，试校核销钉的剪切强度。若强度不够，则设计满足要求的销钉直径 d。

答案：$\tau_{max} = 68.4$MPa

$d \geqslant 34.2$mm

6-2 题 6-2 图所示为剪切铜丝 C 用的夹剪。已知销钉 B 直径 $d = 3$mm，材料的许用切用力 $[\tau] = 130$MPa，$l_1 = 50$mm，$l_2 = 200$mm。若铜丝的剪切极限应力 $\tau_u = 250$MPa，试求：（1）剪断直径为 1.5mm 的铜丝 C 时，需多大的 F 力？（2）校核销钉的剪切强度。

答案：（1）$F \geqslant 110.4$N；（2）$\tau_{max} = 78.1$MPa

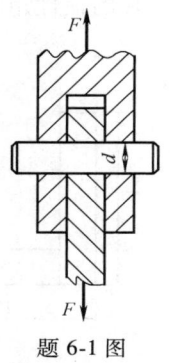

题 6-1 图

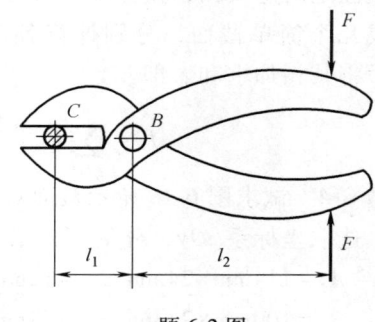

题 6-2 图

6-3 题 6-3 图所示正方形截面木拉杆接头，已知 $l = 160$mm，$b = 220$mm，$h = 40$mm，拉力 $F = 36$kN。试求接头的切应力和挤压应力。

答案：$\tau = 1.02$MPa，$\sigma_{bs} = 4.1$MPa

6-4 题 6-4 图所示两块相同的钢板用一螺栓连接。已知螺栓许用切应力 $[\tau] = 60$MPa，板厚 $t = 12$mm，拉力 $F = 20$kN，许用挤压应力 $[\sigma_{bs}] = 120$MPa。试求螺栓所需的直径 d。

答案：$d \geqslant 20.6$mm

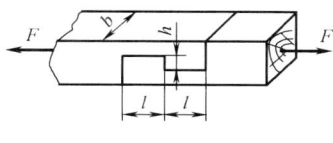
题 6-3 图

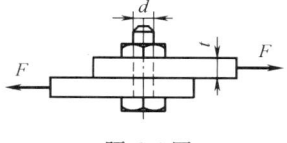
题 6-4 图

6-5 题 6-5 图所示拉杆受拉力 $F=50$kN，已知材料的许用切应力 $[\tau]=80$MPa，许用挤压应力 $[\sigma_{bs}]=240$MPa，许用拉应力 $[\sigma]=120$MPa，$t=10$mm，$D=32$mm，$d=24$mm，试校核拉杆的强度。

答案：$\tau_{max}=66.3$MPa，$\sigma_{bs}=142.1$MPa，$\sigma=110.6$MPa

6-6 题 6-6 图所示冲床，已知冲剪力 $F=230$kN，冲头的许用压应力 $[\sigma_c]=240$MPa，钢板的剪切强度极限 $\tau_u=360$MPa。试求：（1）冲头最小直径 d；（2）最大钢板厚度 t。

答案：（1）$d_{min}=34.9$mm；（2）$t_{max}=5.8$mm

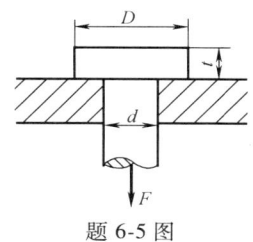

题 6-5 图   题 6-6 图

6-7 题 6-7 图所示一正方形混凝土立柱，边长 $a=0.2$m，浇注在正方形混凝土平板上，板厚 $\delta=85$mm，板的边长 $l=1$m。已知混凝土的许用切应力 $[\tau]=1.5$MPa，假定地基对混凝土板的支撑力是均匀的。试求混凝土板不被剪坏，立柱所能承受的许可轴向压力 $[F]$。

答案：$[F]=106.3$kN

6-8 题 6-8 图所示传动轴用平键与齿轮相连接。已知轴的直径 $d=80$mm，键的许用应力 $[\tau]=90$MPa，$[\sigma_{bs}]=120$MPa，键的尺寸 $a\times h\times l=20$mm$\times 12$mm$\times 100$mm，传递的最大外力偶矩 $M=2.3$kN·m。试校核键的强度。

答案：$\tau_{max}=28.8$MPa，$\sigma_{bs}=95.8$MPa

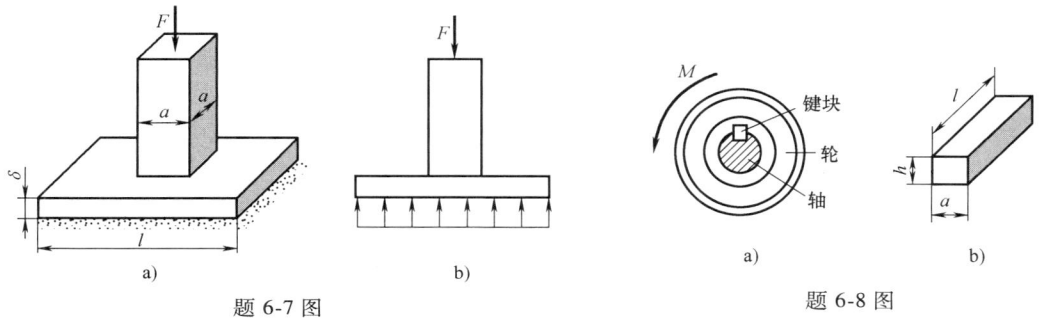

题 6-7 图   题 6-8 图

6-9 试计算题 6-9 图所示截面对水平形心轴 z 的静矩和惯性矩。

答案：$S_z=0$，$I_z=8.1\times 10^7$mm^4

6-10 试计算题 6-10 图所示截面对水平形心轴 z 的惯性矩。

答案：$I_z=1.46\times 10^8$mm^4

6-11 题 6-11 图所示为由两根 20a 槽钢组成的截面，欲使截面对形心轴 z、y 的惯性矩相等，求两槽钢的间距 a。

答案：$a = 111.4\text{mm}$

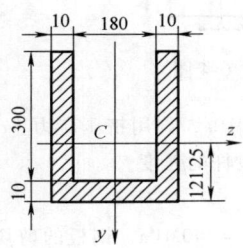

题 6-9 图（单位：mm）

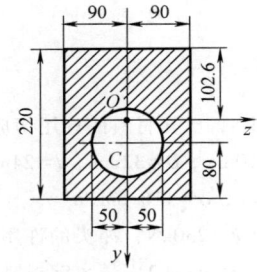

题 6-10 图（单位：mm）

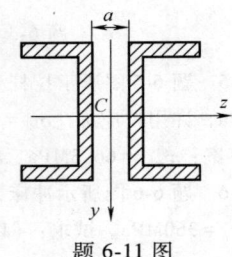

题 6-11 图

第七章 扭转

第一节 扭转的概念及工程实例

扭转是杆件四种基本变形形式之一，其力学模型如图 7-1 所示。在杆件两端与轴线垂直两面上作用一对大小相等、转向相反的外力偶，其矩也称为**外转矩**。杆件各横截面将绕轴线作相对转动，发生扭转变形，杆件任意两横截面的相对转角记为 φ，称为**相对扭转角**，杆件表面上的纵向线也同时转动一个角度 γ，称为**切应变**。

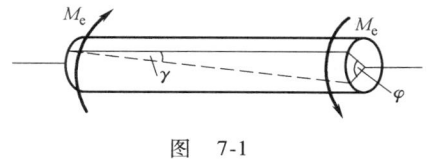

图 7-1

实际工程中受扭杆件很多，如汽车方向盘的操纵杆（图 7-2a）、加工内螺纹（攻丝）的

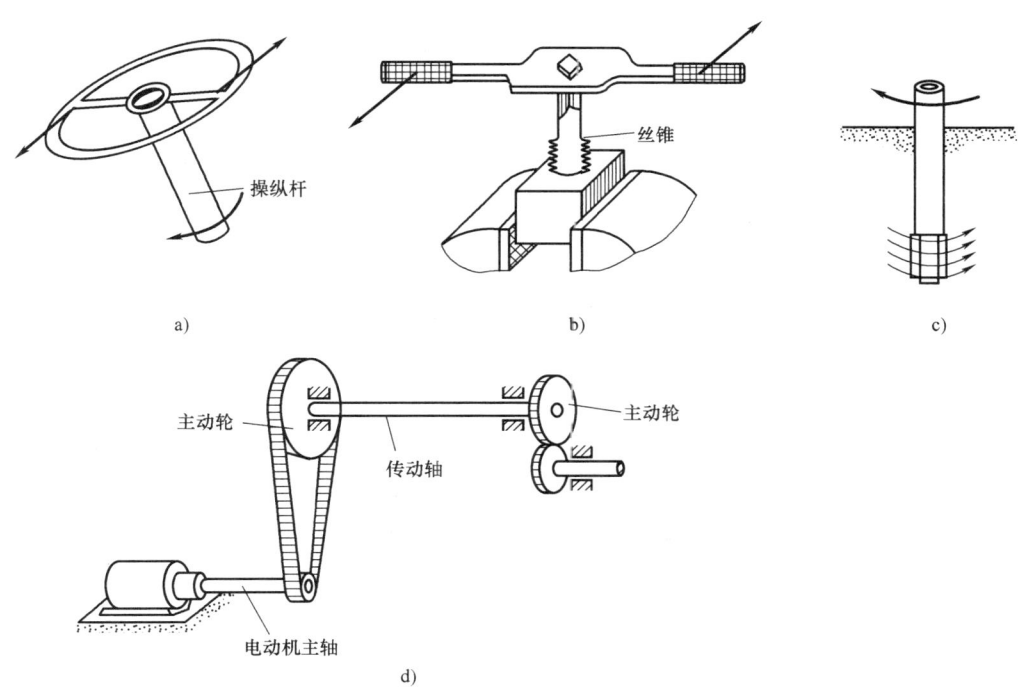

图 7-2

丝锥（图 7-2b）、钻探机的钻杆（图 7-2c）、电动机主轴等一些轴类构件（图 7-2d）。主要承受扭转变形的杆件，称作**轴**，这些轴可以是实心圆轴，也可以是空心圆轴。本章主要分析圆轴扭转时的应力，进行强度计算；分析圆轴的变形，进行刚度计算。

第二节 扭矩与扭矩图

当轴受到外力偶作用发生扭转变形时，在轴的横截面上会产生相应的内力偶，该内力偶矩称为**扭矩**，用符号 T 表示，采用截面法确定，如求图 7-3a 所示圆轴Ⅰ—Ⅰ截面上的内力。按右手螺旋法则，用矢量表示力偶矩，则外转矩和扭矩矩矢的方向与轴线方向重合，右手的四指转向即是扭矩的转向，参照轴力正负号的规定，可规定**扭矩的正负号**：若大拇指的指向离开横截面，则该扭矩为正；反之为负（大拇指指向横截面）。按此规定，图 7-3b 中的扭矩 T 均为正值，图 7-3c 中的扭矩 T 均为负值。

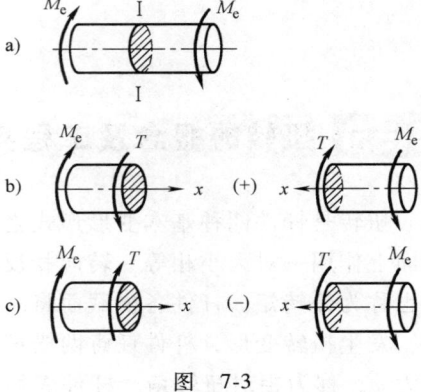

图 7-3

扭矩的大小由

$$\sum M_x = 0, \quad T - M_e = 0$$

得

$$T = M_e$$

当轴上有多个外力偶作用时，横截面上的扭矩会因横截面的位置变化而不同，若以横坐标表示横截面的位置（x），纵坐标表示相应横截面上的扭矩（T），正号扭矩画在上侧，负号扭矩画在下侧，得到扭矩沿轴线的分布规律图，称为轴的**扭矩图**。

作用在轴类上的外力偶矩 M_e，有时不直接给出，只给出轴的转速 n 和传递的功率 P，在分析这类构件的内力之前，需要先依据转速和功率，换算出轴所受的外力偶矩。

在国际单位制中，$1\text{kW} = 1000\text{J} \cdot \text{s}^{-1} = 1000\text{N} \cdot \text{m} \cdot \text{s}^{-1}$，功率 P 单位为 kW（千瓦），即相当于在每分钟内做功 $W_1 = 1000 \times P \times 60$（N·m）。

若轴的转速 n 单位是 r/min（转/分），则力偶 M_e 在每分钟做功为 $W_2 = M_e \times 2\pi \times n$。显然

$$W_1 = W_2$$

当功率的单位是 hp（马力）时，$1\text{hp} = 735.5\text{W} = 0.7355\text{kW}$。当不计轴承摩擦等其他能量损耗时，轴传递的功率和转速与外转矩之间的换算关系为

$$\{M_e\}_{\text{N} \cdot \text{m}} = 9549 \frac{\{P\}_{\text{kW}}}{\{n\}_{\text{r/min}}} = 7024 \frac{\{P\}_{\text{hp}}}{\{n\}_{\text{r/min}}}^{\ominus} \tag{7-1}$$

外力偶的大小由式（7-1）算出；外力偶的转向：规定主动轮上的外力偶转向与轴的转动方向一致，从动轮上的外力偶转向则与轴的转向相反。

例题 7-1 图 7-4a 所示的传动轴做匀速转动，转速为 $n = 500\text{r/min}$，主动轮 B 输入功率 $P_B = 396\text{kW}$，从动轮 A、C、D 输出功率分别为 $P_A = 200\text{kW}$，$P_C = P_D = 98\text{kW}$。试画出该轴的扭矩图。

解：（1）确定外力偶矩。根据式（7-1）计算作用在各轮上的外力偶矩分别为

$\ominus$ 这是国家标准 GB 3101—93 中规定的数值方程式的表示方法。

$$M_A = \left(9549 \times \frac{200}{500}\right) \text{N} \cdot \text{m} = 3.82 \times 10^3 \text{N} \cdot \text{m} = 3.82 \text{kN} \cdot \text{m}$$

$$M_B = \left(9549 \times \frac{396}{500}\right) \text{N} \cdot \text{m} = 7.56 \times 10^3 \text{N} \cdot \text{m} = 7.56 \text{kN} \cdot \text{m}$$

$$M_C = M_D = \left(9549 \times \frac{98}{500}\right) \text{N} \cdot \text{m} = 1.87 \times 10^3 \text{N} \cdot \text{m} = 1.87 \text{kN} \cdot \text{m}$$

得到轴的计算简图如图 7-4b 所示。

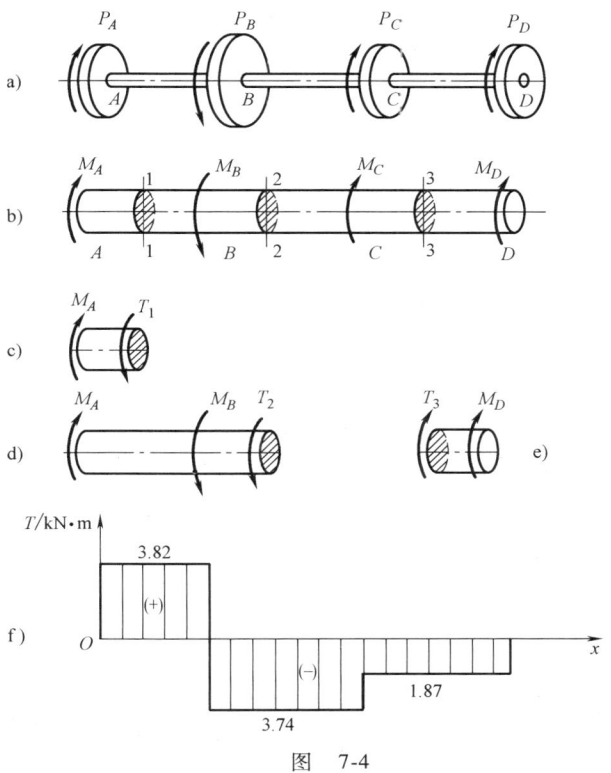

图 7-4

（2）画扭矩图。轴的 AB、BC、CD 各段内，无外力偶作用，因此每段各横截面上扭矩各自相同，应用截面法，根据平衡方程分别计算轴各段任一横截面上的扭矩。在 AB 段内，任选一横截面 1—1，该截面上的扭矩用 T_1 表示，并设为正扭矩，如图 7-4c 所示。

列平衡方程 $T_1 - M_A = 0$

得 $T_1 = M_A = 3.82 \text{kN} \cdot \text{m}$

同理，在 BC 段内，由受力图 7-4d，列平衡方程，得

$$T_2 = M_A - M_B = (3.82 - 7.56) \text{kN} \cdot \text{m} = -3.74 \text{kN} \cdot \text{m}$$

在 CD 段内，由受力图 e，得

$$T_3 = -M_D = -1.87 \text{kN} \cdot \text{m}$$

由轴各段的扭矩值，作扭矩图如图 7-4f 所示。从图中可见，最大扭矩发生在 AB 段内，其值 $T_{\max} = 3.82 \text{kN} \cdot \text{m}$。

总结截面法求扭矩的步骤，不难发现：**截面上的扭矩等于该截面一侧（左侧或右侧）**

所有外力偶矩的代数和。

第三节 剪切胡克定律 · 切应力互等定理

当空心圆轴的内径 d 接近外径 D（直径比 $\alpha = d/D \geqslant 0.9$）时，称其为薄壁圆管。取一低碳钢制的薄壁圆管做扭转试验，观察试验现象，由几何变形判断横截面上内力的分布情况，研究应力和应变的规律以及相互关系。

一、薄壁圆管的扭转实验

在薄壁圆管表面画上一组等间距的轴向线和圆周线，形成一系列矩形格（图 7-5a），然后在管两端作用一对等值、反转向的外力偶，使其发生扭转变形（图 7-5b），发现如下实验现象：

（1）圆管沿轴线没有伸长或缩短，各圆周线形状、大小和所处位置均不变，仅绕轴线相对转了一个角度 φ；

（2）各轴向线均倾斜了相同的角度 γ，变成平行的螺旋线（可视为斜直线）；

（3）矩形格（1234）左、右两边发生相对错动，变形后成为平行四边形（5678）。

由此可得如下推论：

（1）圆管横截面以及包含轴线的纵向截面上无正应力；

（2）将圆管横截面视为刚性平面，即变形前后仍保持一致的形状和尺寸；

（3）根据静力平衡关系，圆管横截面上由于外力偶作用而会产生扭矩，只有与横截面相切的切应力才能组成内力偶（扭矩），故横截面上只有切应力，切应力的方向与半径垂直，指向与扭矩转向一致。

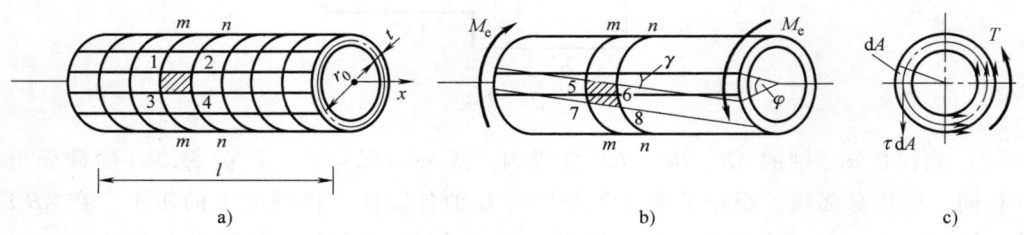

图 7-5

图 7-5c 是放大了的薄壁圆管横截面，因为圆管壁厚 t 很小，可以认为扭转切应力沿壁厚均匀分布，同一圆周上各点切应力分布规律相同。设平均半径为 r_0（虚线所示），取壁上微面积 dA，微力 $dF = \tau dA$ 对圆管截面中心的矩为 $dT = \tau dA \cdot r_0$，则由静力学条件 $\sum M_x = 0$，得

$$T = M_e$$

$$T = \int \tau dA \cdot r_0 = \tau r_0 \int dA = \tau r_0 A = \tau r_0 \cdot t \cdot 2\pi r_0$$

$$\tau = \frac{T}{2\pi r_0^2 t} \tag{7-2}$$

二、剪切胡克定律

小变形情况下，相距 l 的受扭薄壁圆管两个端面的相对扭转角 φ 与切应变 γ 之间存在如下几何关系：

$$\gamma = \frac{r_0}{l} \cdot \varphi \qquad (*)$$

通过对薄壁圆管的扭转试验可以发现，当外力偶矩不超过某个值时，相对扭转角 φ 与外力偶矩 M_e 成正比（图 7-6a），由式（7-2）和式（*）可以看出，切应力 τ 与外力偶矩 M_e 成正比，而切应变 γ 又与相对扭转角 φ 成正比，即可推断出一个重要结论——**剪切胡克定律**：当切应力不超过材料的剪切比例极限 τ_p 时，切应变 γ 与切应力 τ 成正比（图 7-6b）。

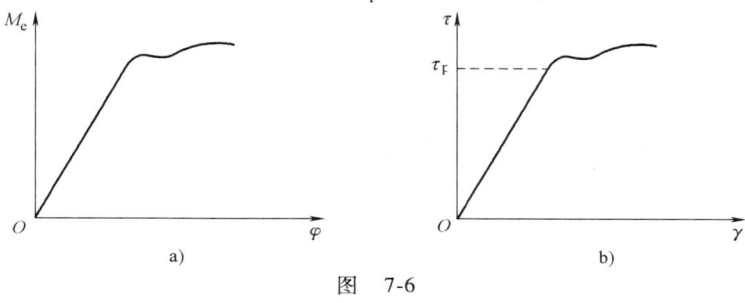

图 7-6

剪切胡克定律可表示为

$$\tau = G\gamma \qquad (7\text{-}3)$$

式中，比例常数 G 称为材料的切变模量，单位为 Pa。钢材的切变模量值约为 80GPa。

材料的切变模量 G 与第五章轴向拉伸与压缩中介绍的弹性模量 E 和泊松比 ν，是体现材料弹性性能的常数，根据理论证明和实验验证，在弹性变形范围内，这三个弹性常量 E、G、ν 之间有下列关系：

$$G = \frac{E}{2(1+\nu)} \qquad (7\text{-}4)$$

对于某各向同性材料，只需求得任意两个，即可根据式（7-4）确定另一个。

三、切应力互等定理

围绕受扭圆管表面上 5 点（图 7-5b）用相邻的两个横截面和相邻的两个纵向平面截取一个单元体（图 7-7），该单元体的三个边长分别是 dx、dy 和 dz，单元体的左、右两侧面位于圆管的横截面，因此这两个侧面上没有正应力，只有切应力 τ，切应力的大小可通过式（7-3）计算，它们大小相等、方向相反（因为两侧面上扭矩转向相反）。

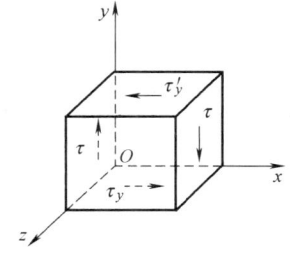

图 7-7

设单元体上、下侧面上的切应力分别为 τ'_y、τ_y，单元体四个侧面上的切应力关系由静力平衡条件确定，需满足

$$\sum F_x = 0, \quad \tau_y dz dx - \tau'_y dz dx = 0$$

得 $$\tau_y = \tau'_y \tag{a}$$

上式表明,单元体上、下两平行面上的切应力大小相等、方向相反。由

$$\sum M_{Oz} = 0, \quad \tau'_y \mathrm{d}z\mathrm{d}x \cdot \mathrm{d}y - \tau \mathrm{d}z\mathrm{d}y \cdot \mathrm{d}x = 0$$

得 $$\tau = \tau' \tag{b}$$

上式表明,单元体右、下两面上的切应力大小相等,方向都指向该两面的交线。

归纳上述各面切应力的关系,可得到一个重要结论——**切应力互等定理**:在相互垂直的两个平面上,切应力必定成对出现,且大小相等,方向都垂直于这两面交线,或都指向这一交线,或都背离这一交线。切应力互等定理也可称为**切应力双生定理**。切应力互等定理是在单元体上、下面为薄壁圆管任意纵向面时得到的,没有特别指出其包含轴线,当单元体各边无穷小时,不难证明该定理亦成立。同时,切应力互等定理还具有普遍性,即单元体各面同时作用有正应力和切应力时也成立。单元体上正应力为零,且只作用有切应力时的状态称为**纯剪切**。

第四节 圆轴扭转应力·强度条件

一、圆轴横截面上的应力

做与薄壁圆管相同的扭转实验,在等直圆轴表面上画出圆周线和轴向线(图7-8a),在外力偶矩 M_e 作用下,圆轴的变形发生了和薄壁圆管受扭时类似的现象,即

(1) 各圆周线形状、大小和相邻距离不变,仅绕轴线相对转了一个角度 φ;

(2) 各轴向线均倾斜了相同的角度 γ,近似地认为变成斜直线;

(3) 矩形格错动变形为平行四边形。

根据变形特征可做**刚性平面假设**:圆轴横截面变形前是平面,变形后还是平面,形状和尺寸保持不变,就像刚性圆盘一样绕轴线旋转了一个角度。

由刚性平面假设,故认为变形前圆半径是直线,变形后仍保持为直线,圆轴外表面变形规律可推广到轴内变形。圆轴横截面上无正应力,只有切应力,切应力的方向与半径垂直,指向与扭矩转向一致。

综合考虑几何变形、物理关系和静力学知识三个方面,是研究材料力学问题的基本方法,下面依次从这三个方面来推导等直圆轴横截面上切应力的计算公式。

1. 几何变形方面

取 $\mathrm{d}x$ 微段轴,放大后如图7-8b所示。

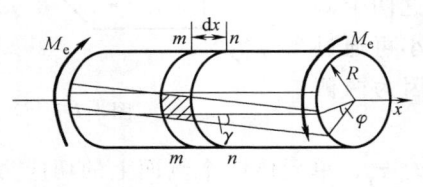

图 7-8

假定 $m—m$ 截面固定不动，$n—n$ 截面相对 $m—m$ 截面绕轴线旋转了角度 $\mathrm{d}\varphi$，半径 O_2d 也转了同样的角度 $\mathrm{d}\varphi$，转到新位置 O_2d'，表面上的轴向线 cd 旋转了 γ 角度，转到新位置 cd'。由半径仍保持为直线的假设，圆轴内层距圆心为 ρ（如 O_2b）处的任意圆柱面上的切应变为

$$\gamma_\rho \approx \tan\gamma_\rho = \frac{bb'}{ab} = \frac{\rho \mathrm{d}\varphi}{\mathrm{d}x} \tag{a}$$

式中，γ_ρ 是距圆心为 ρ 处的切应变；$\dfrac{\mathrm{d}\varphi}{\mathrm{d}x}$ 为扭转角 φ 沿 x 轴的变化率，对同一截面上的各点是常量。

式（a）表明，圆轴扭转变形时一点处的切应变与该点到圆轴轴线的距离 ρ 成正比，故圆轴中的切应变与到轴线的距离呈线性关系。当 $\rho_{\min}=0$ 时，圆心处切应变等于零；当 $\rho_{\max}=R$ 时，圆周周边上各点的切应变最大，为

$$\gamma_{\max} = R\frac{\mathrm{d}\varphi}{\mathrm{d}x} \tag{b}$$

2. 物理关系

由剪切胡克定律式（7-3）知，若圆轴在比例极限范围内加载，横截面上各点的切应力与相应点的切应变成正比。令距圆心为 ρ 处的切应力为 τ_ρ，则

$$\tau_\rho = G\gamma_\rho$$

将式（a）代入上式，得

$$\tau_\rho = G\rho\frac{\mathrm{d}\varphi}{\mathrm{d}x} \tag{7-5}$$

对圆轴同一横截面来讲，$G\dfrac{\mathrm{d}\varphi}{\mathrm{d}x}$ 是常数，所以式（7-5）表明切应力 τ_ρ 的大小与半径 ρ 成正比，方向垂直于半径。根据切应力互等定理，实心圆轴横截面和纵向截面上的切应力分布规律如图 7-9a 所示，空心圆轴的切应力分布规律如图 7-9b 所示。

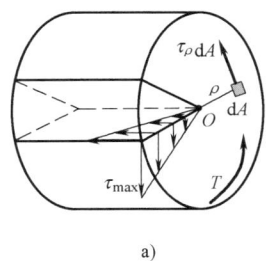
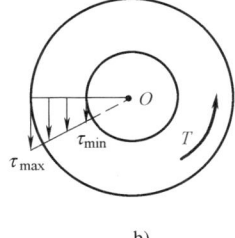

图 7-9

3. 静力学方面

任选横截面上距圆心 ρ 处一点（图 7-9a），围绕该点取微面积 $\mathrm{d}A$，该点的切应力为 τ_ρ，$\mathrm{d}A$ 上的微内力是 $\tau_\rho \mathrm{d}A$，微内力乘上 ρ 是微内力 $\tau_\rho \mathrm{d}A$ 对圆心的微力矩。因为横截面上的扭矩 T 以切应力的形式分布在整个截面上，由静力学条件知，通过对微力矩 $\tau_\rho \mathrm{d}A \cdot \rho$ 积分可求得横截面上的合内力矩，该合内力矩即等于扭矩，即

$$\int_A \tau_\rho \mathrm{d}A \cdot \rho = T \tag{c}$$

将式 (7-5) 代入式 (c), 得

$$\int_A G \frac{d\varphi}{dx} \rho^2 dA = G \frac{d\varphi}{dx} \int_A \rho^2 dA = T \tag{d}$$

式中积分项 $\int_A \rho^2 dA$ 仅与横截面的形状、尺寸有关，属于截面的一种几何性质，第六章已提及，称为横截面的极惯性矩，用 I_p 表示，量纲是 L^4，单位为 m^4 或 mm^4，即

$$I_p = \int_A \rho^2 dA \tag{e}$$

将式 (e) 代入式 (d) 整理得

$$\frac{d\varphi}{dx} = \frac{T}{GI_p} \tag{7-6}$$

上式表明，扭转角 $d\varphi$ 沿轴线的变化率 $\frac{d\varphi}{dx}$ 与 GI_p 成反比，GI_p 体现了圆轴的抵抗扭转变形的能力，称 GI_p 为等直圆轴的**扭转刚度**，式 (7-6) 是计算扭转变形的基本公式。将式 (7-6) 代入式 (7-5)，得圆轴扭转时横截面上任一点的切应力计算公式，即

$$\tau_\rho = \frac{T\rho}{I_p} \tag{7-7}$$

由上式知，在圆轴横截面周边上的各点处切应力最大 ($\rho_{max} = R$)，最大值为

$$\tau_{max} = \frac{TR}{I_p}$$

式中，R 和 I_p 均为横截面的几何量。引入符号 W_p 代表 $\frac{I_p}{R}$，第六章已提及，W_p 称为扭转截面系数，单位为 m^3 或 mm^3，即

$$W_p = \frac{I_p}{R} \tag{f}$$

则圆轴扭转横截面上最大切应力计算公式

$$\tau_{max} = \frac{T}{W_p} \tag{7-8}$$

上述推导扭转切应力的各式都是以平面假设为基础的，且材料符合胡克定律，所以公式仅适用于 τ_{max} 小于剪切比例极限 τ_p 的等直的圆轴。在公式推导过程中并没有具体涉及圆形截面的具体形状，所以公式不仅适用于实心圆轴，对空心圆轴也适用。

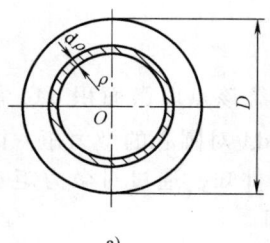
a)
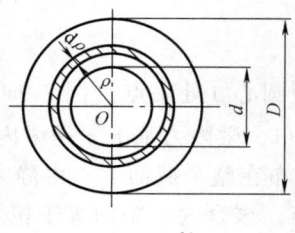
b)

图 7-10

式（e）和式（f）是圆轴横截面的两个几何性质的表达式，下面将推导圆形横截面极惯性矩 I_p 和扭转截面系数 W_p 的具体表达式。

二、极惯性矩和扭转截面系数的计算

距离圆心 ρ 处取厚度为 $d\rho$ 的环形面积 dA 作为面积元素，将 $dA = 2\pi\rho \cdot d\rho$ 代入式（e）可得圆截面的极惯性矩。

1. 实心圆轴（图 7-10 a）

由第六章第四节可得

$$I_p = \int_A \rho^2 dA = \frac{\pi D^4}{32} \tag{7-9}$$

$$W_p = \frac{I_p}{R} = \frac{\pi D^3}{16} \tag{7-10}$$

2. 空心圆轴（图 7-10 b）

$$I_p = \int_A \rho^2 dA = \int_{d/2}^{D/2} 2\pi\rho^3 d\rho = \frac{\pi}{32}(D^4 - d^4) = \frac{\pi D^4}{32}(1-\alpha^4) \tag{7-11}$$

$$W_p = \frac{I_p}{R} = \frac{\pi D^4/32}{D/2}(1-\alpha)^4 = \frac{\pi D^3}{16}(1-\alpha^4) \tag{7-12}$$

式中，$\alpha = d/D$ 为直径比；D 和 d 分别是空心圆截面的外径和内径；R 为外半径。

三、圆轴扭转的强度条件

仿照拉伸试验确定许用应力 $[\sigma]$ 的方法，可得到扭转的许用切应力 $[\tau]$。圆轴扭转时，轴内各点均处于纯剪切应力状态，其强度条件是轴内最大工作切应力 τ_{max} 小于等于材料的许用切应力 $[\tau]$，即

$$\tau_{max} \leq [\tau] \tag{7-13}$$

注意：

（1）扭转许用切应力，是通过极限切应力 τ_u 除以大于 1 的安全因数 n 得到的，即

$$[\tau] = \frac{\tau_u}{n} \tag{g}$$

（2）对于等直圆轴，最大切应力一定发生在扭矩最大的横截面周边各点上，其强度条件为

$$\tau_{max} = \frac{T_{max}}{W_p} \leq [\tau] \tag{7-14}$$

（3）对于变截面轴，则需综合考虑扭矩 T 和扭转截面系数 W_p 之比的极大值（T/W_p）$_{max}$。

式（7-14）可解决工程中三类强度计算：强度校核、设计截面和确定许可荷载。

例题 7-2 已知某汽车方向盘转向轴的许用切应力 $[\tau] = 50\text{MPa}$，材料为钢，轴内最大扭矩 $T = 100\text{N} \cdot \text{m}$，试按下列条件分别校核转向轴的强度：

（1）轴为实心轴，直径 $D = 24\text{mm}$。

（2）轴为空心轴，与实心轴具有相同的材料、长度与重量，取直径比 $\alpha = 0.8$。

解：(1) 校核实心轴的强度：

$$\tau_{max} = \frac{T}{W_p} = \frac{T}{\pi D^3/16} = \frac{16 \times 100}{\pi (24 \times 10^{-3})^3} \text{Pa} = 3.68 \times 10^7 \text{Pa} = 36.8 \text{MPa} < [\tau]$$

(2) 校核空心轴的强度。根据与实心轴同材料、同长度、同重量的要求，两者的横截面面积相等，即

$$\frac{\pi}{4} D_1^2 (1 - \alpha^2) = \frac{\pi D^2}{4}$$

即

$$D_1 = \frac{D}{\sqrt{1-\alpha^2}} = \frac{24}{\sqrt{1-0.8^2}} \text{mm} = 40 \text{mm}$$

$$(\tau_{max})_1 = \frac{T}{W_{p1}} = \frac{T}{\frac{\pi D_1^3}{16}(1-\alpha^4)} = \frac{16 \times 100}{\pi (40 \times 10^{-3})^3 \times (1-0.8^4)} \text{Pa} = 1.35 \times 10^7 \text{Pa} = 13.5 \text{MPa} < [\tau]$$

(3) 结论：轴的强度均满足要求。

分析上述计算结果，实心轴与空心轴的最大切应力之比 $\tau_{max}/(\tau_{max})_1$ 为 2.73，可知空心轴的承载力优于实心轴。

思考：依据圆轴横截面扭转切应力计算公式和静力平衡条件，推导扭转斜截面上应力分布规律，并解释扭转时两类材料破坏现象：塑性材料沿横截面断裂，脆性材料沿 45°倾角断裂。

第五节 圆轴扭转变形·刚度条件

一、圆轴扭转的变形

度量圆轴扭转变形采用**相对扭转角 φ**，即两个横截面绕轴线转动的相对角位移。在第三节研究圆轴应力时，得到扭转角沿轴线变化率的计算式 (7-6)，由此可得相距 dx 的微段轴扭转角为

$$d\varphi = \frac{T}{GI_p} dx \tag{a}$$

沿轴线 x 积分，可得相距长为 l 一段轴的扭转角 φ，即

$$\varphi = \int_l \frac{T}{GI_p} dx \tag{b}$$

讨论：

(1) 若长为 l 的圆轴，T 与 GI_p 均为常数（即等截面、等内力），则

$$\varphi = \frac{Tl}{GI_p} \tag{7-15}$$

(2) 对于阶梯轴，或沿轴线作用多个外转矩（扭矩分段为常数），则应该分段计算各段的扭转角，然后代数叠加，即

$$\varphi = \sum_{i=1}^{n} \frac{T_i l_i}{GI_{pi}} \quad \text{(c)}$$

二、圆轴扭转的刚度条件

式（7-15）表明，圆轴的扭转角与长度成正比，扭转刚度相同的轴，长度不同，扭转角也不同。扭转角 φ 沿轴线的变化率 $d\varphi/dx$ 能够消除轴长的影响，客观表征扭转变形的程度，令

$$\theta = \frac{d\varphi}{dx} = \frac{T}{GI_p} \quad \text{(d)}$$

式中，θ 为**单位扭转角**，单位（$rad \cdot m^{-1}$，弧度每米），常用单位（°/m，度每米）。

轴类部件正常工作除应满足强度条件，对其变形也有一定的限制，即对刚度也有一定的要求。车床的主轴如扭转角过大，将会影响车刀的进给，降低加工精度。机床的传动轴如扭转角过大，将会引起振动，影响部件间的配合，产生噪声，降低部件的使用寿命，也会影响加工精度。所以在设计这类部件时，通常是限制单位扭转角的最大值 θ_{max} 不能超过规定的许用值 $[\theta]$，即圆轴的刚度条件为

$$\theta_{max} \leq [\theta] \quad \text{(e)}$$

等截面圆轴的刚度条件（$[\theta]$ 取 rad/m 时）为

$$\theta_{max} = \frac{T_{max}}{GI_p} \leq [\theta] \quad (7\text{-}16)$$

$[\theta]$ 取 °/m 是工程上的习惯用法，则刚度条件公式换算为

$$\theta_{max} = \frac{T_{max}}{GI_p} \times \frac{180°}{\pi} \leq [\theta] \quad (7\text{-}17)$$

许用单位扭转角 $[\theta]$ 与作用在轴上的荷载性质、轴的工作条件及其重要度等因素有关，具体数值可从有关规范和设计手册中查到。对于精密仪器的轴 $[\theta] = 0.15 \sim 0.3$ °/m；一般传动轴 $[\theta] = 0.5 \sim 1$ °/m。

例题 7-3 图 7-11a 所示阶梯轴 ABC，A 处为固定端约束，$D = 60mm$，$d = 30mm$，轴的材料为钢，$G = 80GPa$。试求自由端面 C 处的扭转角 φ_C。

解：（1）内力分析，计算各段扭矩，作扭矩图 7-11b：

$T_{AB} = (2-0.5)kN \cdot m = 1.5kN \cdot m$，$T_{BC} = -0.5kN \cdot m$

（2）计算各段极惯性矩 I_p：

$$I_{pAB} = \frac{\pi D^4}{32} = \frac{\pi (60 \times 10^{-3})^4}{32} m^4 = 1.272 \times 10^{-6} m^4$$

$$I_{pBC} = \frac{\pi d^4}{32} = \frac{\pi (30 \times 10^{-3})^4}{32} m^4 = 0.0795 \times 10^{-6} m^4$$

（3）计算轴自由端面 C 处的扭转角 φ_C。由式（c）得

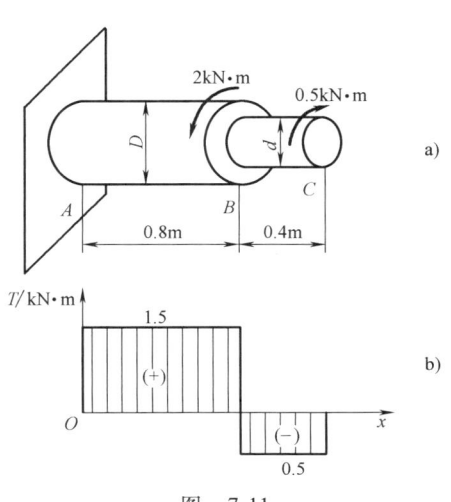

图 7-11

$$\varphi_C = \sum_{i=1}^{2} \frac{T_i l_i}{GI_p i} = \frac{1}{G}\left[\left(\frac{Tl}{I_p}\right)_{AB} + \left(\frac{Tl}{I_p}\right)_{BC}\right] = \frac{1}{80 \times 10^9} \times \left(\frac{1.5 \times 10^3 \times 0.8}{1.272 \times 10^{-6}} - \frac{0.5 \times 10^3 \times 0.4}{0.0795 \times 10^{-6}}\right) \text{rad}$$
$$= (0.0118 - 0.0314)\text{rad} = -0.0196\text{rad}$$
$$\varphi_C = (-0.0196\text{rad}) \times \left(\frac{180°}{\pi}\right)°/\text{rad} = -1.12°$$

负号表示 C 截面相对 A 截面顺时针方向转 $1.12°$。

例题 7-4 图 7-12 所示的圆轴,直径为 D,在 AB 段钻了一个直径为 d 的圆孔,轴的材料是钢,$G = 80\text{GPa}$,$[\tau] = 40\text{MPa}$,$[\theta] = 0.5°/\text{m}$,轴受 $M_A = M_C = 0.5M_B = 0.81\text{kN}\cdot\text{m}$。若 $\alpha = d/D = 0.5$,试按所给条件选择轴的外直径 D。

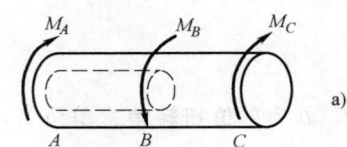

解:(1)内力分析,计算各段扭矩,作扭矩图 7-12b。
$$T_{AB} = M_A = 0.81\text{kN}\cdot\text{m}, \quad T_{BC} = -0.81\text{kN}\cdot\text{m}$$

(2)确定危险截面,危险截面发生在 AB 段。因为

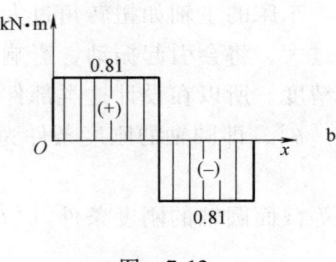

图 7-12

$$I_{pAB} = \frac{\pi D^4}{32}(1-\alpha^4) < I_{pBC} = \frac{\pi D^4}{32}$$
$$W_{pAB} = \frac{\pi D^3}{16}(1-\alpha^4) < W_{pBC} = \frac{\pi D^3}{16}$$

故 $(\tau_{\max})_{AB} > (\tau_{\max})_{BC}$,$(\theta_{\max})_{AB} > (\theta_{\max})_{BC}$

(3)由强度条件确定直径 D:
$$\tau_{\max} = \frac{T_{AB}}{W_{pAB}} = \frac{T_{AB}}{\frac{\pi D^3}{16}(1-\alpha^4)} \leq [\tau],\quad \text{解得}$$

$$D \geq \sqrt[3]{\frac{16 \times 0.81 \times 10^3}{\pi(1-0.5^4) \times 40 \times 10^6}}\text{m} = 0.048\text{m} = 48\text{mm}$$

(4)由刚度条件确定直径 D:
$$\theta_{\max} = \frac{T_{AB}}{GI_{pAB}} \times \frac{180°}{\pi} = \frac{T_{AB}}{G\left[\frac{\pi D^4}{32}(1-\alpha^4)\right]} \times \frac{180°}{\pi} \leq [\theta]$$

解得
$$D \geq \sqrt[4]{\frac{32 \times 0.81 \times 10^3 \times 180}{80 \times 10^9 \times \pi^2 \times (1-0.5^4) \times 0.5}}\text{m} = 0.0596\text{m} = 59.6\text{mm}$$

(5)结论:取圆轴外直径的整数为 $D = 60\text{mm}$。

由(3)、(4)计算结果可以看出,刚度条件是选择圆轴直径的控制因素。

最后需要注意的是,圆截面杆件扭转是工程中最为常见的,对于非圆等截面杆的扭转问题本章仅做简单说明。

（1）非圆等截面杆扭转试验表明：当杆沿轴线方向没有任何限制时（自由扭转），横截面由平面变成曲面而产生翘曲，根据平面假设建立的圆轴扭转各公式不再适用。若杆件扭转时沿轴线方向有约束（非自由扭转），横截面上还会产生正应力。

（2）矩形截面杆自由扭转时，横截面上只有切应力，无正应力。截面周边的切应力方向与周边平行，截面凸角处的切应力为零。截面各边的最大切应力作用在该边中点处，整个截面最大的切应力作用在截面长边中点处。

7-1 试作题 7-1 图所示各轴的扭矩图。

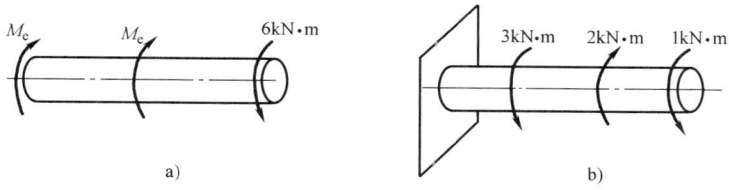

题 7-1 图

答案：a) $|T_{max}| = 6kN·m$；b) $|T_{max}| = 2kN·m$

7-2 题 7-2 图表示等直圆轴的扭矩图，试在轴上注出外力偶矩的大小和转向。

答案：$|M_e|_{max} = 65kN·m$

7-3 已知某空心圆轴长 $l = 200mm$，外径 $D = 250mm$，内径 $d = 225mm$，若轴传递的力偶矩 $M_e = 100kN·m$。试求：（1）按空心圆轴计算最大切应力和最小切应力；（2）按薄壁圆管计算扭转切应力；（3）空心圆轴按薄壁圆管计算最大切应力的相对误差为多大？

答案：（1）$\tau_{max} = 94.8kN·m$，$\tau_{min} = 85.3kN·m$；（2）$\tau = 90.3kN·m$；（3）4.8%

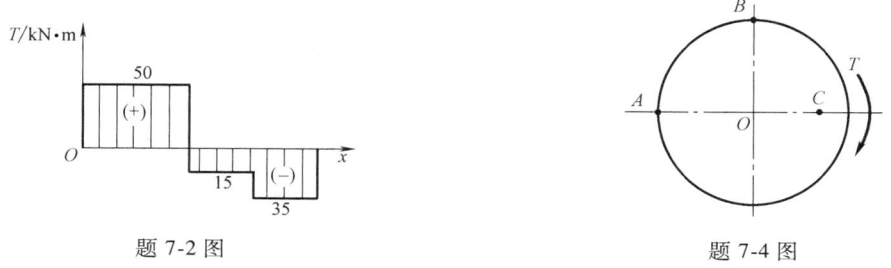

题 7-2 图　　　　　　　　题 7-4 图

7-4 题 7-4 图所示某等直圆轴的转速 $n = 120r·min^{-1}$，传递的功率 $P = 18kW$，轴的材料为钢，$G = 80GPa$，已知轴的直径 $d = 50mm$，长 $l = 1m$，点 C 到圆心的距离 $\rho_C = 20mm$。试求：（1）两端面间的相对扭转角；（2）截面上 A、B、C 三点处切应力的大小，并图示其指向。

答案：（1）$0.0292rad$；（2）$\tau_A = \tau_B = 58.4MPa$，$\tau_C = 46.7MPa$

7-5 某实心圆轴的转速为 $45r·min^{-1}$，直径为 $90mm$，横截面上的最大切应力为 $50MPa$。试求所传递的功率。

答案：$33.7kW$

7-6 一实心圆轴的直径为 d_1，另一空心圆轴的直径比 $\alpha = d/D = 0.75$，若两轴的长度、材料、承受的

119

外力偶矩均相同。试求两根具有相同强度时的重量比、刚度比和扭转角之比。

答案：1.774，0.881，1.134

7-7 题7-7图所示阶梯圆轴，各段长度均为1m，直径分别为 $d_1 = 50$mm，$d_2 = 35$mm，轴的材料为钢，$G = 80$GPa。若轴两端面的相对扭转角不能超过0.01rad，试求轴的许可扭转外力偶矩 $[M_e]$。

答案：$[M_e] = 95$N·m

7-8 题7-8图所示实心轴和空心轴通过牙嵌式离合器连接在一起。已知轴传递的力偶矩为 $M_e = 800$N·m，轴的材料为钢，$[\tau] = 40$MPa。试选择实心轴的直径 d_1 和内、外径比值为0.5的空心轴的外径 D。

答案：$d_1 \geq 47$mm，$D \geq 48$mm

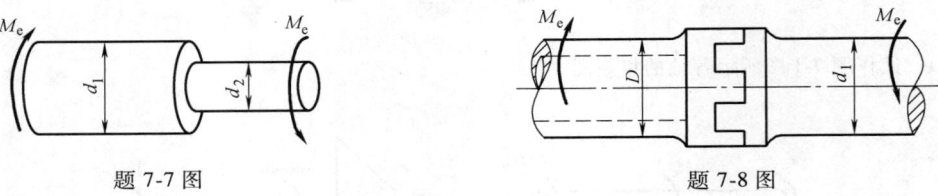

题7-7图　　　　　　　　　　　　题7-8图

7-9 某实心圆轴的直径 $d = 60$mm，材料的许用切应力 $[\tau] = 40$MPa，$G = 80$GPa，同时规定 $[\theta] = 0.5°$/m。试求轴的许可扭转外力偶矩 $[M_e]$。

答案：0.89kN·m

7-10 题7-10图所示实心圆轴的直径 $d = 85$mm，轴上作用的外力偶 $M_{e1} = 7$kN·m，$M_{e2} = 3$kN·m，$M_{e3} = 4$kN·m。已知 $[\tau] = 70$MPa，$G = 80$GPa，$[\theta] = 1°$/m。（1）试校核轴的强度和刚度；（2）若轴上外力偶作用的位置可任意调换，如何安排能降低轴内最大切应力和最大单位扭转角？

答案：（1）$\tau_{max} = 58.1$MPa，$\theta_{max} = 0.98°$/m

7-11 题7-11图所示一圆轴所受外力偶矩 $M_e = 620$kN·m，材料的切变模量 $G = 80$GPa，用试验方法测得轴外表面上切应变 $\gamma = 0.0011$rad，试求轴的直径 d。

答案：$d = 0.33$m

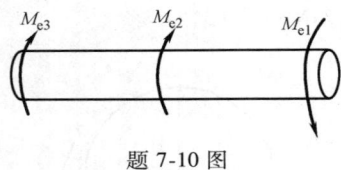 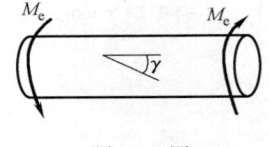

题7-10图　　　　　　　　　　　题7-11图

第八章 弯曲

第一节 弯曲的概念及工程实例

弯曲变形是杆件基本变形之一,其力学模型如图 8-1 所示,当在通过杆件轴线的纵向平面内作用一对大小相等、转向相反的外力偶时,杆件的轴线由直线变成曲线,发生弯曲变形。梁就是以弯曲变形为主的构件。

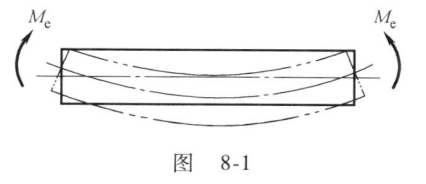

图 8-1

实际工程中受弯杆件很多,如火车轮轴(图 8-2a)、楼板梁(图 8-2b)、桥梁中的纵梁(图 8-2c)、阳台的挑梁(图 8-2d)等构件。

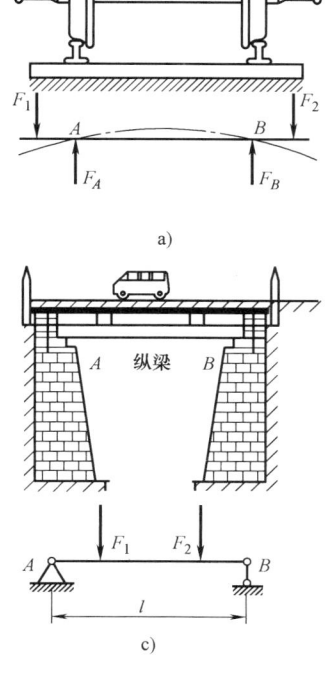

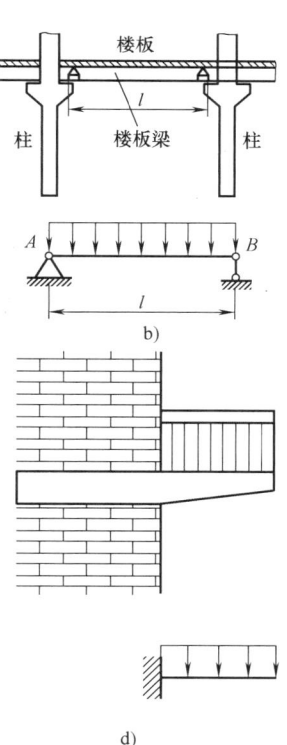

图 8-2

121

工程中常用的梁，其横截面通常采用对称形状，如矩形、工字形、T字形和圆形等（见图 8-3a），并且所有外力都作用在梁的纵向对称平面内。此种情况下，梁变形后的轴线为位于这个对称平面内的一条平面曲线（见图 8-3b）。受弯杆件的轴线为平面曲线时的弯曲称为平面弯曲。这是弯曲中最常见的情况。

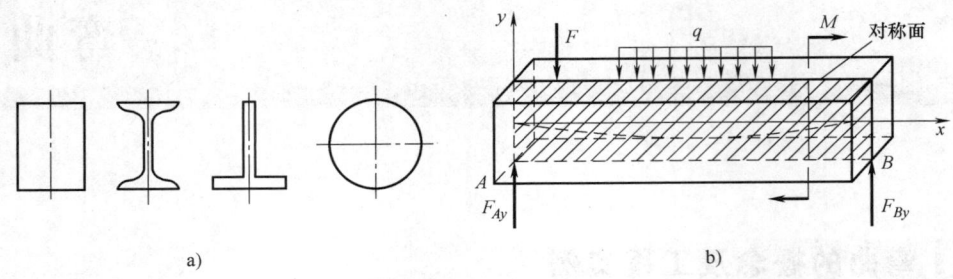

图 8-3

本章主要研究梁弯曲时横截面上的内力——剪力和弯矩的计算以及剪力图和弯矩图的作法；梁的横截面上的应力分布规律及计算公式；梁的强度计算问题；梁的位移；梁的刚度计算问题。

第二节 剪力和弯矩·剪力图和弯矩图

一、受弯杆件的简化

梁的支座和荷载有多种情况，须作简化后才能得出计算简图。简化的原则为便于计算且符合实际要求。

梁的简化是以梁的轴线代替梁本身。

荷载简化为集中力、分布荷载和集中力偶等。

支座简化为固定铰支座、滚动支座和固定端约束。

经过梁、荷载和支座的简化后就可得出梁的计算简图。图 8-2a 所示的火车轮轴简化为梁，其两端伸出支座以外，此类梁称为**外伸梁**。图 8-2b 所示的楼板梁和图 8-2c 所示的桥梁中的纵梁，其一端为固定铰支座，另一端为滚动铰支座，此类梁称为**简支梁**。图 8-2d 所示的阳台的挑梁，其一端为固定端，另一端为自由端，此类梁称为**悬臂梁**。

上述三种梁——简支梁、外伸梁和悬臂梁，它们的支座约束力皆可由静力平衡方程求得，称它们均为静定梁。如果梁的支座约束力不能完全由静力平衡方程求得，则称其为超静定梁。这部分内容将在第十三章中讨论。

二、剪力和弯矩

由平衡方程求出梁的支座约束力后，其上外力均已知，即可进一步研究其任一横截面上的内力。

下面以图 8-4a 所示的简支梁 AB 为例，取 A 点为坐标轴 x 的原点，求坐标为 x 处的任一横截面 m—m 上的内力。

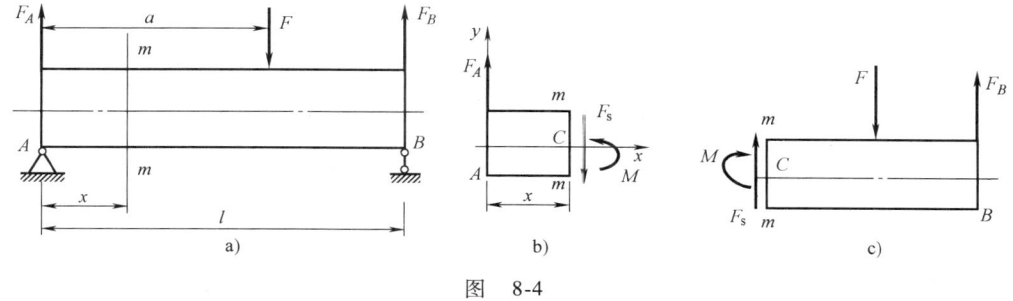

图 8-4

先求出支座约束力。以 AB 梁为研究对象，列平衡方程为

$$\sum M_A(F) = 0, \quad F_B l - Fa = 0$$

$$\sum F_y = 0, \quad F_A + F_B - F = 0$$

可得

$$F_B = \frac{a}{l}F, \quad F_A = \frac{b}{l}F$$

再用截面法求内力。沿横截面 m—m 假想地把梁截成两部分，以左段梁为研究对象（图 8-4b），横截面上的内力若要与外力平衡，则横截面内首先应该有一个竖直向下的内力，前面已提及，这个内力 F_s 称为**剪力**。

由平衡方程

$$\sum F_y = 0, \quad F_A - F_s = 0$$

可得
$$F_s = F_A \tag{8-1}$$

剪力与支座约束力是大小相等、方向相反的平行力，形成一个力偶，故在横截面上需要有一个力矩与该力偶平衡，这个力矩 M 称为**弯矩**。

$$\sum M_C(F) = 0, \quad M - F_A x = 0$$

可得
$$M = F_A x \tag{8-2}$$

其中，矩心 C 为横截面 m—m 的形心。

同理，以右段梁为研究对象（图 8-4c），求得

$$F_s = F - F_B = F_A \tag{8-3}$$

$$M = F_B(l-x) - F(a-x) = \frac{a}{l}F(l-x) - F(a-x) = F_A x \tag{8-4}$$

因为剪力和弯矩是左段和右段在截面 m—m 上相互作用的内力，所以，右段作用于左段的剪力和弯矩必然在数值上等于左段作用于右段的剪力和弯矩，但方向相反。

为使上述两种算法得到的同一截面上的剪力和弯矩不仅数值相同，而且符号一致，把剪力和弯矩的正负号规则与梁的变形联系起来，规定如下：

（1）剪力符号。当截面上的剪力使考虑的脱离体有顺时针转动趋势（即截面上的剪力对脱离体内任一点取矩，转向均为顺时针）时为正，反之为负（图 8-5a）。

（2）弯矩符号。当截面上的弯矩使考虑的脱离体凹向上弯曲（即下边受拉，上边受压）时为正，凹向下弯曲（即上边受拉，下边受压）时为负（图 8-5b）。

从以上用**截面法**求内力的过程看到：梁的任一横截面上的内力是考虑脱离体平衡，剪力

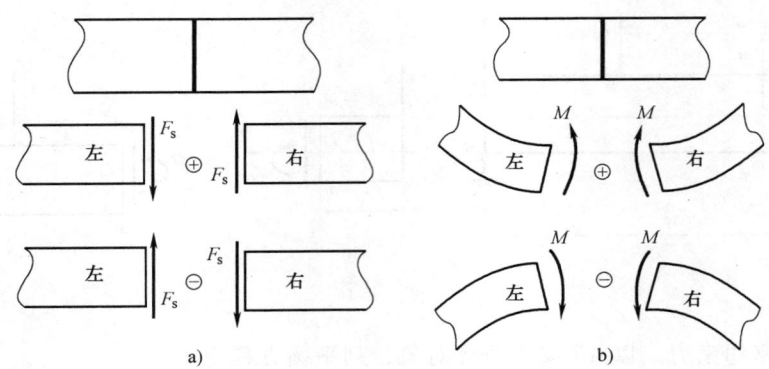

图 8-5

由平衡方程 $\sum F_y = 0$ 求得，弯矩由平衡方程 $\sum M = 0$ 求得。

从式（8-1）和式（8-3）可得出结论：**在数值上，剪力等于截面 m—m 以左（或以右）所有垂直于杆件轴线的外力（包括斜向外力在垂直于杆件轴线方向上的分力）的代数和，外力的符号可按剪力的正负号规定来确定**，即外力对截面 m—m 的形心取矩，转向为顺时针为正，反之为负（或者当外力与剪力的指向相反时为正，指向相同时为负）。

从式（8-2）和式（8-4）可得出结论：**在数值上，弯矩等于截面 m—m 以左（或以右）所有外力对该截面形心之力矩的代数和，外力矩的符号可按弯矩的正负号规定来确定**，即将左段梁（或右段梁）看成截面 m—m 处为固定端的悬臂梁，外力若使梁凹向上弯曲则为正，凹向下弯曲为负（或者当外力对截面 m—m 形心之力矩与弯矩的转向相反时为正，转向相同时为负）。

利用上述两结论计算任一横截面上的内力时，由于不需要画出脱离体的受力图和列平衡方程，只要梁上的外力已知，任一横截面上的内力均可根据梁上的外力逐项直接写出，因而非常方便，又称为**求指定截面内力的简便法**。

下面举例说明简便法求内力。

例题 8-1 一简支梁，尺寸及荷载如图 8-6a 所示，试求截面 1—1 上的剪力和弯矩。

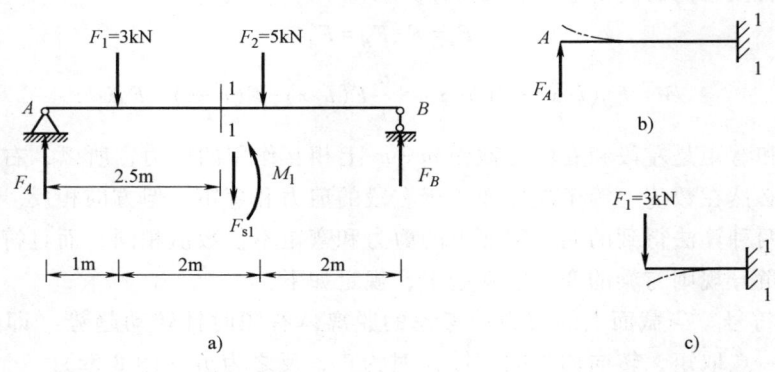

图 8-6

解：（1）求支座约束力。由梁整体的平衡求得

$$F_A = 4.4\text{kN}, \quad F_B = 3.6\text{kN}$$

（2）简便法求截面 1—1 上的剪力和弯矩。截面 1—1 上的剪力 F_s 等于截面以左（或以右）所有垂直于杆件轴线的外力（包括斜向外力在垂直于杆件轴线方向上的分力）的代数和。观察左段梁，F_A 对截面 1—1 的形心之矩的转向为顺时针，故为正；F_1 对截面 1—1 的形心之矩的转向为逆时针，故为负。（或者 F_A 与剪力 F_{s1} 指向相反，故为正；F_1 与 F_{s1} 剪力指向相同，故为负，见图 8-6a。）

$$F_{s1} = F_A - F_1 = (4.4 - 3)\text{kN} = 1.4\text{kN}$$

截面 1—1 上的弯矩 M_1 等于截面以左（或以右）所有外力对该截面形心之力矩的代数和。观察左段梁，将其看成截面 1—1 处为固定端的悬臂梁，外力 F_A 使梁凹向上弯曲，故为正，见图 8-6b；外力 F_1 使梁凹向下弯曲，故为负，见图 8-6c。（或者外力 F_A 对截面 1—1 形心之力矩与弯矩的转向相反，故为正；外力 F_1 对截面 1—1 形心之力矩与弯矩的转向相同，故为负，见图 8-6a。）

$$M_1 = F_A \times 2.5\text{m} - F_1 \times 1.5\text{m} = (4.4 \times 2.5 - 3 \times 1.5)\text{kN} \cdot \text{m} = 6.5\text{kN} \cdot \text{m}$$

三、利用剪力方程和弯矩方程作剪力图和弯矩图

一般情况下，梁的不同横截面上的剪力和弯矩是随着横截面的位置变化的。若以横坐标 x 表示横截面在梁轴线上的位置，则各横截面上的剪力和弯矩均可以表示成 x 的函数，称为梁的**剪力方程**和**弯矩方程**，即

$$F_s = F_s(x)$$
$$M = M(x)$$

列出剪力方程和弯矩方程后，可由其画出函数图形，即为剪力图和弯矩图。具体画法为：以平行于梁轴线的横坐标 x 表示横截面的位置，以纵坐标表示相应横截面上的剪力和弯矩。下面举例说明。

例题 8-2 一悬臂梁，尺寸及荷载如图 8-7a 所示，试画此梁的剪力图和弯矩图。

解：（1）列出剪力方程和弯矩方程。以梁的左端点 A 为坐标原点，取距其为 x 的任一横截面，由简便法求指定截面的内力，即得到适用于全梁的剪力和弯矩的表达式，即剪力方程和弯矩方程：

$$F_s(x) = -F$$
$$M(x) = -Fx$$

（2）画出剪力图和弯矩图。剪力表达式为一常量，故剪力图为一平行于横坐标轴的直线，如图 8-7b 所示。**正的剪力画在坐标轴的上方，负的剪力画在坐标轴的下方。**

弯矩表达式为 x 的一次函数，故弯矩图为一斜直线，只要确定其上两个点，即可画出此直线。$x = 0$，$M_0 = 0$；$x = l$，$M_l = -Fl$，弯矩图如图 8-7c 所示。**在土建工程中，通常是把弯矩图画在梁的受拉一侧，故正的弯矩画在坐标轴的下方，负的弯矩画在坐标轴的上方。**

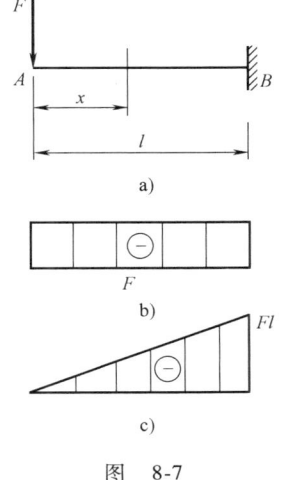

图 8-7

例题 8-3 一简支梁，尺寸及荷载如图 8-8a 所示，试画此梁的剪力图和弯矩图。

解：（1）由整体平衡求出支座约束力

$$F_A = F_B = \frac{ql}{2}$$

（2）列出剪力方程和弯矩方程。以梁的左端点 A 为坐标原点，取距其为 x 的任一横截面 $m—m$，由简便法求指定截面的内力，即得到适用于全梁的剪力和弯矩的表达式，即剪力方程和弯矩方程：

$$F_s(x) = F_A - qx = q\left(\frac{l}{2} - x\right) \quad (8-5)$$

$$M(x) = F_A x - qx \cdot \frac{x}{2} = \frac{q}{2} x(l-x) \quad (8-6)$$

（3）画出剪力图和弯矩图。式（8-5）为 x 的一次函数，由 $x=0$，$F_{s0} = \frac{ql}{2}$ 和 $x=l$，$F_{sl} = -\frac{ql}{2}$ 画出剪力图，如图 8-8b 所示。由图可知，梁两端截面的剪力最大（绝对值），梁跨中点截面剪力最小（为零）。

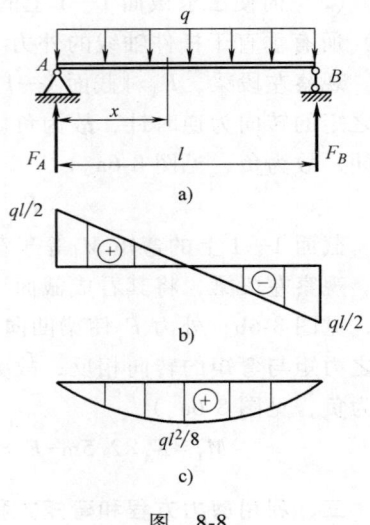

图 8-8

式（8-6）为 x 的二次函数，由 $x=0$，$M_0 = 0$；$x = \frac{l}{2}$，$M_{l/2} = \frac{1}{8}ql^2$ 和 $x=l$，$M_l = 0$，可画出弯矩图的大致形状，如图 8-8c 所示。由图可知，梁跨中点截面弯矩最大，其值为 $\frac{1}{8}ql^2$。

画剪力图和弯矩图时，一般可不画 F_s 和 M 的坐标方向，其正负用 ⊕ 或 ⊖ 表示，而剪力图和弯矩图上的各特征值则必须标明。

例题 8-4 一简支梁，尺寸及荷载如图 8-9a 所示，试画此梁的剪力图和弯矩图。

解：（1）由整体平衡求出支座约束力

$$F_A = \frac{bF}{l}, \quad F_B = \frac{aF}{l}$$

（2）列出剪力方程和弯矩方程。集中力 F 作用于 C 点，梁在 AC 和 CB 两段内的剪力或弯矩不能用同一方程来表示，应分段考虑。

以梁的左端点 A 为坐标原点，在 AC 段内，取距原点为 x_1 的任一横截面，由简便法求指定截面的内力，即得到适用于 AC 段的剪力方程和弯矩方程：

$$F_s(x_1) = F_A = \frac{bF}{l} \quad (8-7)$$

$$M(x_1) = F_A x_1 = \frac{bF}{l} x_1 \quad (8-8)$$

在 CB 段内，取距原点为 x_2 的任一横截面，由简便法求指定截面的内力，即得到适用于 CB 段的剪力方程和弯矩方程：

$$F_s(x_2) = -F_B = -\frac{aF}{l} \quad (8-9)$$

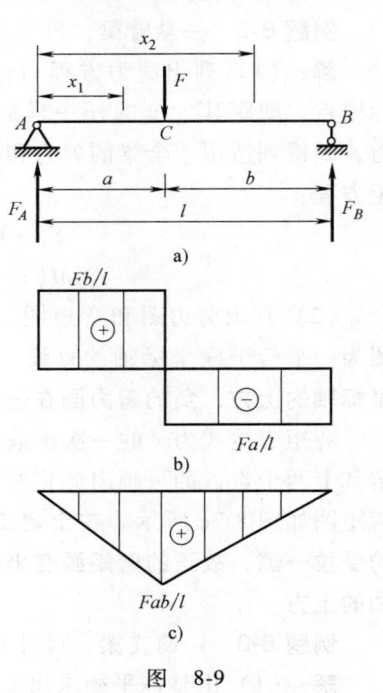

图 8-9

$$M(x_2) = F_B(l-x_2) = \frac{aF}{l}(l-x_2) \tag{8-10}$$

（3）画出剪力图和弯矩图。由式（8-7）和（8-9）知，剪力均为常量，故剪力图为平行于坐标轴的两段直线，如图8-9b所示。由图可知，C截面左侧的剪力值为$\frac{bF}{l}$，C截面右侧的剪力值为$-\frac{aF}{l}$，剪力图在C处发生突变，且突变值为$\frac{bF}{l}+\frac{aF}{l}=F$，即等于集中力的值。这种情况是普遍现象，由此可得结论：**在集中力作用处剪力图发生突变，突变值等于该集中力的值**。所以，当谈及集中力作用处的剪力时，必须指明集中力的左侧还是右侧截面，因为二者是不同的。

由式（8-8）和（8-10）知，弯矩均为x的一次函数，故弯矩图为两条斜直线。由$x_1=0$，$M_0=0$；$x_1=a$，$M_a=\frac{abF}{l}$和$x_2=a$，$M_a=\frac{abF}{l}$；$x=l$，$M_l=0$，可画出弯矩图，如图8-9c所示。由图可知，**在集中力作用处弯矩图发生转折，集中力作用截面弯矩最大**，其值为$\frac{abF}{l}$。

由此例可知，当梁上荷载变化时，内力则不能用一个统一的函数式来表达，必须分段列剪力方程和弯矩方程。**集中力作用处、集中力偶作用处、分布荷载的开始和结束处以及支座截面处需要分段**，将此称为梁的分段原则。

例题8-5 一简支梁，尺寸及荷载如图8-10a所示，试画此梁的剪力图和弯矩图。

解：（1）由整体平衡求出支座约束力

$$F_A = F_B = \frac{M_e}{l}$$

（2）列出剪力方程和弯矩方程。适用于全梁的剪力方程为

$$F_s(x) = -\frac{M_e}{l} \tag{8-11}$$

由于集中力偶M_e作用于C点，弯矩方程应分段列出。以梁的左端点A为坐标原点，在AC段内，取距原点为x_1的任一横截面，由简便法求指定截面的内力，即得到适用于AC段的弯矩方程：

$$M(x_1) = -F_A x_1 = -\frac{M_e}{l} x_1 \tag{8-12}$$

在CB段内，取距原点为x_2的任一横截面，由简便法求指定截面的内力，即得到适用于CB段的弯矩方程：

$$M(x_2) = F_B(l-x_2) = \frac{M_e}{l}(l-x_2) \tag{8-13}$$

（3）画出剪力图和弯矩图。式（8-11）为常量，故剪力图为平行于坐标轴的直线，如图8-10b所示。

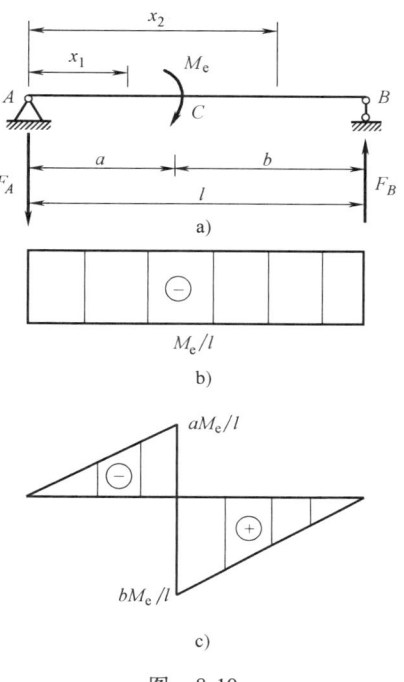

图 8-10

由图可知：**在集中力偶作用处剪力图没有变化。**

式（8-12）和式（8-13）均为 x 的一次函数，故弯矩图为两条斜直线。由 $x_1=0$，$M_0=0$；$x_1=a$，$M_a=-\dfrac{aM_e}{l}$ 和 $x_2=a$，$M_a=\dfrac{bM_e}{l}$；$x=l$，$M_l=0$，可画出弯矩图，如图 8-10c 所示。由图可知，C 截面左侧的弯矩值为 $-\dfrac{aM_e}{l}$，C 截面右侧的弯矩值为 $\dfrac{bM_e}{l}$，弯矩图在 C 处发生突变，且突变值为 $\dfrac{bM_e}{l}+\dfrac{aM_e}{l}=M_e$，即等于集中力偶的值。这种情况是普遍现象，由此可得结论：**在集中力偶作用处弯矩图发生突变，突变值等于该集中力偶的矩。**所以，当谈及集中力偶作用处的弯矩时，必须指明集中力偶的左侧还是右侧截面，因为二者是不同的。

四、弯矩、剪力与荷载集度间的微分关系

在例题 8-3 中，如果将弯矩函数 $M(x)$ 对 x 求导，即得剪力函数 $F_s(x)$；将剪力函数 $F_s(x)$ 对 x 求导，则得均布荷载的集度 q（该例中所得结果为 $-q$，是因为均布荷载向下）。事实上，这些关系在直梁中是普遍存在的。证明如下。

设直梁上作用有任意分布荷载（图 8-11a），其集度

$$q=q(x)$$

是 x 的连续函数，并规定向上为正。取梁的左端点为 x 轴的坐标原点，x 轴向右为正方向，y 轴向上为正。用坐标为 x 和 $x+dx$ 的两横截面截取长为 dx 的梁段（图 8-11b）。设坐标为 x 的横截面上的剪力和弯矩分别为 $F_s(x)$ 和 $M(x)$，该处荷载集度为 $q(x)$，并均设为正值，则在坐标为 $x+dx$ 的横截面上的剪力和弯矩分别为 $F_s(x)+dF_s(x)$ 和 $M(x)+dM(x)$。梁段在以上所有外力作用下处于平衡。由于 dx 很小，可略去荷载集度沿 dx 的变化，于是，由梁段的平衡方程 $\sum F_y=0$ 和 $\sum M_C(F)=0$，得

$$F_s(x)-[F_s(x)+dF_s(x)]+q(x)dx=0$$

$$-M(x)+[M(x)+dM(x)]-F_s(x)dx-q(x)dx\cdot\dfrac{dx}{2}=0$$

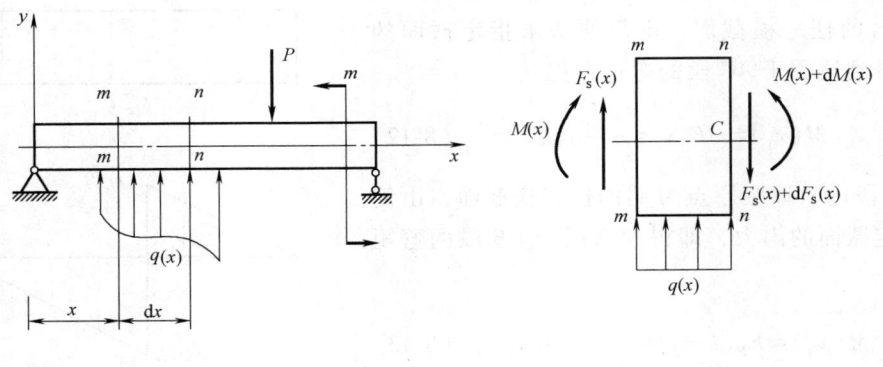

图 8-11

略去第二式中的高阶微量，整理后即得

$$\frac{\mathrm{d}F_\mathrm{s}(x)}{\mathrm{d}x}=q(x) \tag{8-14}$$

$$\frac{\mathrm{d}M(x)}{\mathrm{d}x}=F_\mathrm{s}(x) \tag{8-15}$$

由式（8-14）和式（8-15），可得

$$\frac{\mathrm{d}^2M(x)}{\mathrm{d}x^2}=\frac{\mathrm{d}F_\mathrm{s}(x)}{\mathrm{d}x}=q(x) \tag{8-16}$$

以上三式即为弯矩 $M(x)$、剪力 $F_\mathrm{s}(x)$ 和荷载集度 $q(x)$ 三函数间的微分关系式。式 (8-14) 的几何意义为：剪力图中，曲线上各点的切线斜率等于梁上各相应位置分布荷载的集度。式（8-15）的几何意义为：弯矩图中，曲线上各点的切线斜率等于梁上各相应截面上的剪力。此外，由数学上可知，二阶导数的正负号可用来判定曲线的凹向。

五、剪力图和弯矩图的规律

由上述微分关系及其几何意义，进一步分析剪力图和弯矩图的规律为：

(1) 梁段上无分布荷载作用，即 $q(x)=0$ 时。

由 $\dfrac{\mathrm{d}F_\mathrm{s}(x)}{\mathrm{d}x}=q(x)=0$ 可知，$F_\mathrm{s}(x)=$ 常量，故该段剪力图为平行于杆轴的直线；由 $\dfrac{\mathrm{d}M(x)}{\mathrm{d}x}=F_\mathrm{s}(x)=$ 常量可知，$M(x)$ 为 x 的一次函数，故该段弯矩图为斜直线。

(2) 梁段上有均布荷载作用，即 $q(x)=$ 常数时。

由 $\dfrac{\mathrm{d}F_\mathrm{s}(x)}{\mathrm{d}x}=q(x)=$ 常数可知，$F_\mathrm{s}(x)$ 为 x 的一次函数，故该段剪力图为斜直线；由 $\dfrac{\mathrm{d}M(x)}{\mathrm{d}x}=F_\mathrm{s}(x)$ 及 $F_\mathrm{s}(x)$ 为 x 的一次函数可知，$M(x)$ 为 x 的二次函数，故该段弯矩图为二次曲线。

当某梁段的弯矩图为二次曲线时，还需确定曲线的凹向及是否存在极值，方法如下。

弯矩图的凹向：**M 图曲线的凹向取决于分布荷载的方向或符号**。当分布荷载向下，即符号为负号时，由 $\dfrac{\mathrm{d}^2M(x)}{\mathrm{d}x^2}=q(x)<0$ 和 M 坐标正方向为向下可知，此时 M 图曲线凹向朝上或开口向上；当分布荷载向上，即符号为正号时，由 $\dfrac{\mathrm{d}^2M(x)}{\mathrm{d}x^2}=q(x)>0$ 和 M 坐标正方向为向下可知，此时 M 图曲线凹向朝下或开口向下。

弯矩图的极值：由 $\dfrac{\mathrm{d}M(x)}{\mathrm{d}x}=F_\mathrm{s}(x)=0$ 可知，在 $F_\mathrm{s}(x)=0$ 处，$M(x)$ 有极值。即**剪力等于零的截面上弯矩有极值**。

下面将弯矩、剪力与荷载集度间的关系以及剪力图和弯矩图的一些特征汇总整理为表 8-1，以供画剪力图和弯矩图时使用。

表 8-1 各种荷载作用下剪力图与弯矩图的特征

一段梁上的外力情况	分段	向下的均布荷载 $q<0$	无分布荷载 $q=0$	集中力 P↓C	集中力偶 m C
剪力图的特征	形状	向下倾斜的直线 2 个控制截面	水平直线 1 个控制截面	在 C 处有突变	在 C 处无变化
	控制截面	或	或 或 0	P	C
弯矩图的特征	形状	凹向上的 二次抛物线 2 或 3 个控制截面	一般斜直线 2 或 1 个控制截面	在 C 处有转折	在 C 处有突变
	控制截面	或	或 或 常数	或	m
最大弯矩所在截面可能位置		在 $F_s=0$ 的截面 或梁段边界的截面上	梁段边界的截面上	剪力突变的截面上	弯矩突变的截面上

注：表中各符号"○"表示控制截面的位置；向上的均布荷载、向上的集中力和顺时针转向的集中力偶作用下剪力图和弯矩图的特征，读者可据此表自行给出。

六、画剪力图和弯矩图的简便法

从表 8-1 可见，根据梁上的外力情况，将梁分成若干段（集中力作用处、集中力偶作用处、分布荷载的开始和结束处以及支座截面处需要分段），然后依据梁段上的外力情况即可判断出各梁段的剪力图和弯矩图的形状，进而确定该段控制截面的数目及各控制截面的剪力和弯矩值，最后连线画出梁的剪力图和弯矩图。这样，画剪力图和弯矩图就变成了求几个控制截面的剪力和弯矩值，而不需列剪力方程和弯矩方程，因而非常简便，故此方法称为**画剪力图和弯矩图的简便法**。

下面举例说明简便法在画剪力图和弯矩图中的应用。

例题 8-6 用简便法画图 8-12a 中梁的剪力图和弯矩图。

解：（1）分段。依据梁的分段原则，将梁分为 AB 和 BC 两段。

（2）形状。依据梁段上的外力情况，判断各段内力图的形状。

AB 段：剪力图为斜直线；弯矩图为二次抛

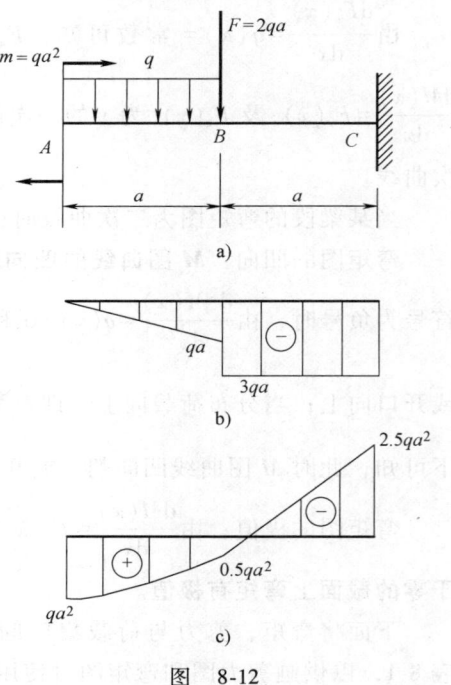

图 8-12

物线。

BC 段：剪力图为平行于杆轴的直线；弯矩图为斜直线。

（3）控制截面、连线。依据内力图的形状，确定各段内力图中的控制截面的数目并求出控制截面的内力值，进而连线逐段画出梁的内力图。

① 剪力图：

AB 段：斜直线，有 2 个控制截面（A 和 B 左侧截面），且 $F_{sA}=0$，$F_{sB_L}=-qa$。

BC 段：平行于杆轴的直线，有 1 个控制截面（B 右侧截面），且 $F_{sB_R}=-qa-F=-3qa$。

剪力图如图 8-12b 所示。

② 弯矩图：

AB 段：二次抛物线且剪力图与坐标轴无交点，故有 2 个控制截面（A 和 B 左侧截面），且 $M_{A_R}=qa^2$，$M_{B_L}=m-qa\cdot 0.5a=0.5qa^2$。

BC 段：斜直线，有 2 个控制截面（B 右侧截面和 C 截面），且 $M_{B_R}=\dfrac{qa^2}{2}$，$M_C=qa^2-qa\cdot 1.5a-2qa\cdot a=-2.5qa^2$。

弯矩图如图 8-12c 所示。

另外，需注意：

（1）**内力图线为连续、封闭的实线**。所谓连续，是指内力图上没有间断点；所谓封闭，是指内力图始于坐标轴左端，终于坐标轴右端；所谓实线，是指内力图线全部为实线，没有虚线，内力值突变处亦为实线。

（2）**先画剪力图，再画弯矩图，并将两者的坐标轴平行画在原图的正下方，且与原图中梁的左右两端对齐**。当剪力图为斜直线时，可以从剪力图中看出与坐标轴有无交点（交点处 $F_s(x)=0$），若无交点，此段内弯矩无极值，弯矩图有 2 个控制截面，也就是求出此段两个端截面的弯矩值，再结合弯矩图的凹向，即可画出弯矩图；若有交点，此段内弯矩有极值，弯矩图有 3 个控制截面，需要求出此段两个端截面和交点所在截面（可根据剪力图的几何关系求出）的弯矩值，再结合弯矩图的凹向，画出弯矩图。

例题 8-7 用简便法画图 8-13a 中梁的剪力图和弯矩图。

解：求出梁的支座约束力 $F_B=qa$，$F_C=5qa$，方向如图 8-13a 所示。

（1）分段。依据梁的分段原则，将梁分为 AB、BC 和 CD 三段。

（2）形状。依据梁段上的外力情况，判断各段内力图的形状。

AB、CD 段：剪力图为平行于杆轴的直线；弯矩图为斜直线。

BC 段：剪力图为斜直线；弯矩图为二次抛物线。

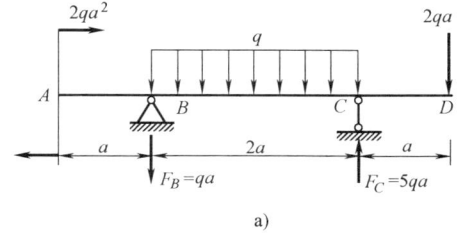
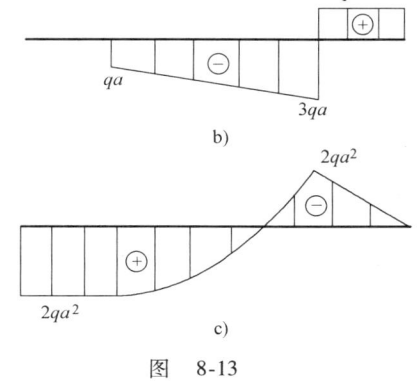

图 8-13

(3) 控制截面、连线。依据内力图的形状，确定各段内力图中的控制截面的数目并求出控制截面的内力值，进而连线逐段画出梁的内力图。

① 剪力图：

AB 段：平行于杆轴的直线，有 1 个控制截面（A 截面），且 $F_{sA}=0$。

BC 段：斜直线，有 2 个控制截面（B 右侧截面和 C 左侧截面），且 $F_{sB_R}=-qa$，$F_{sC_L}=2qa-5qa=-3qa$。

CD 段：平行于杆轴的直线，有 1 个控制截面（C 右侧截面），且 $F_{sC_R}=2qa$。

剪力图如图 8-13b 所示。

② 弯矩图：

AB 段：斜直线，由于 $F_{sA}=0$，弯矩图成为平行于杆轴的直线，故有 1 个控制截面（A 右侧截面），且 $M_{A_R}=2qa^2$。

BC 段：二次抛物线且剪力图与坐标轴无交点，故有 2 个控制截面（B 右侧和 C 左侧截面），且 $M_{B_R}=M_{B_L}=M_{A_R}=2qa^2$，$M_{C_L}=-2qa^2$

CD 段：斜直线，有 2 个控制截面（C 右侧截面和 D 截面），且 $M_{C_R}=M_{C_L}=-2qa^2$，$M_D=0$。

弯矩图如图 8-13c 所示。

例题 8-8 用简便法画图 8-14a 中梁的剪力图和弯矩图。

解：求出梁的支座约束力 $F_A=14.5\mathrm{kN}$，$F_B=3.5\mathrm{kN}$，方向如图 8-14a 所示。

(1) 分段。将梁分为 CA、AD 和 DB 三段。

(2) 形状。

CA、AD 段：剪力图为斜直线；弯矩图为二次抛物线。

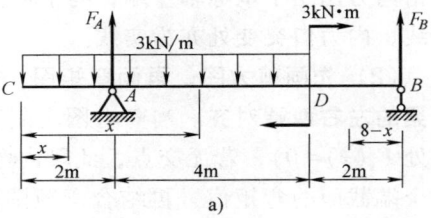

DB 段：剪力图为平行于杆轴的直线；弯矩图为斜直线。

(3) 控制截面、连线。

① 剪力图：

CA 段：斜直线，有 2 个控制截面（C 截面和 A 左侧截面），且 $F_{sC}=0$，$F_{sA_L}=-6\mathrm{kN}$。

AD 段：斜直线，有 2 个控制截面（A 右侧截面和 D 左侧截面），且 $F_{sA_R}=8.5\mathrm{kN}$，$F_{sD_L}=-3.5\mathrm{kN}$。

DB 段：平行于杆轴的直线，有 1 个控制截面（D 右侧截面），且 $F_{sD_R}=F_{sD_L}=-3.5\mathrm{kN}$。

剪力图如图 8-14b 所示。

② 弯矩图：

CA 段：二次抛物线且剪力图与坐标轴无交点，故有 2 个控制截面（C 截面和 A 左侧截面），且 $M_C=0$，$M_{A_L}=(-3\times2\times1)\mathrm{kN}\cdot\mathrm{m}=-6\mathrm{kN}\cdot\mathrm{m}$。

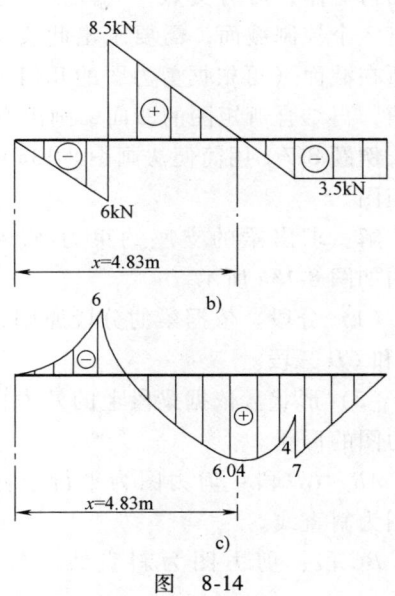

图 8-14

AD 段：二次抛物线且剪力图与坐标轴有交点，故有 3 个控制截面（A 右侧截面、$F_s = 0$ 的截面和 D 左侧截面），且 $M_{A_R} = M_{A_L} = -6 \text{kN} \cdot \text{m}$，$M_{D_L} = (14.5 \times 4 - 3 \times 6 \times 3) \text{kN} \cdot \text{m} = 4 \text{kN} \cdot \text{m}$。如图 8-14b 所示，$F_s = 0$ 的截面位置由 $\dfrac{x-2}{6-x} = \dfrac{8.5}{3.5}$ 得，$x = 4.83 \text{m}$，求出

$$M_{4.83} = \left[14.5 \times (4.83 - 2) - 3 \times 4.83 \times \frac{4.83}{2} \right] \text{kN} \cdot \text{m} = 6.04 \text{kN} \cdot \text{m}$$

DB 段：斜直线，有 2 个控制截面（D 右侧截面和 B 截面），且 $M_{D_R} = (3.5 \times 2) \text{kN} \cdot \text{m} = 7 \text{kN} \cdot \text{m}$，$M_B = 0$。

弯矩图如图 8-14c 所示，弯矩单位 $\text{kN} \cdot \text{m}$。

综合以上三个例题，将简便法画内力图的步骤总结如下：

（1）**分段**。根据梁上的外力情况，利用梁的分段原则将梁分段。

（2）**形状**。根据各梁段的外力情况，判断各段内力图的形状。

（3）**控制截面、连线**。根据各段内力图的形状，确定控制截面的数目并计算各控制截面的内力值，进而连线逐段画出梁的内力图。

此方法远比分段列剪力方程和弯矩方程的方法简便、快速，故应熟练掌握。

第三节 梁的正应力和切应力

上一节详细讨论了梁横截面上的内力计算及内力图的绘制，但仅知道梁的内力，还无法进行梁的强度计算。本节进一步研究梁的横截面上的应力，找出应力的分布规律，推导出应力的计算公式，从而解决梁的强度计算问题。

在一般情况下，梁的横截面上有两种内力——剪力和弯矩。由截面上分布内力系的合成关系可知，只有与切应力有关的切向内力元素 $dF_s = \tau dA$ 才能合成剪力（见图 8-15a）；只有与正应力有关的法向内力元素 $dF_N = \sigma dA$ 才能合成弯矩（见图 8-15b），所以，**梁的横截面上一般既有正应力，又有切应力**。

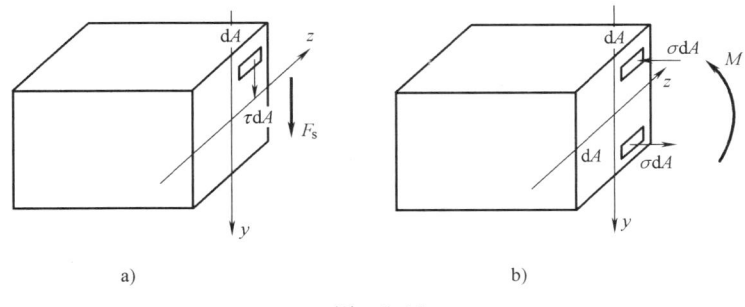

图 8-15

一、梁的正应力

直梁横截面上的内力，一般既有弯矩又有剪力，这种弯曲称为**横力弯曲**。但在某些情况下，梁的某一区段内甚至整个梁内，横截面上可能只有弯矩而无剪力，我们把这种梁段和这种梁的弯曲称为**纯弯曲**。

图 8-16a 所示为一矩形截面简支梁。在给定荷载作用下，图 8-16b、c 分别为梁的剪力图和弯矩图。梁的 AC、DB 段上，不仅有弯矩，还有剪力，此两个梁段发生横力弯曲。梁的 CD 段上，各截面的弯矩为一常数，剪力为零，此梁段发生纯弯曲。下面将推导纯弯曲时梁的正应力计算公式。

1. 实验观察与分析

梁弯曲时，正应力在横截面上的分布规律不能直接观察到，因此需要研究梁的变形情况。通过对变形的观察和分析，找出变形的规律，在此基础上进一步找出应力的分布规律。

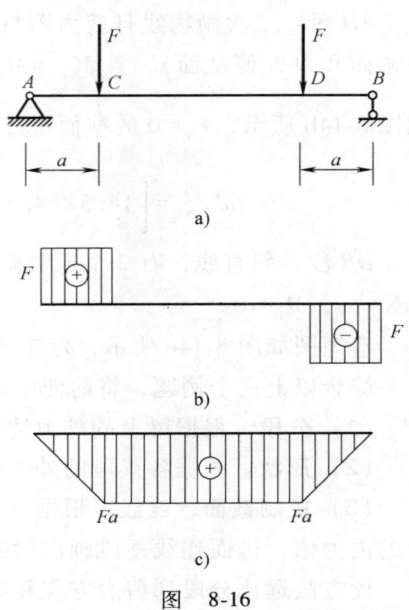

图 8-16

为便于观察，用矩形截面橡胶梁进行实验。实验前，在梁的侧面画上一系列与轴线平行的纵向线和与纵向线垂直的横向线，如图 8-17a 所示。然后在梁的纵向对称面内对称地施加两个集中力 F，如图 8-17b 所示。梁变形后，可观察到下列现象：

(1) 变形前互相平行的纵向直线，变形后都变成曲线，且靠上部的缩短，靠下部的伸长。

(2) 变形前垂直于纵向线的横向线，变形后仍为直线，且仍与纵向曲线正交，但相对转过一个角度。

根据上述实验现象，可做如下分析：

根据现象 (2)，梁横截面周边的所有横向线仍保持为直线，且与纵向曲线垂直，于是可以推断，变形后梁的横截面仍为垂直于

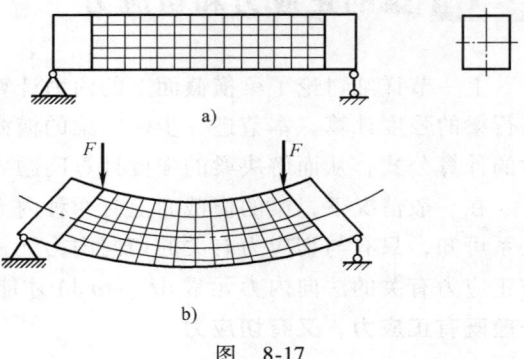

图 8-17

轴线的平面，此推断称为平面假设。它是建立梁横截面上的正应力计算公式的基础。

根据现象 (1)，若设想梁由无数纵向纤维所组成，由于靠上部纤维缩短，靠下部纤维伸长，则由变形的连续性可知，中间必有一层纤维既不伸长也不缩短，称此层为**中性层**。中性层与横截面的交线称为**中性轴**，如图 8-18 所示。各横截面绕中性轴发生微小转动。

若假设各纵向纤维间无相互挤压，则各纵向纤维只产生单向拉伸或压缩。

2. 正应力公式推导

公式的推导思路是：先从几何方面，由纯弯曲的变形规律找到纵向线应变 ε 的变化规律；然后由物理方面的胡克定律 $\sigma = E\varepsilon$，把纵向线应变 ε 与正应力 σ 联系起来，最后由静力平衡条件把应力 σ 与内力 M 联系起来，从而推导出正应力的计算公式。

(1) **几何方面** 从纯弯曲梁段内截取长为 dx 的一段，弯曲变形前、后的梁段分别表示于图 8-19a、b

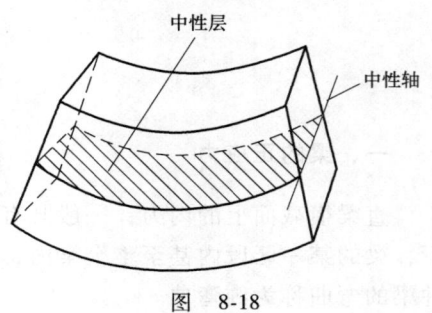

图 8-18

中。以梁横截面的对称轴为 y 轴，且向下为正（图 8-19c）。以中性轴为 z 轴，在中性轴位置未确定之前，x 轴只能暂时认为是通过原点的横截面的法线。OO 为中性层，变形后成为 $O'O'$，其曲率半径为 ρ。变形前相距为 $\mathrm{d}x$ 的两个横截面，变形后的相对转角为 $\mathrm{d}\theta$。距中性层为 y 处的纵向线 bb，变形后成为弧线 $b'b'$。则纵向线 bb 的伸长量为

$(\rho+y)\mathrm{d}\theta - \mathrm{d}x = (\rho+y)\mathrm{d}\theta - \rho\mathrm{d}\theta = y\mathrm{d}\theta$

故纵向线 bb 的线应变为

$$\varepsilon = \frac{y\mathrm{d}\theta}{\mathrm{d}x} = \frac{y\mathrm{d}\theta}{\rho\mathrm{d}\theta} = \frac{y}{\rho} \qquad (a)$$

可见，纵向纤维的应变与它到中性层的距离成正比。

（2）物理方面 前面已经假设纵向纤维只产生单向拉伸或压缩，所以，当正应力不超过比例极限时，由胡克定律可得

$$\sigma = E\varepsilon = E\frac{y}{\rho} \qquad (b)$$

对于指定的横截面，E/ρ 是常数。所以式（b）表明，横截面上任一点的正应力与该点到中性轴的距离成正比，即沿截面高度，正应力按直线规律变化，如图 8-20 所示。中性轴上各点处的正应力等于零，距中性轴最远的上、下边缘处的正应力最大。

（3）静力学方面 式（b）虽然给出了正应力的计算公式，但还算不出各点的正应力数值，因为中性轴的位置目前未知，因而 y 值无法确定；另外，曲率 $1/\rho$ 也未知。下面将通过研究横截面上分布内力与总内力的关系来解决这两个问题。

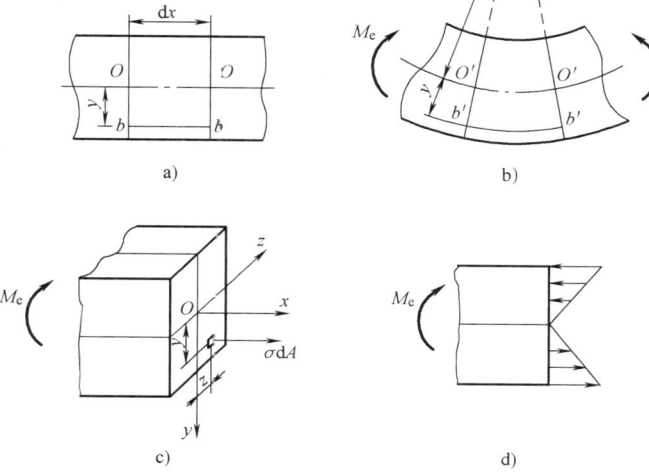

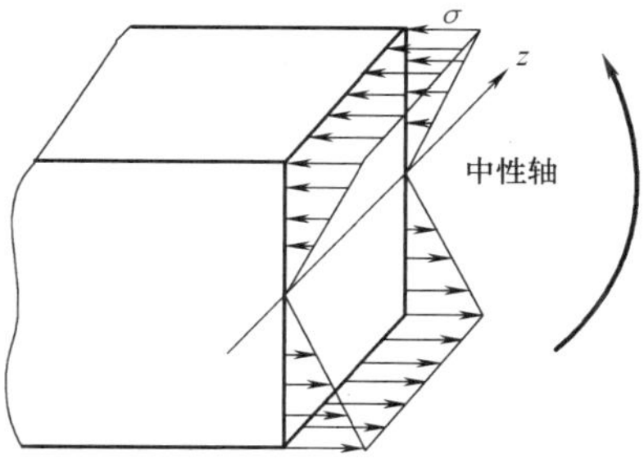

图 8-19

图 8-20

横截面上的微内力 $\sigma\mathrm{d}A$ 组成垂直于横截面的空间平行力系（图 8-19c），可简化为下列内力分量：

$$F_N = \int_A \sigma\mathrm{d}A$$

$$M_z = \int_A y\sigma\mathrm{d}A$$

此时，横截面上轴力为零，绕 z 轴的力矩为横截面上的弯矩，即

$$F_N = \int_A \sigma\mathrm{d}A = 0 \qquad (c)$$

$$M_z = \int_A y\sigma\mathrm{d}A = M \qquad (d)$$

先讨论中性轴的位置。将式（b）代入式（c），得

$$\int_A \sigma \mathrm{d}A = \int_A E \frac{y}{\rho} \mathrm{d}A = \frac{E}{\rho} \int_A y \mathrm{d}A = 0$$

因 $\frac{E}{\rho} \neq 0$，所以

$$\int_A y \mathrm{d}A = S_z = 0$$

即横截面对 z 轴的静矩为零，亦即 z 轴（中性轴）通过截面形心。这就完全确定了 z 轴的位置。中性轴通过截面形心又包含在中性层内，所以梁截面的形心连线（轴线）也在中性层内，变形后其长度不变。

再讨论曲率 $1/\rho$ 的确定。将式（b）代入式（d），得

$$\int_A y \sigma \mathrm{d}A = \int_A y E \frac{y}{\rho} \mathrm{d}A = \frac{E}{\rho} \int_A y^2 \mathrm{d}A = M$$

式中，$\int_A y^2 \mathrm{d}A = I_z$ 为横截面对中性轴的惯性矩，整理后可得曲率的计算公式

$$\frac{1}{\rho} = \frac{M}{EI_z} \tag{8-17}$$

上式表明，EI_z 越大，则曲率 $1/\rho$ 越小，故 EI_z 称为梁的弯曲刚度。

将式（8-17）代入式（b），得

$$\sigma = \frac{M}{I_z} y \tag{8-18}$$

这就是纯弯曲时，梁横截面上任一点的正应力计算公式。式中，M 为横截面上的弯矩；I_z 为横截面对中性轴的惯性矩；y 为欲求应力的点在横截面对称轴 y 轴上的坐标。

当弯矩为正时，梁下部纤维伸长，故产生拉应力，上部纤维缩短，故产生压应力；弯矩为负时，则与上相反。在用式（8-18）计算正应力时，可不考虑式中 M 和 y 的正负号，均以绝对值代入，正应力是拉应力还是压应力可由观察梁的变形来判断。

这里需要说明的是：

（1）式（8-18）虽然是由矩形截面梁导出的，但也适用于所有横截面形状对称于 y 轴的梁，如工字形、T 字形、圆形截面梁等。

（2）式（8-18）是根据纯弯曲的情况导出的，而实际工程中的梁，大多受横向力作用，横截面上剪力和弯矩同时存在。但进一步的研究表明，对一般细长的梁，剪力的存在对正应力分布规律的影响很小。因此，对非纯弯曲的情况，式（8-18）也是适用的。

例题 8-9 求图 8-21a 所示 T 形截面梁横截面上的最大拉应力 $\sigma_{\mathrm{t,max}}$ 及最大压应力 $\sigma_{\mathrm{c,max}}$。梁的横截面尺寸及形心 C 的位置如图 8-21b 所示，且已知 $M_e = 3\mathrm{kN} \cdot \mathrm{m}$，$I_y = 90.7 \times 10^{-8} \mathrm{m}^4$，$I_z = 290.6 \times 10^{-8} \mathrm{m}^4$。

解：外力矩 M_e 作用在梁的竖直纵向对称面内，故弯曲必发生在这个平面内。这时，中性轴为水平的形心轴 z，计算弯曲正应力时，惯性矩应取 I_z。

横截面上的弯矩 $M = M_e$；横截面上最大拉应力在上边缘处，$y = 35\mathrm{mm}$；横截面上最大压

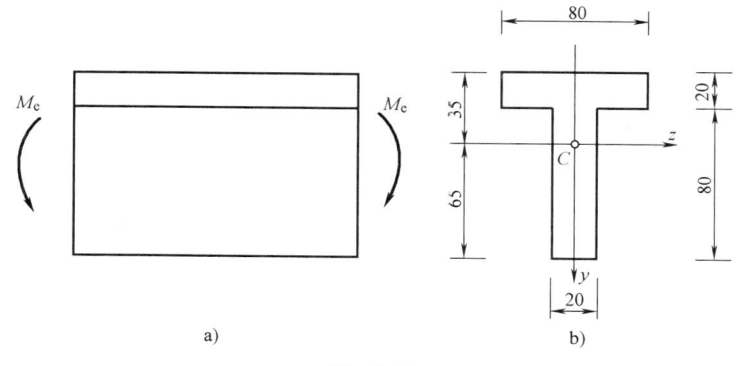

图 8-21

应力在下边缘处，$y = 65\text{mm}$。故

$$\sigma_{t,\max} = \frac{M_e \cdot y_{t,\max}}{I_z} = \frac{3 \times 10^3 \times 35 \times 10^{-3}}{290.6 \times 10^{-8}}\text{Pa} = 36.1\text{MPa}$$

$$\sigma_{c,\max} = \frac{M_e \cdot y_{c,\max}}{I_z} = \frac{3 \times 10^3 \times 65 \times 10^{-3}}{290.6 \times 10^{-8}}\text{Pa} = 67.1\text{MPa}$$

二、梁的切应力

横力弯曲时，直梁横截面上的内力，既有弯矩又有剪力，所以横截面上既有正应力，又有切应力。下面将推导矩形截面梁的切应力计算公式，并讨论工字形截面、T 字形截面等的切应力。矩形截面梁切应力计算公式的推导是在讨论正应力的基础上，并采用了下列两条假设的前提下进行的。

（1）截面上各点切应力的方向都平行于截面上的剪力 F_s。

（2）切应力沿截面宽度均匀分布，即距中性轴等距离各点处的切应力相等。

由弹性力学进一步的研究可知，以上两条假设，对于高度大于宽度的矩形截面足够准确。

这两条假设使切应力的研究大为简化，仅通过静力平衡条件，即可推导出切应力的计算公式。

图 8-22a 所示一矩形截面梁受任意横向荷载作用。横截面高度为 h、宽度为 b。在梁上任取一横截面 m—m，现研究该横截面上距中性轴为 y 的水平线处的切应力。由以上假设可知，该水平线上各点的切应力大小相等，方向都平行于 y 轴。

1. 矩形截面梁

（1）推导公式的思路。

① 假想地用横截面 m—m 和 n—n 从梁中截取 dx 一段（图 8-22b）。两横截面上均有剪力和弯矩，剪力产生切应力，弯矩产生正应力（图 8-22c）。两横截面上的弯矩不等，所以两横截面上到中性轴距离相等的点（用 y 表示）其正应力也不等。

② 假想地用纵截面 AA_1B_1B 从梁段 dx 上截出体积元素 mB_1（图 8-23）。

③ 体积元素 mB_1 在两端面 mA_1 和 nB_1 上两个法向内力不等（图 8-23），即 $F_{N1}^* \neq F_{N2}^*$。

④ 在纵截面 AB_1 上必有沿 x 方向的切向内力 dF_s。此面上也就有切应力 τ'。因为微元段

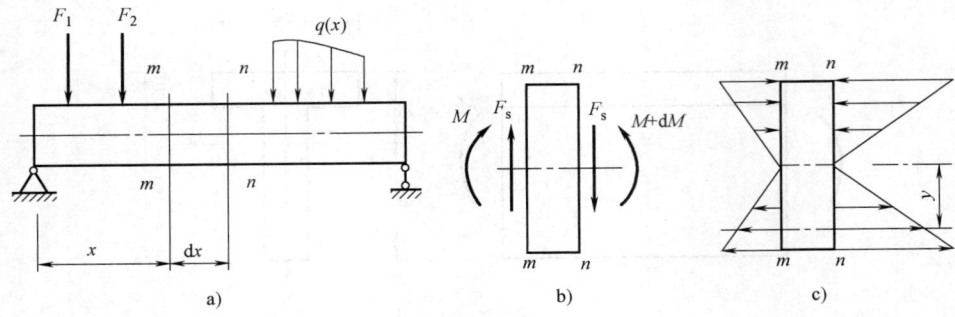

图 8-22

dx 的长度很小，所以假设切应力在 AB_1 面上均匀分布。AB_1 面的 AA_1 线各点处有切应力，且各点的切应力相等。根据切应力互等定理，在横截面的横线 AA_1 上也应有切应力 τ，且横截面的横线 AA_1 上各点的切应力相等（图 8-23）。

（2）推导切应力的计算公式，具体步骤为：

① 分别求出横截面 mA_1 和 nB_1 上正应力的合力 F_{N1}^* 和 F_{N2}^*（图 8-24）。

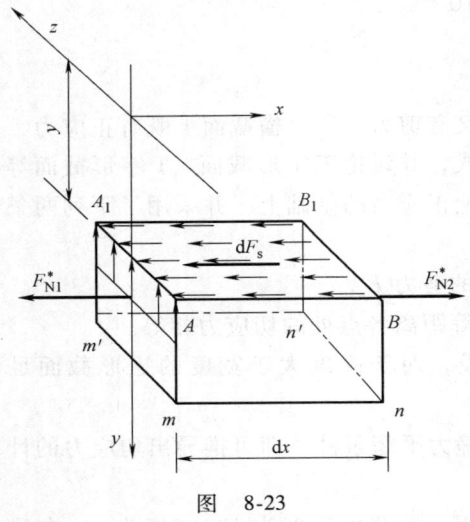

图 8-23

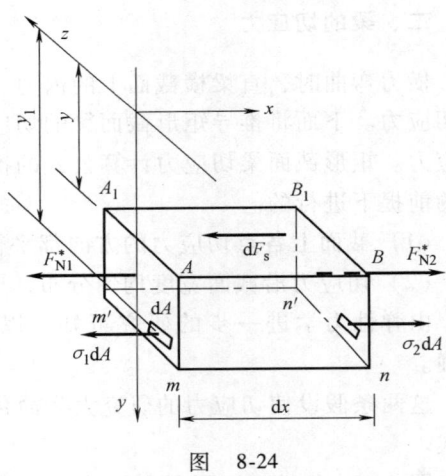

图 8-24

假设横截面 $m—m$ 和 $n—n$ 上的弯矩分别为 M 和 $M+dM$（图 8-22b）。两截面上距中性轴 y_1 处的正应力分别为 σ_1 和 σ_2。

用 A^* 记作 mA_1 的面积，则

$$F_{N1}^* = \int_{A^*} \sigma_1 dA = \int_{A^*} \frac{My_1}{I_z} dA = \frac{M}{I_z} \int_{A^*} y_1 dA = \frac{M}{I_z} S_z^*$$

式中，S_z^* 是面积 A^* 对中性轴 z 的静矩。同理

$$F_{N2}^* = \int_{A^*} \sigma_2 dA = = \frac{M+dM}{I_z} S_z^*$$

② 由静力平衡方程求 dF_s（图 8-24）。

$$\sum F_x = 0, \quad F_{N2}^* - F_{N1}^* - dF_s = 0$$

得
$$dF_s = F_{N2}^* - F_{N1}^* = \frac{dM}{I_z} S_z^*$$

③ 求纵截面 AB_1 上的切应力 τ'（图 8-23）。
$$\tau' = \frac{dF_s}{b \cdot dx} = \frac{dM}{dx} \cdot \frac{S_z^*}{I_z \cdot b} = \frac{F_s S_z^*}{I_z b}$$

④ 求横截面上距中性轴为任意 y 的点处的切应力 τ 的计算公式（图 8-23）。
$$\tau = \frac{F_s S_z^*}{I_z b} \tag{8-19}$$

上式为矩形截面梁对称弯曲时横截面上任一点处的切应力计算公式。式中，F_s 为横截面上的剪力；I_z 为横截面对中性轴的惯性矩；b 为截面的宽度；S_z^* 为面积 A^* 对中性轴 z 的静矩；A^* 为过欲求应力点的水平线到截面边缘间的面积。

剪力 F_s 和静矩 S_z^* 均为代数量，但在利用式（8-19）计算切应力时，二者均以绝对值代入，切应力的符号与剪力的符号一致。

（3）讨论切应力沿截面高度的分布规律。由式（8-19）可知，同一截面上，F_s、I_z 和 b 为常量，所以，切应力沿截面高度的变化由静矩 S_z^* 与 y 之间的关系确定（图 8-25）：
$$S_z^* = \int_{A^*} y_1 dA = \int_y^{h/2} y_1 \cdot b \cdot dy_1 = \frac{b}{2}\left(\frac{h^2}{4} - y^2\right)$$
$$\tau = \frac{F_s}{2I_z}\left(\frac{h^2}{4} - y^2\right) \tag{8-20}$$

可见，切应力沿截面高度按抛物线规律变化（图 8-26）。由式（8-20）可知：

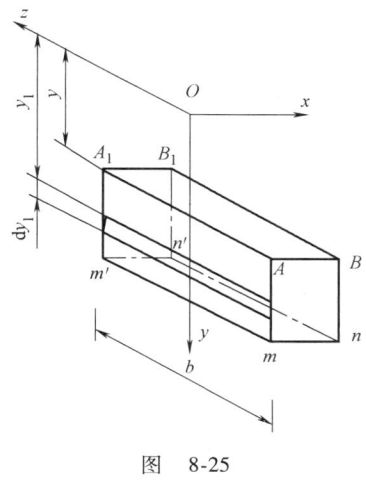

图 8-25

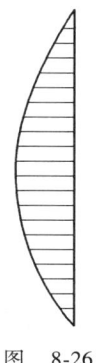

图 8-26

① $y = \pm\dfrac{h}{2}$（即在横截面上距中性轴最远）处，切应力等于零；

② $y = 0$（即在中性轴上各点）处，切应力达到最大值，且
$$\tau_{max} = \frac{F_s \cdot h^2}{8I_z} = \frac{12 F_s \cdot h^2}{8bh^3} = \frac{3F_s}{2bh} = \frac{3F_s}{2A}$$

即矩形截面上的最大切应力为截面上平均切应力的 1.5 倍。

例题 8-10 如图 8-27 所示矩形截面简支梁，已知 $l = 2\text{m}$，$h = 200\text{mm}$，$b = 120\text{mm}$，$y_1 = 60\text{mm}$，$F = 20\text{kN}$。试求 m—m 截面上 K 点的切应力。

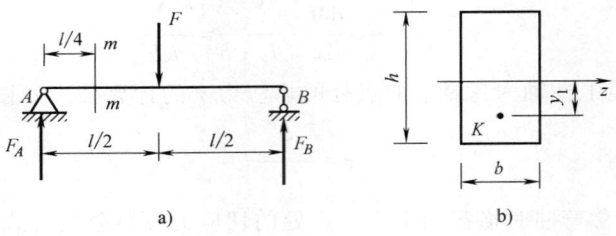

图 8-27

解：由 AB 梁的平衡，求得 $F_A = F_B = \dfrac{F}{2} = 10\text{kN}$

则 m—m 截面上的剪力为 $F_s = F_A = 10\text{kN}$

$$\tau_K = \frac{F_s}{2I_z}\left(\frac{h^2}{4} - y^2\right) = \frac{10 \times 10^3 \times 12}{2 \times 0.12 \times 0.2^3}\left(\frac{0.2^2}{4} - 0.06^2\right)\text{Pa} = 0.4\text{MPa}$$

2. 工字形截面梁

工字形截面由上、下翼缘及中间腹板组成，如图 8-28a 所示，腹板和翼缘上都有切应力，这里只讨论腹板上的切应力。

腹板也是矩形且高度大于宽度，所以，推导矩形截面梁切应力的公式也适用于腹板，其公式的形式与矩形截面相同。即

$$\tau = \frac{F_s S_z^*}{I_z d} \tag{8-21}$$

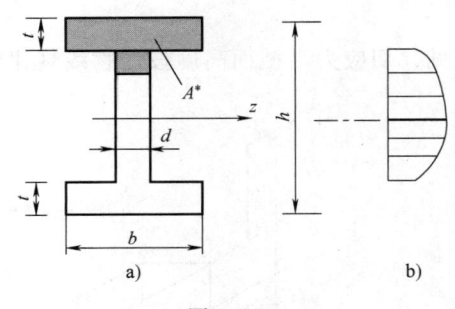

图 8-28

式中，F_s 为横截面上的剪力；I_z 为工字形截面对中性轴的惯性矩；d 为腹板的厚度；S_z^* 为面积 A^* 对中性轴 z 的静矩；A^* 为过欲求应力点的水平线到截面边缘间的面积（图 8-28a）。

切应力沿腹板高度的分布规律如图 8-28b 所示，仍是按抛物线规律分布，最大切应力仍发生在中性轴上，且最大切应力和最小切应力相差不大。因此，当腹板的厚度很小时，可近似认为腹板上的切应力均匀分布。

3. T 字形截面梁

如图 8-29a 所示，T 字形截面可视为由两个矩形组成，竖向的狭长矩形与工字形截面的腹板相似，该部分上的切应力仍用式 (8-21) 计算。式中，F_s 为横截面上的剪力；I_z 为 T 字形截面对中性轴的惯性矩；d 为竖向的狭长矩形的宽度；S_z^* 为面积 A^* 对中性轴 z

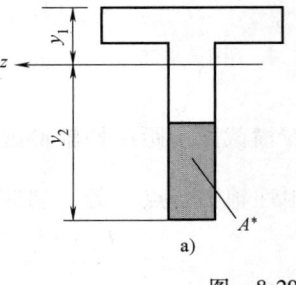
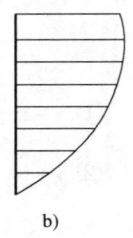

图 8-29

的静矩；A^* 为过欲求应力点的水平线到截面边缘间的面积（图 8-29a）。

切应力沿腹板高度的分布规律如图 8-29b 所示，仍是按抛物线规律分布，最大切应力仍发生在中性轴上。

4. 圆形及环形截面梁

圆形与薄壁环形截面的最大竖向切应力也都发生在中性轴上，并沿中性轴均匀分布，其值为

圆形截面
$$\tau_{max} = \frac{4}{3} \cdot \frac{F_s}{A_1}$$

薄壁环形截面
$$\tau_{max} = 2 \cdot \frac{F_s}{A_2}$$

上面两式中，F_s 为横截面上的剪力；A_1 为圆形截面的面积；A_2 为薄壁圆环截面的面积。

第四节 梁的强度条件·提高梁强度的措施

对于横力弯曲下的等直梁，其横截面上一般既有正应力又有切应力。梁上最大正应力发生在弯矩最大的横截面上距中性轴最远的各点处；而梁上最大的切应力发生在剪力最大的横截面上中性轴上的各点处。为了保证梁能安全地工作，必须使梁内的最大应力不超过材料的许用应力，因此，对上述两种应力应分别建立相应的强度条件。

一、正应力强度条件

等直梁内最大正应力发生在弯矩最大的横截面上距中性轴最远的各点处。在工程设计中，首先要求梁的横截面上的最大弯曲正应力不超过材料的许用正应力。即正应力强度条件为：$\sigma_{max} \leq [\sigma]$。

（1）如图 8-30a 所示，当中性轴为横截面的对称轴时，最大和最小正应力的绝对值相等（或最大拉应力和最大压应力的数值相等）。

$$\sigma_{max} = \sigma_{t,max} = \sigma_{c,max} = \frac{M_{max}}{I_z} y_{max} = \frac{M_{max}}{I_z} y_{t,max} = \frac{M_{max}}{I_z} y_{c,max} = \frac{M_{max}}{W_z}$$

强度条件为

$$\sigma_{max} = \frac{M_{max}}{W_z} \leq [\sigma] \quad (8-22)$$

（2）如图 8-30b 所示，当中性轴不为横截面的对称轴时，最大和最小正应力的绝对值不等（或最大拉应力和最大压应力的数值不等）。

$$\sigma_{t,max} = \frac{M_{max} y_{t,max}}{I_z}$$

$$\sigma_{c,max} = \frac{M_{max} y_{c,max}}{I_z}$$

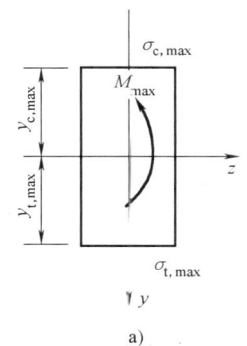
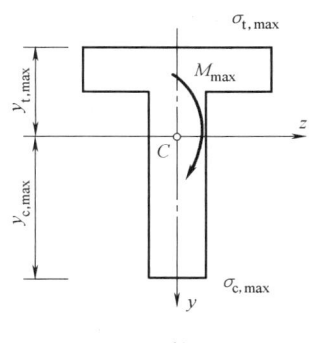

图 8-30

强度条件为

$$\sigma_{t,\max} \leq [\sigma_t] \tag{8-23}$$

$$\sigma_{c,\max} \leq [\sigma_c] \tag{8-24}$$

利用强度条件，可以解决三种类型的强度计算问题。以式（8-22）为例：

(1) 强度校核。已知梁的截面形状、尺寸、材料和所受的荷载（即已知 W_z、$[\sigma]$、$M_{\max}$），可由式（8-22）来计算 $\sigma_{\max}$，并校核是否满足 $\sigma_{\max} = \dfrac{M_{\max}}{W_z} \leq [\sigma]$。

(2) 设计截面。已知梁的材料和所受的荷载（即已知 $[\sigma]$ 和 $M_{\max}$），由式（8-22）可得 $W_z \geq \dfrac{M_{\max}}{[\sigma]}$，进而依据截面形状，确定截面尺寸。

(3) 确定许可荷载。已知梁的材料、截面形状和尺寸（即已知 $[\sigma]$ 和 W_z），由式（8-22）可得 $M_{\max} \leq W_z \cdot [\sigma]$，进而依据 $M_{\max}$ 与荷载的关系，确定所受荷载的最大值，即许可荷载。

二、切应力强度条件

等直梁内最大切应力发生在剪力最大的横截面上中性轴上的各点处。在工程设计中，要求梁的横截面上的最大弯曲切应力不超过材料的许用切应力，即切应力强度条件为

$$\tau_{\max} = \dfrac{F_{s,\max} S_{z,\max}^*}{I_z b} \leq [\tau] \tag{8-25}$$

在进行梁的强度计算时，必须同时满足正应力强度条件和切应力强度条件。但细长梁的控制因素通常是弯曲正应力。此时，满足正应力强度条件的梁一般都能满足切应力强度条件。因此，在设计梁的截面时，通常是先按正应力强度条件设计截面尺寸，然后进行切应力强度校核。在下述情况下，梁的切应力强度条件也可能起控制作用。例如：(1) 梁的跨度很小，或在支座附近有较大的集中荷载，以致梁的弯矩较小，剪力很大；(2) 铆接或焊接的工字梁的腹板，如果其较薄而截面高度颇大，以致宽度与高度的比值小于型钢的相应比值；(3) 经焊接、铆接或胶合而成的梁的焊缝、铆钉或胶合面。

下面举例说明正应力强度条件和切应力强度条件的应用。

例题 8-11 T 字形截面的铸铁梁受力如图 8-31a 所示，$F_1 = 9\text{kN}$，$F_2 = 4\text{kN}$，铸铁的 $[\sigma_t] = 30\text{MPa}$，$[\sigma_c] = 60\text{MPa}$。其截面（图 8-31b）形心位于 C 点，$y_1 = 52\text{mm}$，$y_2 = 88\text{mm}$，$I_z = 763\text{cm}^4$，试校核此梁的强度。

解：(1) 画弯矩图，如图 8-31c 所示，并求危险截面内力：

$$M_B = -4\text{kN} \cdot \text{m} \quad \text{（上拉、下压）}$$

$$M_C = 2.5\text{kN} \cdot \text{m} \quad \text{（下拉、上压）}$$

(2) 确定最大正应力，校核强度。

B 截面——（上拉下压）

$$\sigma_{Bt} = \dfrac{|M_B| y_1}{I_z} = \dfrac{4 \times 10^3 \times 52 \times 10^{-3}}{763 \times 10^{-8}} \text{Pa} = 27.3 \text{MPa}$$

$$\sigma_{Bc} = \frac{|M_B|y_2}{I_z} = \frac{4\times10^3\times88\times10^{-3}}{763\times10^{-8}}\text{Pa} = 46.1\text{MPa}$$

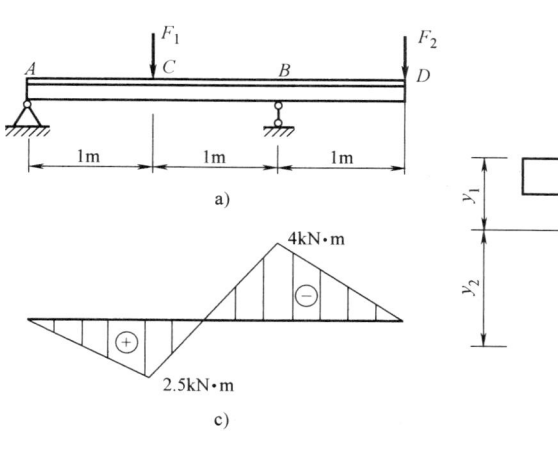

图 8-31

C 截面——（下拉上压）

$$\sigma_{Ct} = \frac{M_C y_2}{I_z} = \frac{2.5\times10^3\times88\times10^{-3}}{763\times10^{-8}}\text{Pa} = 28.8\text{MPa}$$

$$\sigma_{Cc} = \frac{M_C y_1}{I_z} = \frac{2.5\times10^3\times52\times10^{-3}}{763\times10^{-8}}\text{Pa} = 17\text{MPa} < \sigma_{Bc}$$

可得

$$\sigma_{t,\max} = 28.8\text{MPa} < [\sigma_t] = 30\text{MPa}$$

$$\sigma_{c,\max} = 46.1\text{MPa} < [\sigma_c] = 60\text{MPa}$$

（3）结论：该梁满足强度条件。

例题 8-12 图 8-32a 所示梁为工字形截面，已知 $[\sigma]=170\text{MPa}$，$[\tau]=100\text{MPa}$，试选择工字形梁的型号。

解：（1）作内力图，如图 8-32b、c 所示。

（2）按正应力确定截面型号：

$$W_z \geq \frac{M_{\max}}{[\sigma]} = \frac{158.4\times10^3}{170\times10^6}\text{m}^3 = 930\times10^3\text{mm}^3$$

查表选 36c 型号，$I_z = 17300\text{cm}^4$；$d = 14\text{mm}$；$I_z/S_z^* = 29.9\text{cm}$。

（3）切应力校核

$$\tau_{\max} = \frac{F_{s,\max}S_z^*}{I_z d} = \frac{F_{s,\max}}{(I_z/S_z^*)d}$$

$$= \frac{112.5\times10^3}{29.9\times10^{-2}\times14\times10^{-3}}\text{Pa}$$

$$= 27\text{MPa} < [\tau]$$

（4）结论：选 36c 型号。

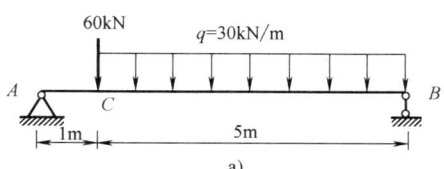

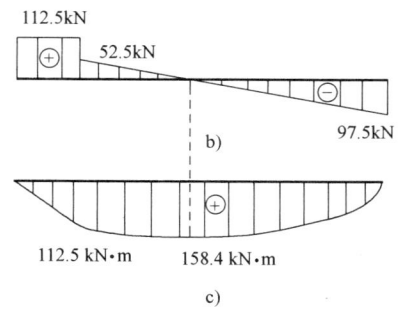

图 8-32

三、提高梁强度的措施

前面曾讨论过,梁的弯曲强度主要由正应力强度条件控制,因此 $\sigma_{max} = \dfrac{M_{max}}{W_z} \leq [\sigma]$ 就成为设计梁的主要依据。由此来看,要提高梁的弯曲强度,应从两方面考虑:

(1) 改善梁的受力状况,以降低 M_{max} 的值;
(2) 采用合理的截面形状,以提高 W_z 的值。

下面分两个方面讨论。

1. 改善梁的受力状况

(1) **合理安排梁的受力**　如果将梁上的荷载尽量分散,可以降低梁内的最大弯矩值,提高梁的弯曲强度。如图 8-33a 所示,集中力作用在梁的中点时,$M_{max} = Fl/4$;如果将集中力减半,对称作用在离左右支座各 $l/4$ 处,则 $M_{max} = Fl/8$,只是原来的一半,危险截面为两集中力作用点间的梁段上任一截面,如图 8-33b 所示;再如果将集中力分散成满跨的均布荷载,则 $M_{max} = Fl/8$,而危险截面只是跨中点处的一个截面,如图 8-33c 所示。

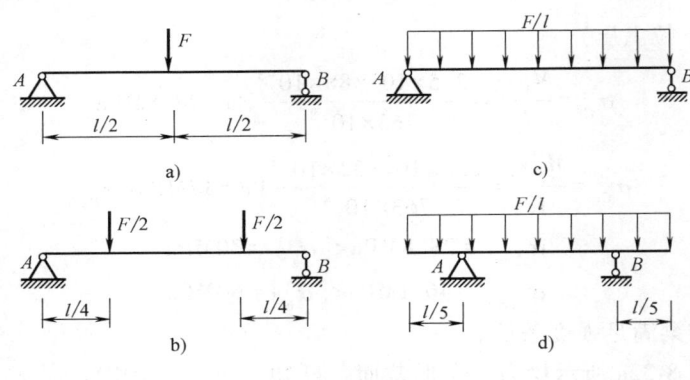

图　8-33

(2) **合理安排梁的支座**　如果将图 8-33c 中的两端支座对称往里移 $0.2l$,如图 8-33d 所示,$M_{max} = Fl/40$,只是前者的 $1/5$,即通过合理安排支座,荷载可提高至原来的 5 倍。

2. 采用合理的截面形状

(1) **在面积相等的情况下,选择弯曲截面系数大的截面**　梁的截面形状的合理性,可以从以下两个角度来分析:

① 截面的面积分布角度。因为截面面积相等的前提下,弯曲截面系数与截面的高度和面积分布有关。截面的高度越大,面积分布的离中性轴越远,弯曲截面系数越大,所以,截面的高度越大,面积分布的离中性轴越远,截面形状越合理。

② 正应力的分布角度。由弯曲正应力的分布规律可知,中性轴附近的点的正应力很小,材料没有充分发挥作用,所以,要使材料充分发挥作用,就要减少中性轴附近的面积,而使更多的面积分布在离中性轴较远处。

工程中常用的空心板和薄腹梁,其孔洞都是开在中性轴附近,这就减少了不能充分发挥作用的材料,而达到较好的经济效果。

(2) **根据材料特性选择截面形状**　对于低碳钢类抗拉、压能力基本相同的材料,最好使用中性轴是对称轴的截面，如圆形、矩形、上下翼缘相同的工字形等，以使最大拉、压应力相等，且都等于许用正应力；对于铸铁类抗拉、压能力不同的材料，最好使用 T 字形类中性轴不是对称轴的截面，并使中性轴偏于抗变形能力弱的一方（图 8-34），即：若抗拉能力弱，而梁的危险截面处又下侧受拉，则令中性轴靠近下端，且 y_1 和 y_2 接近下列关系：

$$\frac{\sigma_{t,max}}{\sigma_{c,max}} = \frac{M_{max}y_2}{I_z} \bigg/ \frac{M_{max}y_1}{I_z} = \frac{y_2}{y_1} = \frac{[\sigma_t]}{[\sigma_c]}$$

（3）变截面梁 一般情况下，梁内不同截面的弯矩不同。等直梁是按最大弯矩截面上的最大正应力不超过材料的许用正应力来设计的，因此，除了最大弯矩截面外，其他截面上的最大正应力都小于材料的许用正应力。要想更好地发挥材料的作用，应该在弯矩较大的截面处采用较大截面，在弯矩较小的截面处采用较小截面。这种截面沿梁轴变化的梁称为变截面梁。

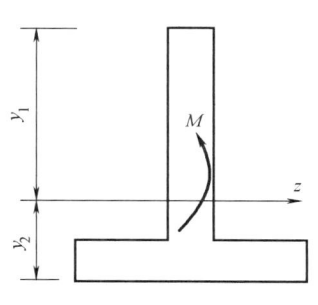
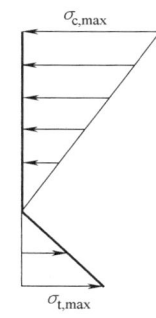

图 8-34

最理想的变截面梁，是使梁的各截面的最大正应力同时达到材料的许用正应力，由

$$\sigma_{max} = \frac{M(x)}{W_z(x)} = [\sigma]$$

得

$$W_z(x) = \frac{M(x)}{[\sigma]} \tag{8-26}$$

式中，$M(x)$ 为任一横截面上的弯矩；$W_z(x)$ 为该截面的弯曲截面系数。按式（8-26）设计的梁，称为等强度梁。

考虑到加工的方便和结构上的要求，实际中常将构件设计成近似等强度的变截面梁。如图 8-35 所示，上下增添盖板的钢板梁、鱼腹式吊车梁和阳台或雨篷等的悬臂梁都是变截面梁的例子。

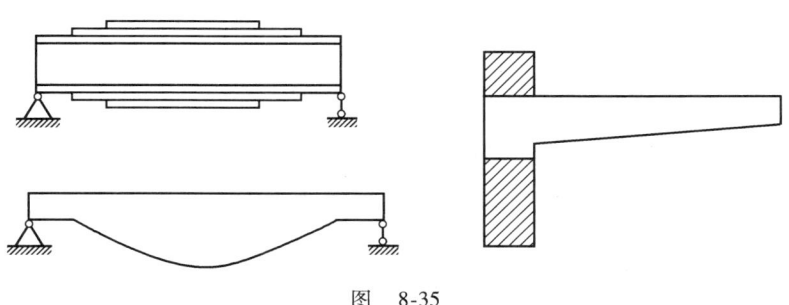

图 8-35

第五节 梁的位移

本章第四节讨论了梁的强度计算。为了保证梁能正常工作，除需满足强度条件外，还要

满足刚度条件。

以图 8-36 中的齿轮传动为例，变形带来的弊端有：轮齿不均匀磨损，噪声增大，产生振动；加速轴承磨损，降低使用寿命；若变形过大，会使传动失效。所以要限制轴的变形。

而在图 8-37 中的继电器中的簧片，当变形足够大时，可以有效接通电路；当变形不够大时，不能有效接通电路。所以要利用簧片的变形。

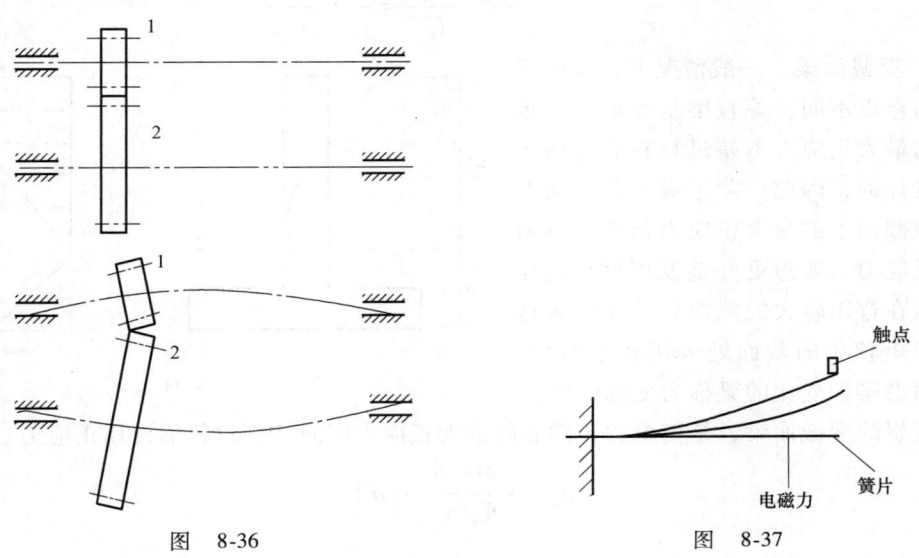

图 8-36   图 8-37

进行梁的弯曲变形计算的主要目的，一是对梁做刚度校核，二是解超静定梁。

一、挠度和转角

本节研究微小、弹性变形情况下，静定梁的位移计算。

以图 8-38 所示悬臂梁为例，研究等直梁在对称弯曲时的位移。

取梁变形前的轴线为 x 轴，横截面的铅垂对称轴为 w 轴，则 xw 平面为梁的纵向对称面。梁的自由端有一在梁的纵向对称面内的集中力 F 作用，梁弯曲后，轴线变成一条纵向对称面内的光滑的平面曲线，称此曲线为梁的**挠曲线**。

梁变形时，其上各横截面的位置都发生移动，称为位移。度量梁变形后横截面位移的两个基本量是挠度和转角。

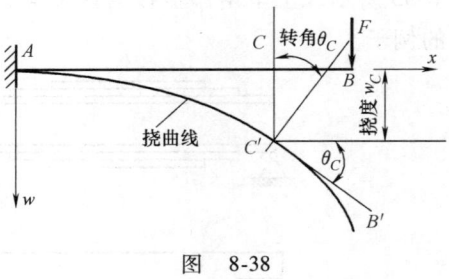

图 8-38

挠曲线上横坐标为 x 的任意点的纵坐标，用 w 表示，它代表坐标为 x 的横截面的形心沿 w 轴（垂直于杆轴线）方向的线位移，称为该截面的**挠度**。这样，挠曲线的方程为

$$w = f_1(x) \tag{8-27}$$

横截面对其原来位置的角位移 θ，称为该截面的**转角**。因梁变形后的轴线是一条光滑的连续曲线，且横截面仍与曲线保持垂直，故横截面的转角 θ 也就是曲线在该点处的切线与 x 轴之间的夹角。

在小变形情况下，转角

$$\theta \approx \tan\theta = w' = f_1'(x) \tag{8-28}$$

即挠曲线上任一点处的切线斜率为该点处横截面的转角，式（8-28）称为转角方程。

由上可见，只要求出梁的挠曲线方程，就可得到其上任一横截面的挠度和转角。在图 8-38 所示的坐标系中，向下的挠度为正，顺时针的转角为正。图中 C 截面的挠度 w_C 和转角 θ_C 均为正。

二、梁的挠曲线近似微分方程

本章第三节中，我们已经求得梁在线弹性范围内纯弯曲时的曲率表达式

$$\frac{1}{\rho} = \frac{M}{EI}$$

横力弯曲时，梁的横截面上除了弯矩外，还有剪力。而工程上常用的梁，其跨长通常远大于截面的高度，剪力对梁的变形的影响很小，可略去不计，故上式仍适用。但横力弯曲时，弯矩和曲率都随截面位置而变化，为 x 的函数，故上式可写为

$$\frac{1}{\rho(x)} = \frac{M(x)}{EI} \tag{8-29}$$

在数学中，平面曲线上任一点的曲率公式为

$$\frac{1}{\rho(x)} = \pm\frac{w''}{(1+w'^2)^{3/2}} \tag{8-30}$$

将式（8-30）代入式（8-29），得

$$\pm\frac{w''}{(1+w'^2)^{3/2}} = \frac{M(x)}{EI} \tag{8-31}$$

由于梁的变形微小，挠曲线很平坦，w' 远小于 1，而 w'^2 与 1 相比是高阶小量，因此式（8-31）分母中的 w'^2 项可略去不计，近似写为

$$\pm w'' = \frac{M(x)}{EI} \tag{8-32}$$

式（8-32）中的正负号取决于对 $M(x)$ 和 w'' 所做的符号规定。图 8-39 所示的坐标系中，曲线凹向下时，弯矩 M 为负，而 w'' 为正；曲线凹向上时，弯矩 M 为正，而 w'' 为负。即弯矩 M 与 w'' 符号相反，故式（8-32）中的符号取负，得

$$w'' = -\frac{M(x)}{EI} \tag{8-33}$$

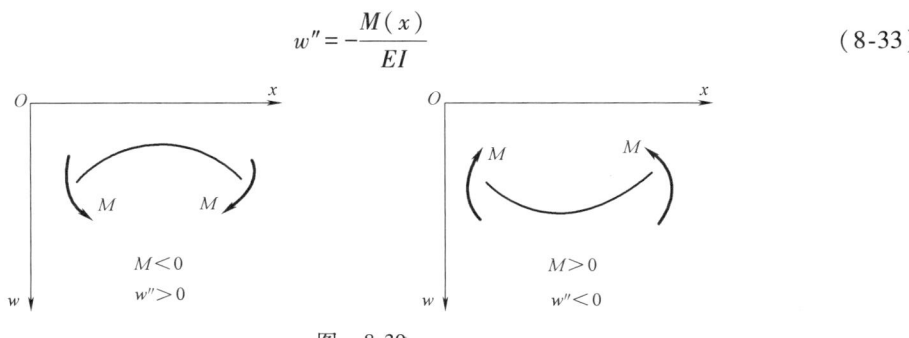

图 8-39

上式由于略去了剪力的影响,并略去了 w'^2,故称为梁的**挠曲线近似微分方程**。求解这一微分方程,即可得出挠曲线方程,从而求得挠度和转角。

三、积分法计算梁的位移

在计算梁的位移时,可直接对挠曲线近似微分方程进行积分,积分一次得转角方程,积分两次得挠曲线方程,此法称为**积分法**。

对等截面直梁来说,其弯曲刚度 EI 为一常量,式(8-33)可写成

$$EIw'' = -M(x)$$

对上式积分一次得转角方程

$$EI\theta = EIw' = -\int M(x)\,dx + C \tag{8-34}$$

再积分一次,得挠曲线方程

$$EIw = -\int \left[\int M(x)\,dx\right] dx + Cx + D \tag{8-35}$$

上两式中,C、D 为积分常数,其值可通过梁挠曲线上的变形条件(如边界条件和变形连续条件)来确定。

(1)边界条件 在图 8-40a 中,简支梁的左右两铰支座处的挠度 w_A 和 w_B 都应等于零。在图 8-40b 中,悬臂梁的固定端处的挠度 w_A 和转角 θ_A 都应等于零。

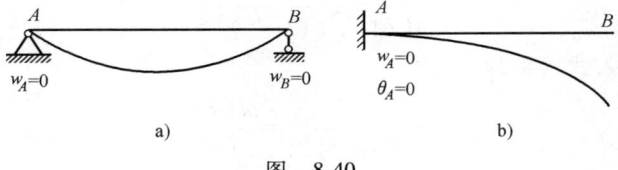

图 8-40

(2)变形连续条件 由于挠曲线是一条连续的光滑曲线,所以在挠曲线的任一点上,有唯一的挠度和转角。在图 8-41a 中,简支梁 AB 上的 C 截面处的连续条件为 $w_{C左} = w_{C右}$,$\theta_{C左} = \theta_{C右}$。在图 8-41b 中,折杆 AB 和直杆 BC 的铰结点 B 处的连续条件为 $w_{B左} = w_{B右}$。所以,同一梁的连续截面左右两侧挠度、转角相等;不同梁的铰接截面左右两侧挠度相等。

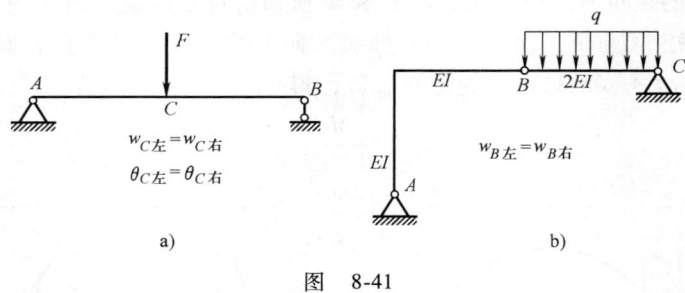

图 8-41

积分常数 C、D 确定后,利用式(8-34)和式(8-35)可得出梁的转角方程和挠曲线方程,从而求得任一截面的转角和挠度。

例题 8-13 如图 8-42 所示,等截面简支梁 AB 承受均布荷载的作用,梁的弯曲刚度为 EI,求梁的最大挠度和 B 截面的转角。

解：（1）建立挠曲线近似微分方程。取坐标系如图 8-42 所示，梁的弯矩方程为

$$M(x) = \frac{ql}{2}x - \frac{1}{2}qx^2$$

则梁的挠曲线近似微分方程为

$$EIw'' = -M(x) = \frac{1}{2}qx^2 - \frac{ql}{2}x$$

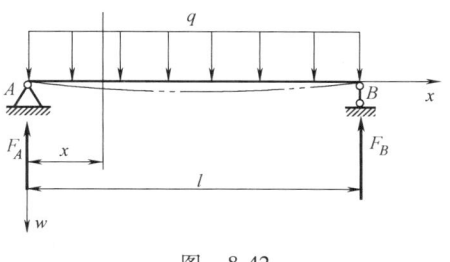

图 8-42

（2）对微分方程进行积分。积分一次，得

$$EIw' = EI\theta = \frac{1}{6}qx^3 - \frac{1}{4}qlx^2 + C \qquad (a)$$

再积分一次，得

$$EIw = \frac{qx^4}{24} - \frac{qlx^3}{12} + Cx + D \qquad (b)$$

（3）利用边界条件确定积分常数。在铰支座处，挠度应等于零，即

$$x = 0, \quad w_A = 0$$
$$x = l, \quad w_B = 0$$

将上述边界条件分别代入式（b），得

$$C = \frac{1}{24}ql^3, \quad D = 0$$

（4）得出转角方程和挠曲线方程。将所得积分常数 C、D 的值代入式（a）和式（b），得梁的转角方程和挠曲线方程分别为

$$\theta = w' = \frac{q}{24EI}(4x^3 - 6lx^2 + l^3) \qquad (c)$$

$$w = \frac{q}{24EI}(x^4 - 2lx^3 + l^3x) \qquad (d)$$

（5）求梁的最大挠度和指定截面的转角。由于梁和梁上的荷载都是对称的，所以最大挠度发生在跨中，将 $x = l/2$ 代入式（d）得最大挠度值为

$$w_{\max} = w\bigg|_{x=\frac{l}{2}} = \frac{5ql^4}{384EI}$$

将 $x = l$ 代入式（c）得 B 截面的转角为

$$\theta_B = \theta\bigg|_{x=l} = \frac{ql^3}{24EI}$$

挠度 $w_{\max}$ 为正，表明挠度是向下的，即 $x = l/2$ 的截面形心向下移动；转角 θ_B 为负，表明截面 B 是逆时针方向转动。

例题 8-14 如图 8-43 所示，等截面简支梁受集中荷载 F 作用，梁的弯曲刚度为 EI，求 C 截面的挠度和 A 截面的转角。

解：（1）建立挠曲线近似微分方程。该题与上

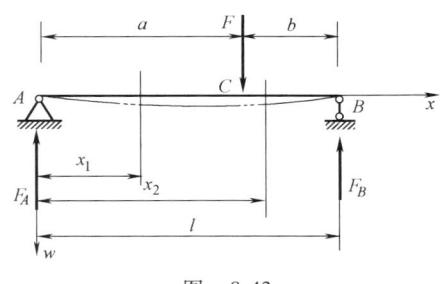

图 8-43

一题不同,梁上有一集中力作用,弯矩不能用一个函数表达式表示,所以,在计算位移时,也要分段列出挠曲线近似微分方程,并分段积分。

先求出梁的两个支座约束力

$$F_A = F\frac{b}{l}, \quad F_B = F\frac{a}{l}$$

取坐标系如图 8-43 所示,AC 段与 CB 段的弯矩方程分别为

$$M(x_1) = \frac{Fb}{l}x_1 \quad (0 \leq x_1 \leq a)$$

$$M(x_2) = \frac{Fb}{l}x_2 - F(x_2 - a) \quad (a \leq x_2 \leq l)$$

两段的挠曲线近似微分方程为

$$EIw_1'' = -M(x_1) = -F\frac{b}{l}x_1$$

$$EIw_2'' = -M(x_2) = -F\frac{b}{l}x_2 + F(x_2 - a)$$

(2)对微分方程进行积分。AC 段,积分一次,得

$$EIw_1' = -F\frac{b}{l} \cdot \frac{x_1^2}{2} + C_1 \tag{a}$$

再积分一次,得

$$EIw_1 = -F\frac{b}{l} \cdot \frac{x_1^3}{6} + C_1 x_1 + C_2 \tag{b}$$

CB 段,积分一次,得

$$EIw_2' = -F\frac{b}{l} \cdot \frac{x_2^2}{2} + \frac{F(x_2 - a)^2}{2} + D_1 \tag{c}$$

再积分一次,得

$$EIw_2 = -F\frac{b}{l} \cdot \frac{x_2^3}{6} + \frac{F(x_2 - a)^3}{6} + D_1 x_2 + D_2 \tag{d}$$

(3)利用边界条件和变形连续条件确定积分常数。

边界条件:在铰支座处,挠度应等于零,即

$$x_1 = 0, \quad w_1 = 0$$
$$x_2 = l, \quad w_2 = 0$$

变形连续条件:

$$x_1 = x_2 = a, \quad w_1' = w_2'$$
$$x_1 = x_2 = a, \quad w_1 = w_2$$

将上述边界条件和变形连续条件代入式(a)~式(d),得

$$C_2 = D_2 = 0$$

$$C_1 = D_1 = \frac{Fb}{6l}(l^2 - b^2)$$

(4)得出转角方程和挠曲线方程。将所得积分常数 C_1、C_2、D_1 和 D_2 的值代入式(a)~

式（d），得梁的 AC 段与 CB 段的转角方程和挠曲线方程分别为

AC 段　　　　　　$\theta_1 = w_1' = \dfrac{Fb}{2lEI}\left[\dfrac{1}{3}(l^2-b^2)-x_1^2\right]$　　　$(0 \leqslant x_1 \leqslant a)$　　　　（e）

$$w_1 = \dfrac{Fbx_1}{6lEI}(l^2-b^2-x_1^2)　　(0 \leqslant x_1 \leqslant a)　　　（f）$$

CB 段　　　　　　$\theta_2 = w_2' = \dfrac{Fb}{2lEI}\left[\dfrac{l}{b}(x_2-a)^2-x_2^2+\dfrac{1}{3}(l^2-b^2)\right]$　　　$(a \leqslant x_2 \leqslant l)$　　　（g）

$$w_2 = \dfrac{Fb}{6lEI}\left[\dfrac{l}{b}(x_2-a)^3-x_2^3+(l^2-b^2)x_2\right]　　(a \leqslant x_1 \leqslant l)　　　（h）$$

（5）求指定截面的转角和挠度值。将 $x_1 = a$ 代入式（f）[或将 $x_2 = a$ 代入式（h）]，求得 C 截面的挠度为

$$w_C = \dfrac{Fab}{6EIl}(l^2-b^2-a^2)$$

将 $x_1 = 0$ 代入式（e），求得 A 截面的转角为

$$\theta_A = \dfrac{Fb}{6EIl}(l^2-b^2)$$

通过以上几个例题可以看出，用积分法计算位移时，若梁上的弯矩可以用一个函数式表达，在积分过程中出现的积分常数，一般是利用梁的边界条件来确定；若梁上的弯矩不能用一个统一的函数式表达，则需要分段列出弯矩方程，当需要分 n 段时，就会出现 $2n$ 个积分常数，此时，也一定有 $2n$ 个边界条件和变形连续条件，以用来确定各积分常数。

积分法是求梁的位移的基本方法，虽然梁的分段较多时，计算比较繁琐，但该法在理论上很重要。

为了实用上的方便，表 8-2 给出了几种常用梁在简单荷载作用下的转角和挠度计算公式及挠曲线方程。

表 8-2　几种常用梁在简单荷载作用下的转角和挠度计算公式及挠曲线方程

序号	支承和荷载情况	梁端转角	最大挠度	挠曲线方程式
①		$\theta_B = \dfrac{Fl^2}{2EI}$	$w_{\max} = \dfrac{Fl^3}{3EI}$	$w = \dfrac{Fx^2}{6EI}(3l-x)$
②		$\theta_B = \dfrac{Fa^2}{2EI}$	$w_{\max} = \dfrac{Fa^2}{6EI}(3l-a)$	$w = \dfrac{Fx^2}{6EI}(3a-x), 0 \leqslant x \leqslant a$ $w = \dfrac{Fa^2}{6EI}(3x-a), a \leqslant x \leqslant l$
③		$\theta_B = \dfrac{ql^3}{6EI}$	$w_{\max} = \dfrac{ql^4}{8EI}$	$w = \dfrac{qx^2}{24EI}(x^2+6l^2-4lx)$

(续)

序号	支承和荷载情况	梁端转角	最大挠度	挠曲线方程式
④	悬臂梁，自由端作用力偶 M，长度 l	$\theta_B = \dfrac{Ml}{EI}$	$w_{max} = \dfrac{Ml^2}{2EI}$	$w = \dfrac{Mx^2}{2EI}$
⑤	简支梁，跨中集中力 F，跨长 l	$\theta_A = -\theta_B = \dfrac{Fl^2}{16EI}$	$w_{max} = \dfrac{Fl^3}{48EI}$	$w = \dfrac{Fx}{48EI}(3l^2 - 4x^2)$, $0 \leq x \leq \dfrac{l}{2}$
⑥	简支梁，B端力偶 M	$\theta_A = \dfrac{Ml}{6EI}$ $\theta_B = -\dfrac{Ml}{3EI}$	在 $x = \dfrac{l}{\sqrt{3}}$ 处， $w_{max} = \dfrac{Ml^2}{9\sqrt{3}EI}$	$w = \dfrac{Mx}{6lEI}(l^2 - x^2)$
⑦	简支梁，集中力 F 偏置	$\theta_A = \dfrac{Fab(l+b)}{6lEI}$ $\theta_B = -\dfrac{Fab(l+a)}{6lEI}$	在 $x = \sqrt{\dfrac{l^2 - b^2}{3}}$ 处， $w_{max} = \dfrac{Fb}{9\sqrt{3}\,lEI} \times (l^2 - b^2)^{3/2}$	$w = \dfrac{Fbx}{6lEI}(l^2 - x^2 - b^2)$, $0 \leq x \leq a$ $w = \dfrac{Fb}{6lEI}\left[(l^2-b^2)x - x^3 + \dfrac{l}{b}\times(x-a)^2\right]$ $a \leq x \leq l$
⑧	简支梁，均布荷载 q	$\theta_A = -\theta_B = \dfrac{ql^3}{24EI}$	$w_{max} = \dfrac{5ql^4}{384EI}$	$w = \dfrac{qx}{24EI}(l^3 - 2lx^2 + x^3)$

四、叠加法计算梁的位移

在实际工程中，梁上可能同时作用有几种（或几个）荷载，若用积分法计算梁的位移，计算工作量很大。而且往往只需求出梁上指定截面的位移，此时常用叠加法。

叠加法是先求出每种（或每个）荷载单独作用下产生的位移，然后再将这些位移代数相加，即为全部荷载共同作用下的位移。由于梁在各种简单荷载作用下的位移可查表 8-2 得到，因而用叠加法计算位移比较方便。只有梁的变形微小，材料处于线弹性阶段，才可以应用叠加法。

例题 8-15 如图 8-44a 所示简支梁，承受均布荷载 q 和集中力 F 作用，梁的弯曲刚度为 EI。用叠加法求跨中挠度及 A 截面的转角。

解： 均布荷载 q 和集中力 F 单独作用下的情况分别如图 8-44b、c 所示。

由表 8-2 查得，均布荷载 q 单独作用下

$$w_{C1} = \dfrac{5ql^4}{384EI}, \quad \theta_{A1} = \dfrac{ql^3}{24EI}$$

集中力 F 单独作用下

$$w_{C2} = \dfrac{Fl^3}{48EI}, \quad \theta_{A2} = \dfrac{Fl^2}{16EI}$$

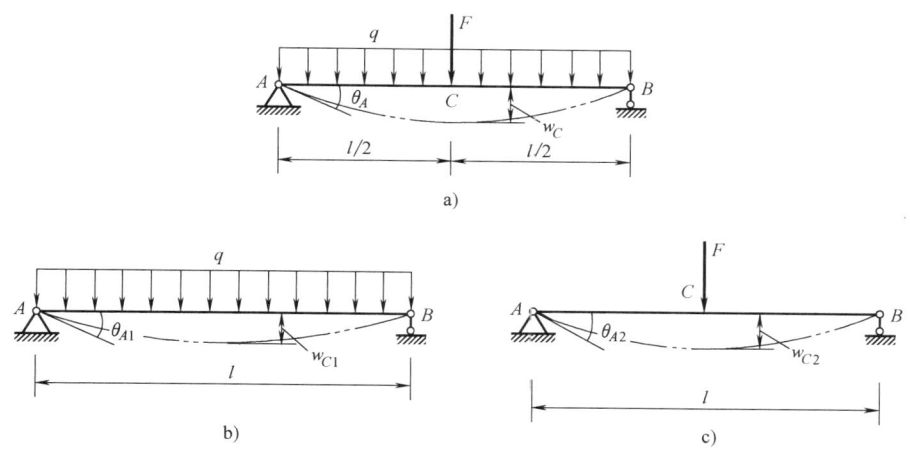

图 8-44

由叠加法求得

$$w_C = w_{C1} + w_{C2} = \frac{5ql^4}{384EI} + \frac{Fl^3}{48EI}$$

$$\theta_A = \theta_{A1} + \theta_{A2} = \frac{ql^3}{24EI} + \frac{Fl^2}{16EI}$$

第六节 梁的刚度条件·提高梁刚度的措施

一、梁的刚度校核

如果梁的位移过大,就会影响其正常使用。所以工程中设计梁时,除需满足强度要求外,往往还需满足刚度要求。在土建工程中,大多只校核挠度,例如楼板梁的挠度过大会使下面的抹灰层开裂和剥落。在机械工程中,一般对挠度和转角都有限制,例如,机床主轴的挠度过大会影响加工精度;传动轴在支座处的转角过大会使轴承发生严重磨损等。

对梁而言,校核挠度时,通常用许用挠度与跨长的比值 $\left[\dfrac{w}{l}\right]$ 作为标准;校核转角时,一般用许用转角 $[\theta]$ 作为标准,故梁的刚度条件为

$$\frac{w_{\max}}{l} \leqslant \left[\frac{w}{l}\right]$$

$$\theta_{\max} \leqslant [\theta]$$

应当指出,一般情况下,土建工程中的梁,强度条件常起控制作用,由强度条件设计的梁,大多能满足刚度要求。因此,在设计梁时,一般先由强度条件设计截面,之后再校核刚度。但当对构件的位移限制很严,或按强度要求所选用的构件截面过于单薄时,刚度条件也可能起控制作用。

例题 8-16 图 8-45 所示悬臂梁,在自由端承受集中力 $F = 5\text{kN}$ 的作用,梁采用 28a 号工字钢,其弹性模量 $E = 2.1 \times 10^5 \text{MPa}$。已知 $l = 4\text{m}$,$\left[\dfrac{w}{l}\right] = \dfrac{1}{500}$,试校核梁的刚度。

解：（1）查型钢表得梁的惯性矩

$$I_z = 7114.14 \text{cm}^4$$

（2）查表 8-2 得梁的最大挠度

$$w_{\max} = \frac{Fl^3}{3EI_z} = \frac{5\times10^3 \times 4^3}{3\times2.1\times10^{11}\times7114.14\times10^{-8}} \text{m} = 7.14\times10^{-3} \text{m}$$

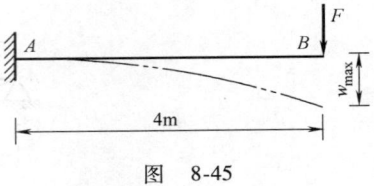

图 8-45

（3）刚度校核

$$\frac{w_{\max}}{l} = \frac{7.14\times10^{-3}}{4} = 0.0018 < \frac{1}{500} = 0.002$$

故该梁满足刚度要求。

二、提高梁刚度的措施

以图 8-44a 所示简支梁受均布荷载作用时的跨中挠度 $w_{C1} = \dfrac{5ql^4}{384EI}$ 和端支座处转角 $\theta_{A1} = \dfrac{ql^3}{24EI}$ 为例，来讨论提高梁的刚度的措施。由上面计算挠度和转角的两式可知，梁的位移不仅和梁的支承与荷载有关，还和弯曲刚度成反比，和跨长的 n 次幂成正比。因此，为了提高梁的刚度，可以采取以下措施：

（1）**提高梁的弯曲刚度** 虽然弹性模量 E 和梁的位移成反比，但是同类材料的 E 值相差不大，所以从材料方面，通过选取高强度材料来提高刚度的意义不大。而在不增加材料的前提下，采用惯性矩比较大的截面，不仅在强度方面是合理的，在刚度方面也是合理的。所以，工程上常采用工字形、槽形、箱形等面积分布离中性轴较远的截面。

（2）**减小梁的跨度** 由于梁的位移与跨长的 n 次幂成正比，所以，减小跨度将能显著提高梁的刚度。

（3）**改善梁的受力和支座位置** 对于同一简支梁，若将跨中点承受的集中荷载改为均布荷载，则最大挠度便为前者的 62.5%；承受均布荷载的简支梁，若将其两端的支座各向内移动跨长的 1/4，则最大挠度仅为前者的 8.75%。

（4）**增加支座** 简支梁在跨中增加一个支座或悬臂梁在自由端增加一个支座，将使梁的位移显著减小。但采取这种措施后，原来的静定梁就变成了超静定梁。关于超静定梁的解法将在第十三章介绍。

8-1 试求题 8-1 图所示各梁中指定截面的剪力和弯矩，图中各 F、M_e、q、a 等均为已知。

答案：a）$F_{s1}=0$，$M_1=\dfrac{3}{2}qa^2$；$F_{s2}=-qa$，$M_2=qa^2$。

b）$F_{s1}=-\dfrac{1}{2}qa$，$M_1=0$；$F_{s2}=-\dfrac{1}{2}qa$，$M_2=-\dfrac{1}{2}qa^2$。

c）$F_{s1}=0$，$M_1=qa^2$；$F_{s2}=0$，$M_2=qa^2$；$F_{s3}=-qa$，$M_3=0$。

d）$F_{s1}=-2qa$，$M_1=-2qa^2$；$F_{s2}=-2qa$，$M_2=-2qa^2$；$F_{s3}=-2qa$，$M_3=-4qa^2$。

e）$F_{s1}=-2F$，$M_1=-Fa$；$F_{s2}=F$，$M_2=-Fa$；$F_{s3}=F$，$M_3=0$。

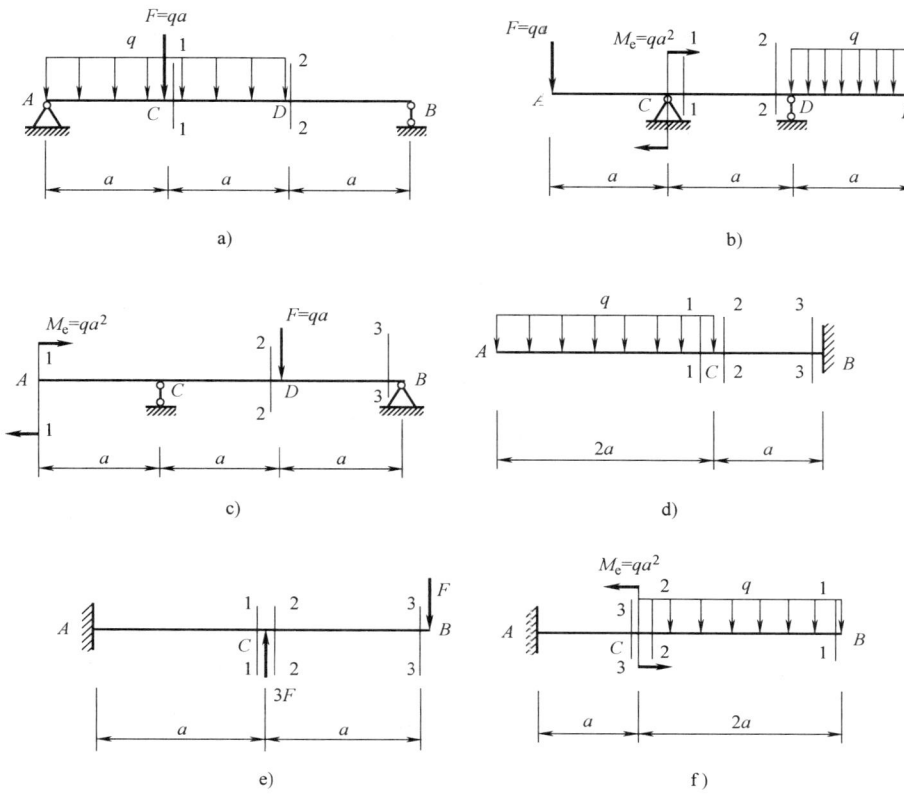

题 8-1 图

f) $F_{s1}=0$, $M_1=0$; $F_{s2}=2qa$, $M_2=-2qa^2$; $F_{s3}=2qa$, $M_3=-qa^2$。

8-2 已知题 8-2 图所示各梁的荷载 M_e、F、q 和尺寸 l。(1) 试列出各梁的剪力方程和弯矩方程;(2) 试作各梁的剪力图和弯矩图,并指出最大内力的值及其发生的位置。

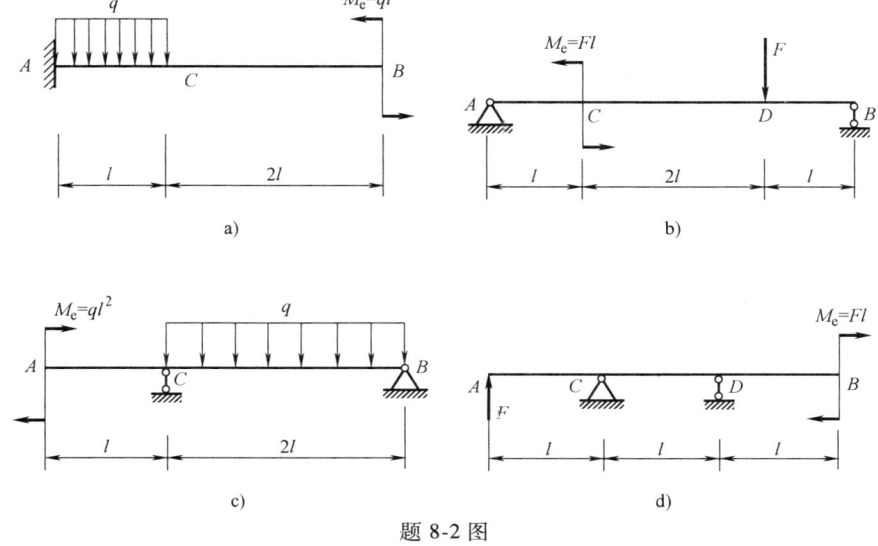

题 8-2 图

答案：

	最大正剪力	最大负剪力	最大正弯矩	最大负弯矩
a)		ql		ql^2
b)	$0.5F$	$0.5F$	$0.5Fl$	$0.5Fl$
c)	$0.5ql$	$1.5ql$	$1.125ql^2$	
d)	F	$2F$	Fl	Fl

8-3 已知题 8-3 图所示各梁的荷载 M_e、F、q 和尺寸 l。试根据弯矩、剪力和荷载集度之间的导数关系作各梁的剪力图和弯矩图。

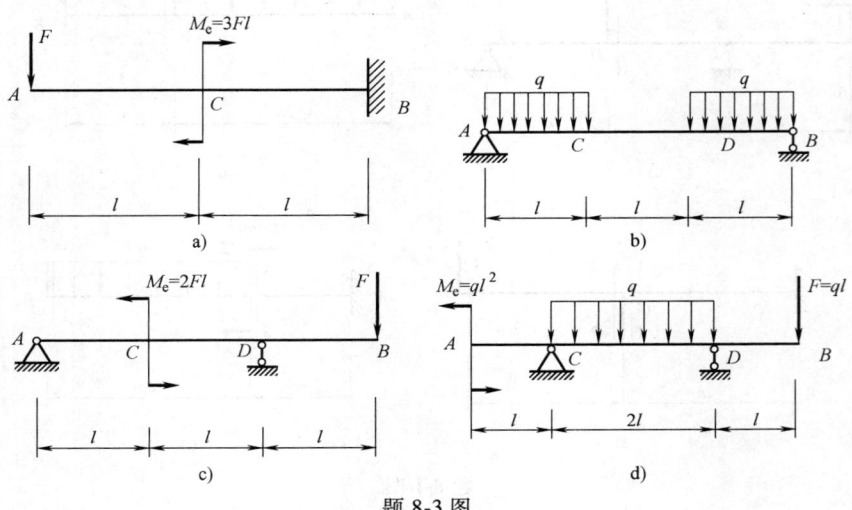

题 8-3 图

答案：

	最大正剪力	最大负剪力	最大正弯矩	最大负弯矩
a)		F	$2Fl$	Fl
b)	ql	ql	$0.5ql^2$	
c)	F		$0.5Fl$	$1.5Fl$
d)	ql	ql		ql^2

8-4 矩形截面悬臂梁受力如题 8-4 图 a 所示。试求 1—1 截面和固定端处 2—2 截面上 A、B、C、D 四点（题 8-4 图 b）处的正应力。梁的自重不计。

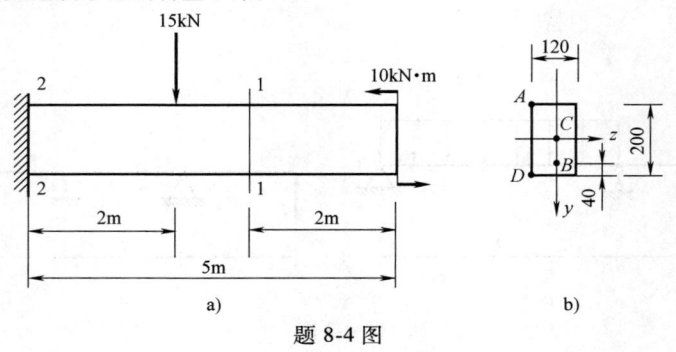

题 8-4 图

答案：1—1 截面：$M_{1-1} = 10 \text{kN} \cdot \text{m}$，
$\sigma_A = -12.5\text{MPa}$；$\sigma_B = 7.5\text{MPa}$；$\sigma_C = 0$；$\sigma_D = 12.5\text{MPa}$；

2—2 截面：$M_{2-2} = -20\text{kN} \cdot \text{m}$，
$\sigma_A = 25\text{MPa}$；$\sigma_B = -15\text{MPa}$；$\sigma_C = 0$；$\sigma_D = -25\text{MPa}$。

8-5 由 32c 号工字钢制作的简支梁受力如题 8-5 图 a 所示。已知：$F = 22\text{kN}$，$q = 1\text{kN/m}$，钢的许用弯曲正应力 $[\sigma] = 170\text{MPa}$，试校核梁的正应力强度。

答案：$\sigma_{\max} = 136.18\text{MPa} < [\sigma]$，故满足正应力强度条件。

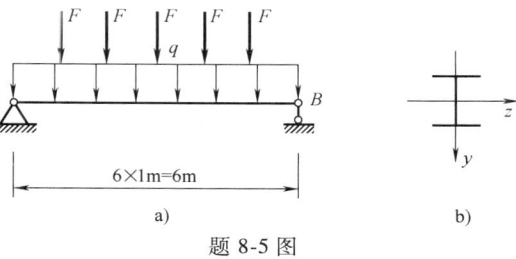

题 8-5 图

8-6 由工字钢制作的简支梁受力如题 8-6 图所示，已知材料的许用应力 $[\sigma] = 170\text{MPa}$，试选择工字钢型号。

答案：选择 28a 号工字钢。

8-7 由两根 32a 号槽钢组成的简支梁受力如题 8-7 图所示。已知该梁材料为 Q235 钢，其许用弯曲正应力 $[\sigma] = 170\text{MPa}$。试求梁的许可荷载 $[F]$。

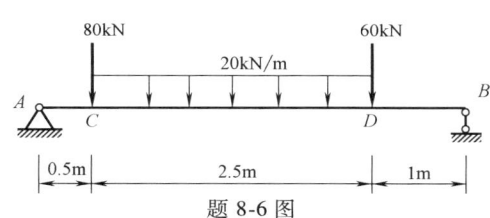

题 8-6 图

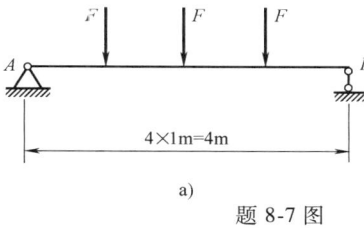

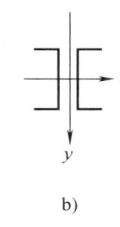

题 8-7 图

答案：$[F] = 80.7\text{kN}$。

8-8 矩形截面外伸梁如题 8-8 图所示，试求点 1、2、3、4、5 五点处的横截面上的应力。

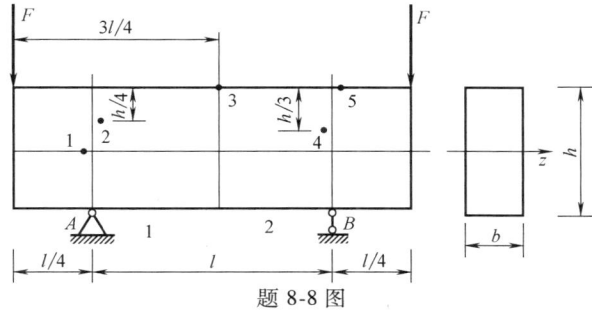

题 8-8 图

答案：$\sigma_1 = 0$，$\tau_1 = -\dfrac{3F}{2bh}$；$\sigma_2 = \dfrac{3Fl}{4bh^2}$，$\tau_2 = 0$；$\sigma_3 = \dfrac{3Fl}{2bh^2}$，$\tau_3 = 0$；

$\sigma_4 = \dfrac{Fl}{2bh^2}$，$\tau_4 = 0$；$\sigma_5 = \dfrac{3Fl}{2bh^2}$，$\tau_5 = 0$。

8-9 矩形截面木梁的荷载及截面尺寸如题 8-9 图所示，$q = 2\text{kN/m}$。已知许用弯曲正应力 $[\sigma] = 10\text{MPa}$，许用切应力 $[\tau] = 2\text{MPa}$。试校核梁的正应力和切应力强度。

答案：$\sigma_{\max} = 3.375\text{MPa}$，$\tau_{\max} = 0.28\text{MPa}$，满足正应力和切应力强度要求。

8-10 工字钢外伸梁的荷载如题 8-10 图所示。已知 $F = 45\text{kN}$，$[\sigma] = 160\text{MPa}$，$[\tau] = 90\text{MPa}$，试选择工

字钢型号。

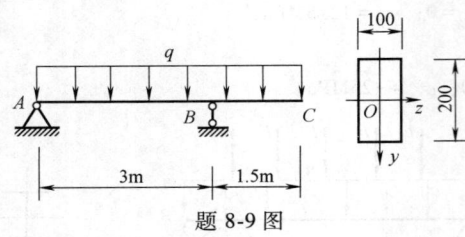

题 8-9 图

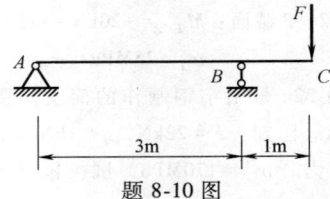

题 8-10 图

答案：选择 22a 号工字钢。

8-11 如题 8-11 图所示简支梁，弯曲刚度为 EI，试用积分法求 A 截面的转角和 C 截面的挠度。

答案：$\theta_A = \dfrac{M_e l}{24EI}$，$w_C = 0$。

8-12 如题 8-12 图所示简支梁，弯曲刚度为 EI，试用叠加法求梁跨中 C 截面的挠度和 A 截面的转角。

答案：$w_C = -\dfrac{Fl^3}{24EI}$，$\theta_A = -\dfrac{13Fl^2}{48EI}$。

8-13 如题 8-13 图所示为 32a 号工字型钢简支梁。已知 $l = 8\mathrm{m}$，$F = 30\mathrm{kN}$，$q = 8\mathrm{kN \cdot m^{-1}}$，$[w/l] = 1/400$，钢材的弹性模量 $E = 200\mathrm{GPa}$，试校核梁的刚度。

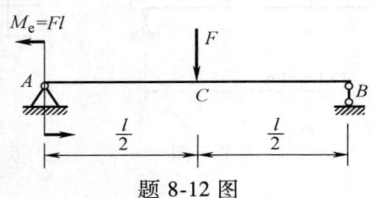

题 8-12 图

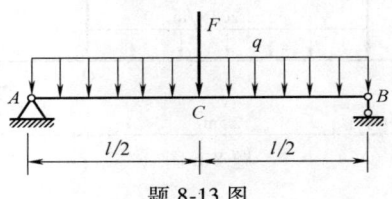

题 8-13 图

答案：$w_{\max}/l = 0.0042 > [w/l] = 1/400$，不满足刚度要求。

第九章 应力状态和强度理论

第一节 概述

在前面几章中,已学习并了解了杆件的四种基本变形,重点研究了杆件横截面上的应力,并依据横截面上的最大工作应力建立了强度条件。杆件的强度受材料本身力学性质和变形方式等多方面影响,有些杆件会沿着斜截面发生破坏。例如在扭转试验中,铸铁试件会沿与横截面成 45°夹角的螺旋面断开(图 9-1)。因此,还应充分了解并掌握斜截面上的应力情况。我们把过一点处的所有不同方位截面上的应力的集合叫作**一点处的应力状态**。

一点处的应力状态是一个关于应力的无限集。为研究一点处的应力状态,可围绕该点截取单元体。因单元体各边长度均为无穷小量,所以可认为单元体各表面上的应力均匀分布。由连续性假设,单元体任一对平行平面上的应力大小相等,方向相反。

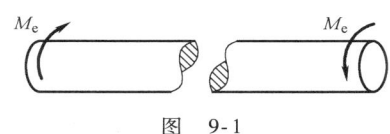

图 9-1

围绕一点可截取无数个单元体,截取的方位不同,单元体表面上的应力就不同,但它们都代表同一点处的应力状态。因构件中横截面和纵向截面上的应力较容易确定,所以通常围绕一点截取横截面和纵向截面来组成单元体,称为原始单元体。图 9-2a 所示轴向拉伸杆件,围绕 A 点截取的原始单元体如图 9-2b 所示;图 9-2c 为以斜截面围成的单元体,其四个侧面上既有正应力又有切应力。

一点处的应力状态按所取单元体各表面的应力存在情况分为平面应力状态和空间应力状态。若单元体有一对平行面上没有应力,另外两对平面上的应力作用线位于同一平面内,则这种应力状态称为**平面应力状态**。图 9-2a 中的 A 点处于平面应力状态,可用图 9-2d 或图 9-2e 表示。若单元体三对平行平面上均有应力,则称该点处于**空间应力状态**。

可以证明,在围绕一点所截取的所有单元体中,至少能找到一个特殊的单元体,它

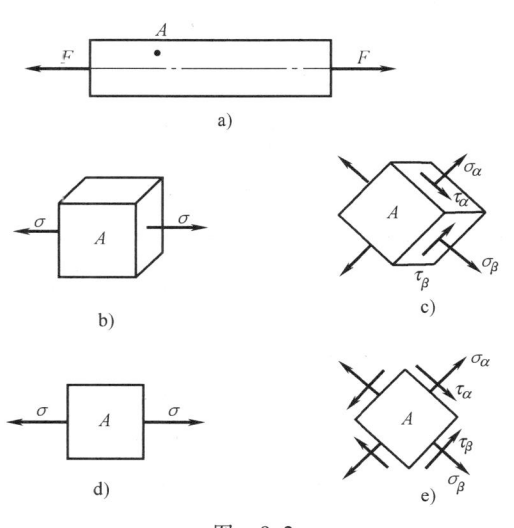

图 9-2

的三对平行面上只有正应力，没有切应力，这样的单元体叫作**主单元体**。围成主单元体的三对平行平面叫作**主平面**（没有切应力的平面即为主平面），主平面上的正应力称为**主应力**。每一点都存在三个主应力，可按主应力的存在情况对一点处的应力状态进行分类，如图 9-3 所示，当三个主应力中只有一个不为零时称为**单向应力状态**；当有两个主应力不为零时称为**二向应力状态**；当三个主应力均不为零时称为**三向应力状态**。

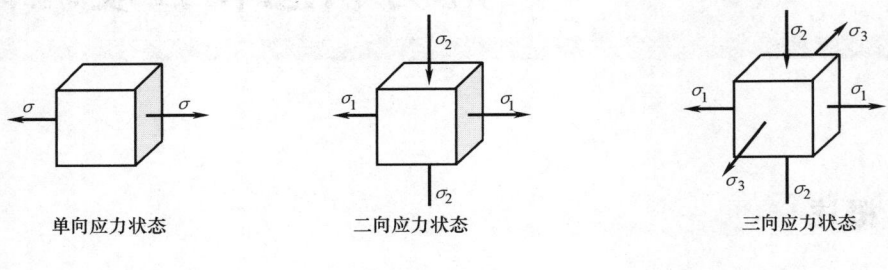

单向应力状态　　　　二向应力状态　　　　三向应力状态

图 9-3

综合以上概念，单向应力状态和二向应力状态均属于平面应力状态，三向应力状态则一定是空间应力状态。单向应力状态又称为**简单应力状态**，二向应力状态和三向应力状态称为**复杂应力状态**。另外，在平面应力状态中若两对平行平面上的正应力均为零，只有切应力作用，这种应力状态称为**纯剪切应力状态**。纯剪切应力状态与单向应力状态都是平面应力状态的特殊情形。

本章首先讨论构件一点处的应力状态，即使用静力平衡分析的方法，分析过一点处不同方向截面上应力之间的关系，然后在应力状态分析的基础上，探讨复杂应力状态下材料破坏的规律及与之相关的强度理论。

第二节　平面应力状态应力分析·解析法

本节将对平面应力状态进行应力分析，对截取的单元体，在其各表面应力已知的情况下，推导出过该点任一斜截面上的应力计算公式，并以此为基础，确定一点处正应力与切应力的极值，主应力及主平面的方位。

一、斜截面上的应力

平面应力状态的普遍形式如图 9-4a 所示。其中右侧面的外法线方向取为 x 轴正向，顶面的外法线方向取为 y 轴正向，左、右平面称为 x 面，顶面和底面称为 y 面，应力的下标代表应力所处的平面。因单元体前、后两平面上没有应力，可取单元体的正投影面代表单元体（图 9-4b）。

为求应力作用平面内任一斜截面 ef 上的应力，使用截面法。将图 9-4b 所示单元体沿斜截面 ef 截开，取左侧 ebf 部分为研究对象（图 9-4c）。设斜截面 ef 的外法线 n 与 x 轴正向的夹角为 α，α 称为方位角，斜截面 ef 称为 α 面。并规定：自 x 轴正向转到斜截面的外法线 n，逆时针转向时 α 为正，反之 α 为负。在平面应力状态下，α 面的应力分量位于同一平面内，用 σ_α 和 τ_α 表示。应力的符号规定与以前一致，正应力以拉应力为正，压应力为负；取单元体内任一点为矩心，切应力使单元体绕矩心顺时针转动为正，反之为负。

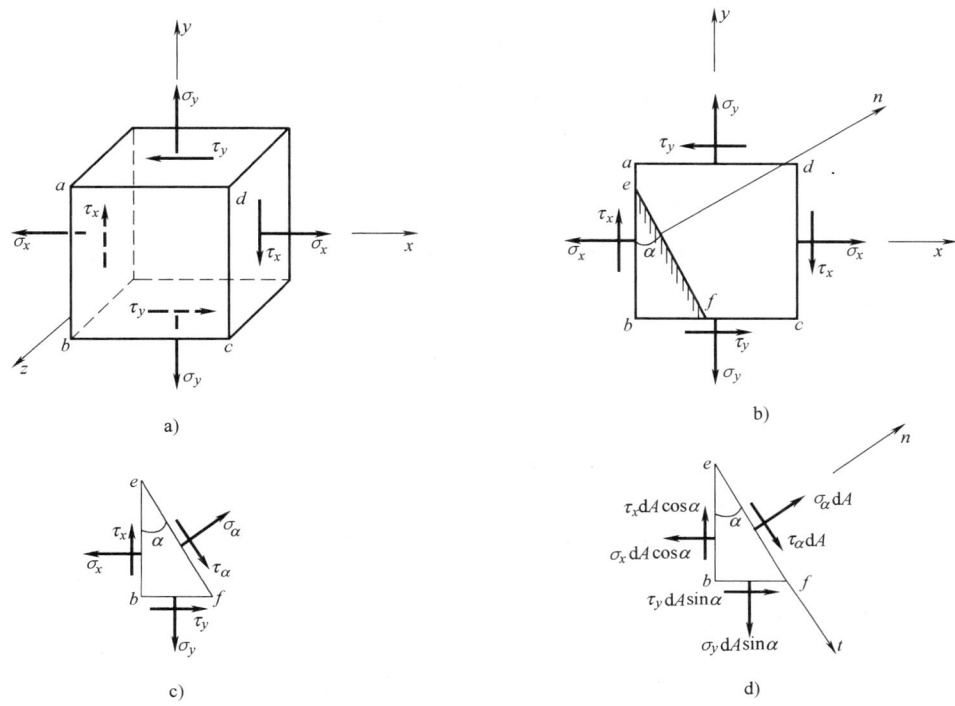

图 9-4

将 ef 面上的应力均设为正值，ebf 处于平衡状态。设 ef 面的面积为 dA，则 bf 面的面积为 dAsinα，eb 面的面积为 dAcosα，ebf 的受力图如图 9-4d 所示。取斜截面 ef 的法线 n 和切线 t 为投影轴，建立投影平衡方程

$$\sum F_n = 0 \quad \sigma_\alpha dA + (\tau_x dA\cos\alpha)\sin\alpha - (\sigma_x dA\cos\alpha)\cos\alpha +$$
$$(\tau_y dA\sin\alpha)\cos\alpha - (\sigma_y dA\sin\alpha)\sin\alpha = 0$$

$$\sum F_t = 0 \quad \tau_\alpha dA - (\tau_x dA\cos\alpha)\cos\alpha - (\sigma_x dA\cos\alpha)\sin\alpha +$$
$$(\tau_y dA\sin\alpha)\sin\alpha + (\sigma_y dA\sin\alpha)\cos\alpha = 0$$

由切应力互等定理，τ_x 和 τ_y 数值相等，用 τ_x 代换 τ_y，求解上述两平衡方程，可得

$$\sigma_\alpha = \frac{\sigma_x + \sigma_y}{2} + \frac{\sigma_x - \sigma_y}{2}\cos 2\alpha - \tau_x \sin 2\alpha \tag{9-1}$$

$$\tau_\alpha = \frac{\sigma_x - \sigma_y}{2}\sin 2\alpha + \tau_x \cos 2\alpha \tag{9-2}$$

以上两式即为平面应力状态下任一斜截面（α 面）上的正应力 σ_α 和切应力 τ_α 的计算公式。公式描述了平面应力状态下任一斜截面上的应力随方位角 α 的变化规律。在平面应力状态下，利用上述公式可以计算一点处所有截面上的应力分量，即掌握一点处的应力状态。

二、主应力和主平面方位角

由式（9-1）可知 σ_α 为 α 的函数，利用此式可计算 σ_α 的极值，并确定其所处平面的位

置。将式（9-1）对 α 求导

$$\frac{d\sigma_\alpha}{d\alpha} = -2\left[\frac{\sigma_x-\sigma_y}{2}\sin2\alpha + \tau_x\cos2\alpha\right] \tag{a}$$

设 $\alpha=\alpha_0$ 时导数为零，则 α_0 就是正应力极值平面的方位角，将 α_0 代入式（a）可得

$$\frac{\sigma_x-\sigma_y}{2}\sin2\alpha_0 + \tau_x\cos2\alpha_0 = 0 \tag{b}$$

比较式（b）与式（9-2）可知，当 $\alpha=\alpha_0$ 时，该截面上的正应力达到极值，而切应力为零。由主平面的定义可知该截面为主平面，α_0 为主平面方位角。所求的正应力极值即为该点的**主应力**。整理式（b）可得

$$\tan2\alpha_0 = -\frac{2\tau_x}{\sigma_x-\sigma_y} \tag{9-3}$$

因

$$\tan2(\alpha_0+90°) = \tan2\alpha_0$$

所以在区间 $[0, \pi]$ 中存在两个相差 90° 的 α_0 均满足式（9-3），即存在两个相互垂直的主平面，与之相应的两个主应力也相互垂直。式（9-3）即为主平面方位角的计算公式。将两个主应力中的极大值记为 σ'，极小值记为 σ''。由式（9-3）求出 $\cos2\alpha_0$ 和 $\sin2\alpha_0$，代入式（9-2）可得平面应力状态在该平面内的两个主应力为

$$\left.\begin{array}{l}\sigma'\\\sigma''\end{array}\right\} = \frac{\sigma_x+\sigma_y}{2} \pm \sqrt{\left(\frac{\sigma_x-\sigma_y}{2}\right)^2 + \tau_x^2} \tag{9-4a}$$

因平面应力状态有一对面上不存在应力，这一对面也是主平面，所以平面应力状态始终有一个主应力为零。即

$$\sigma''' = 0 \tag{9-4b}$$

通常将三个主应力按代数值由大到小排列，分别记为 σ_1、σ_2 和 σ_3，即 $\sigma_1 \geq \sigma_2 \geq \sigma_3$。

主平面方位角可由式（9-3）确定，所求出的主平面方位角与主应力又是如何对应的呢？

设 σ' 对应的方位角为 α_0，σ'' 对应的方位角为 $\left(\alpha_0+\frac{\pi}{2}\right)$。由式（9-1）

$$\sigma' = \frac{\sigma_x+\sigma_y}{2} + \left(\frac{\sigma_x-\sigma_y}{2}\cos2\alpha_0 - \tau_x\sin2\alpha_0\right) \tag{c}$$

$$\sigma'' = \frac{\sigma_x+\sigma_y}{2} + \frac{\sigma_x-\sigma_y}{2}\cos(2\alpha_0+\pi) - \tau_x\sin(2\alpha_0+\pi)$$

$$= \frac{\sigma_x+\sigma_y}{2} - \frac{\sigma_x-\sigma_y}{2}\cos2\alpha_0 + \tau_x\sin2\alpha_0$$

$$= \frac{\sigma_x+\sigma_y}{2} - \left(\frac{\sigma_x-\sigma_y}{2}\cos2\alpha_0 - \tau_x\sin2\alpha_0\right) \tag{d}$$

比较式（c）、式（d），若

$$\frac{\sigma_x-\sigma_y}{2}\cos2\alpha_0 - \tau_x\sin2\alpha_0 > 0 \tag{e}$$

则 $\sigma'>\sigma''$，α_0 为正应力极大值对应的方位角。整理式（e），并考虑式（9-3），可得

当 $\sigma_x>\sigma_y$ 时，$\cos2\alpha_0>0$，$|\alpha_0|<45°$；

当 $\sigma_x<\sigma_y$ 时，$\cos2\alpha_0<0$，$|\alpha_0|>45°$；

当 $\sigma_x=\sigma_y$ 时，$|\alpha_0|=45°$，若 $\tau_x>0$，则 $\alpha_0=-45°$；若 $\tau_x<0$，则 $\alpha_0=45°$。

以上即为平面应力状态主平面方位角与主应力的对应关系。其中 α_0 对应正应力极大值。

三、面内切应力极值

与推导正应力极值公式类似，可以确定平面应力状态下面内的切应力极值。将式（9-2）对 α 求导

$$\frac{d\tau_\alpha}{d\alpha}=(\sigma_x-\sigma_y)\cos2\alpha-2\tau_x\sin2\alpha \tag{f}$$

设 $\alpha=\alpha_1$ 时导数为零，即 α_1 就是切应力极值平面的方位角，将 α_1 代入式（f）可得

$$(\sigma_x-\sigma_y)\cos2\alpha_1-2\tau_x\sin2\alpha_1=0 \tag{g}$$

即

$$\tan2\alpha_1=\frac{\sigma_x-\sigma_y}{2\tau_x} \tag{9-5}$$

因此在应力作用平面内也存在两对相互垂直的切应力极值平面，式（9-5）即为切应力极值平面方位角的计算公式。由式（9-5）求出 $\cos2\alpha_1$ 和 $\sin2\alpha_1$，代入式（9-2）可得平面应力状态下该平面内的两个切应力极值为

$$\left.\begin{array}{r}\tau'\\ \tau''\end{array}\right\}=\pm\sqrt{\left(\frac{\sigma_x-\sigma_y}{2}\right)^2+\tau_x^2} \tag{9-6}$$

式（9-6）求出的切应力极大值和切应力极小值不一定是一点处所有切应力中的最大值和最小值。

比较式（9-6）和式（9-4a），可得

$$\left.\begin{array}{r}\tau'\\ \tau''\end{array}\right\}=\pm\frac{1}{2}(\sigma'-\sigma'') \tag{9-7}$$

比较式（9-5）与式（9-3）可知

$$\tan2\alpha_0\cdot\tan2\alpha_1=-1$$

因此

$$2\alpha_1=2\alpha_0+\frac{\pi}{2}，\alpha_1=\alpha_0+\frac{\pi}{4}$$

即切应力极值平面与主平面成 $45°$ 夹角。

例题 9-1 平面应力状态如图 9-5a 所示。试求：（1）指定截面上的应力；（2）主应力；（3）主平面方位角；（4）面内最大切应力及其作用面上的正应力。

解：由图 9-5a 可知 $\sigma_x=50\text{MPa}$，$\sigma_y=-10\text{MPa}$，$\tau_x=-40\text{MPa}$，$\alpha=30°$。

（1）求指定截面上的应力。由式（9-1）、式（9-2）可得

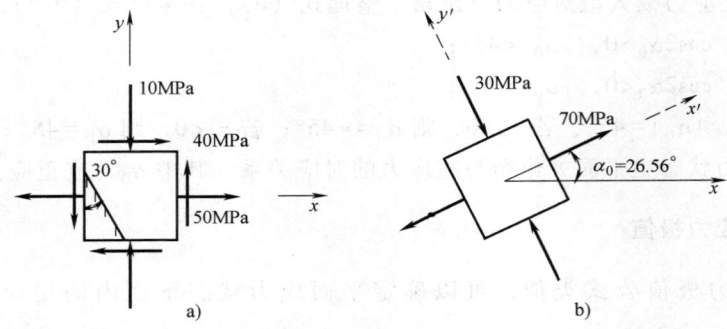

图 9-5

$$\sigma_\alpha = \frac{\sigma_x+\sigma_y}{2}+\frac{\sigma_x-\sigma_y}{2}\cos2\alpha-\tau_x\sin2\alpha$$

$$=\frac{50+(-10)}{2}\text{MPa}+\frac{50-(-10)}{2}\text{MPa}\cos60°-(-40\text{MPa})\sin60°=69.64\text{MPa}$$

$$\tau_\alpha=\frac{\sigma_x-\sigma_y}{2}\sin2\alpha+\tau_x\cos2\alpha$$

$$=\frac{50-(-10)}{2}\text{MPa}\sin60°+(-40\text{MPa})\cos60°=5.98\text{MPa}$$

(2) 求主应力。由式（9-4a）可得

$$\left.\begin{array}{c}\sigma'\\ \sigma''\end{array}\right\}=\frac{\sigma_x+\sigma_y}{2}\pm\sqrt{\left(\frac{\sigma_x-\sigma_y}{2}\right)^2+\tau_x^2}$$

$$=\frac{50+(-10)}{2}\text{MPa}\pm\sqrt{\left[\frac{50-(-10)}{2}\right]^2+(-40)^2}\text{MPa}$$

$$=\begin{cases}70\text{MPa}\\ -30\text{MPa}\end{cases}$$

所以 $\sigma_1=70\text{MPa}$，$\sigma_2=0\text{MPa}$，$\sigma_3=-30\text{MPa}$。

(3) 求主平面。由式（9-3）可知

$$\tan2\alpha_0=-\frac{2\tau_x}{\sigma_x-\sigma_y}=-\frac{2\times(-40)}{50-(-10)}=1.33$$

可得

$$2\alpha_0=53.12°\quad\text{或}\quad 2\alpha_0=53.12°-180°=-126.88°$$

所以 $\alpha_0=26.56°$ 或 $\alpha_0=-63.44°$。因 $\sigma_x>\sigma_y$，由主应力与主平面方位角的对应关系可知 $|\alpha_0|<45°$，所以 $\alpha_0=26.56°$ 为第一主应力对应的方位角。主单元体如图 9-5b 所示。

(4) 求面内最大切应力及其作用面上的正应力。由式（9-6）可得

$$\tau_{\max}=\sqrt{\left(\frac{\sigma_x-\sigma_y}{2}\right)^2+\tau_x^2}=\sqrt{\left[\frac{50-(-10)}{2}\right]^2+(-40)^2}\text{MPa}=50\text{MPa}$$

因面内切应力极值所处的平面与主平面成45°夹角，所以可以利用主应力来计算最大切

应力作用面上的正应力。由图9-5b可知 $\sigma'_x = 70\text{MPa}$，$\sigma'_y = -30\text{MPa}$，$\tau'_x = 0\text{MPa}$，$\alpha = 45°$。由式（9-1）可得

$$\sigma_\alpha = \frac{\sigma'_x + \sigma'_y}{2} + \frac{\sigma'_x - \sigma'_y}{2}\cos2\alpha - \tau'_x\sin2\alpha$$

$$= \frac{70+(-30)}{2}\text{MPa} + \frac{70-(-30)}{2}\text{MPa}\cos90° = 20\text{MPa}$$

例题 9-2 试求图9-6a所示纯剪切应力状态的主应力和主平面方位角。

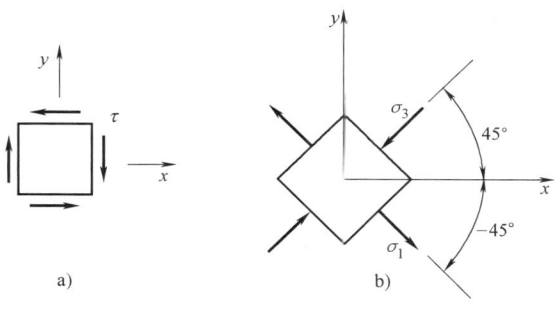

图 9-6

解：由图9-6a可知 $\sigma_x = \sigma_y = 0$，$\tau_x = \tau$。

（1）求主应力。

$$\left.\begin{array}{c}\sigma'\\\sigma''\end{array}\right\} = \frac{\sigma_x + \sigma_y}{2} \pm \sqrt{\left(\frac{\sigma_x - \sigma_y}{2}\right)^2 + \tau_x^2} = \frac{0+0}{2} \pm \sqrt{\left(\frac{0-0}{2}\right)^2 + \tau^2} = \left\{\begin{array}{c}\tau\\-\tau\end{array}\right.$$

即

$$\sigma_1 = \sigma' = \tau,\ \sigma_2 = 0,\ \sigma_3 = \sigma'' = -\tau$$

（2）求主方向。

$$\tan2\alpha_0 = -\frac{2\tau_x}{\sigma_x - \sigma_y} = -\frac{2\tau}{0} = -\infty$$

即

$$2\alpha_0 = -90° \quad 或 \quad 2\alpha_0 = -90° + 180° = 90°$$

所以 $\alpha_0 = \mp 45°$。因 $\sigma_x = \sigma_y$，且 $\tau > 0$，由主应力与主平面方位角的对应关系可知 $\alpha_0 = -45°$，即 $\alpha_0 = -45°$ 为第一主应力 σ_1 对应的主平面方位角。主单元体如图9-6b所示。

第三节　平面应力状态应力分析·应力圆

一、应力圆方程

在上一节中，对平面应力状态进行了应力分析，得到了过一点处任一斜截面上的应力计算公式［式（9-1）和式（9-2）］。由公式可知，任一斜截面上的应力 σ_α 和 τ_α 均以 2α 为参变量。若消去 2α，则得到 σ_α 和 τ_α 所满足的方程，根据方程可以画出 σ_α 与 τ_α 的关系曲线，将一点处的应力状态用图形来表示。整理式（9-1）和式（9-2），消去 2α 可得

$$\left(\sigma_\alpha - \frac{\sigma_x+\sigma_y}{2}\right)^2 + \tau_\alpha^2 = \left(\frac{\sigma_x-\sigma_y}{2}\right)^2 + \tau_x^2$$

上式即为 σ_α 和 τ_α 所满足的方程。以 σ_α 为横轴，τ_α 为纵轴，建立 σ_α-τ_α 平面直角坐标系，则单元体任一截面上的应力对应 σ_α-τ_α 平面中的一点，截面上的正应力为点的横坐标，切应力为点的纵坐标。当截面位置随 α 变化时，所对应的点的位置也随之变化，上述方程表示其轨迹为一个圆。如图 9-7 所示：

其圆心坐标为 $\left(\dfrac{\sigma_x+\sigma_y}{2},\ 0\right)$

半径为 $R = \sqrt{\left(\dfrac{\sigma_x-\sigma_y}{2}\right)^2 + \tau_x^2}$

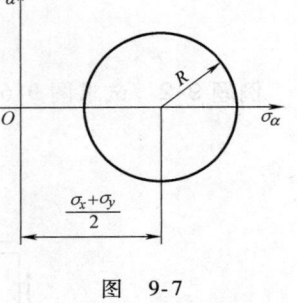

图 9-7

此圆称为**应力圆**，或**莫尔应力圆**，最早由德国工程师莫尔（Otto Mohr，1835—1918）提出。

二、平面应力状态的应力圆

图 9-8 为平面应力状态的普遍形式，单元体上的应力均已知，作与之相应的应力圆。建立 σ_α-τ_α 直角坐标系，并按单元体上作用的应力数值选定合适的比例尺。确定 x 面的对应点 $D_1(\sigma_x, \tau_x)$ 和 y 面的对应点 $D_2(\sigma_y, \tau_y)$，两点的纵坐标 $\tau_y = -\tau_x$，此两点均位于应力圆上。连接 D_1、D_2 两点，与 σ_α 轴相交于 C 点，C 点坐标为 $\left(\dfrac{\sigma_x+\sigma_y}{2},\ 0\right)$，因此 C 点即为应力圆的圆心。$R = \sqrt{\left(\dfrac{\sigma_x-\sigma_y}{2}\right)^2 + \tau_x^2}$，为应力圆半径。以 C 点为圆心，$\overline{CD_1}$ 或 $\overline{CD_2}$ 为半径所作的圆，即为图示平面应力状态的应力圆（图 9-9）。

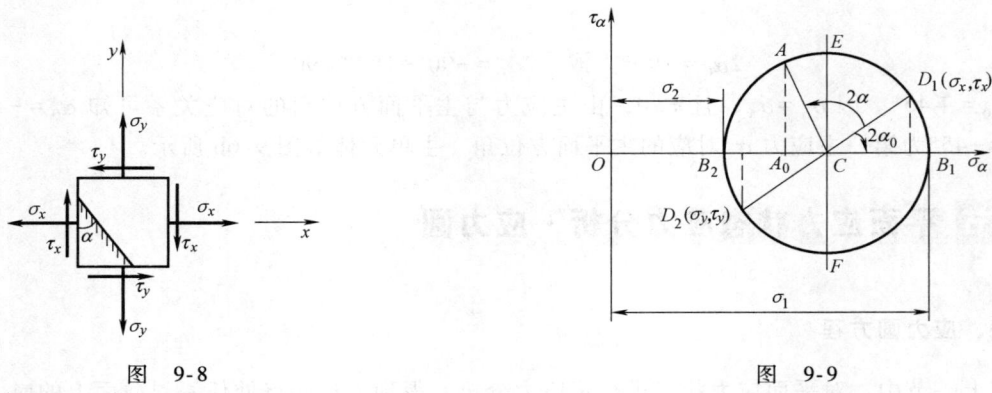

图 9-8　　　　　　　　　　图 9-9

如前所述，单元体每一截面上的应力对应应力圆上一点的横坐标和纵坐标。画出应力圆后，应如何确定单元体任一截面在应力圆上的对应点并求出其应力呢？以图 9-8 中的斜截面为例来进行分析，设斜截面的方位角为 α。

由应力圆作图过程可知，单元体 x 面上的应力对应 D_1 点，y 面上的应力对应 D_2 点，y 面与 x 面的方位角相差 $90°$，相应的，D_2 点与 D_1 点位于应力圆直径的两端，即 D_1 点绕圆心转过 $180°$ 可得到 D_2 点。推想到更一般的情况，方位角为 α 的斜截面在应力圆上的对应点为 A 点，A 点可由 D_1 点绕圆心逆时针转过 2α 得到，D_1 点在应力圆上的转动方向与方位角 α 的转动方向一致。若能证明 A 点的坐标 σ_α 和 τ_α 满足式（9-1）和式（9-2），则推想成立。证明如下。

如图 9-9 所示，设 $\angle D_1 C B_1 = 2\alpha_0$，$A$ 点的横坐标为 $\overline{OA_0}$，纵坐标为 $\overline{AA_0}$。则

$$\overline{OA_0} = \overline{OC} - \overline{A_0 C} = \overline{OC} + \overline{AC}\cos(2\alpha_0 + 2\alpha)$$

$$= \overline{OC} + \overline{CD_1}\cos(2\alpha_0 + 2\alpha)$$

$$= \overline{OC} + \overline{CD_1}\cos 2\alpha_0 \cos 2\alpha - \overline{CD_1}\sin 2\alpha_0 \sin 2\alpha$$

$$= \frac{\sigma_x + \sigma_y}{2} + \left(\sigma_x - \frac{\sigma_x + \sigma_y}{2}\right)\cos 2\alpha - \tau_x \sin 2\alpha$$

$$= \frac{\sigma_x + \sigma_y}{2} + \frac{\sigma_x - \sigma_y}{2}\cos 2\alpha - \tau_x \sin 2\alpha = \sigma_\alpha$$

$$\overline{AA_0} = \overline{AC}\sin(2\alpha + 2\alpha_0) = \overline{CD_1}\sin(2\alpha + 2\alpha_0)$$

$$= \overline{CD_1}\sin 2\alpha \cos 2\alpha_0 + \overline{CD_1}\cos 2\alpha \sin 2\alpha_0$$

$$= \left(\sigma_x - \frac{\sigma_x + \sigma_y}{2}\right)\sin 2\alpha + \tau_x \cos 2\alpha$$

$$= \frac{\sigma_x - \sigma_y}{2}\sin 2\alpha + \tau_x \cos 2\alpha = \tau_\alpha$$

因此 A 点横坐标的表达式即为式（9-1），纵坐标为式（9-2），推想得证。即单元体的每一个截面对应应力圆上的一点，该点的横坐标为截面上的正应力，纵坐标为截面上的切应力；当截面的方位角为 α 时，该点可由 x 面的对应点按相同的转向绕圆心转过 2α 得到。

由应力圆方程、作图方法以及上述证明过程可知，单元体和应力圆存在以下对应关系：

（1）点面对应。应力圆上某一点的坐标对应单元体某一方向截面上的正应力和切应力。

（2）转向对应。应力圆上的点绕圆心转动时，与之对应的单元体截面相对于初始位置也沿相同方向转动。

（3）二倍角对应。应力圆上的点绕圆心转动的角度等于对应的单元体方向截面旋转角度的两倍。

应力圆上的点与单元体方向截面一一对应，应力圆直观反映了一点处的平面应力状态特征。从应力圆上可以更清晰地观察到一点在应力平面内的正应力极值和切应力极值。由图 9-9 可知，

$$\sigma' = \overline{OB_1} = \overline{OC} + \overline{CB_1} = \frac{\sigma_x + \sigma_y}{2} + \sqrt{\left(\frac{\sigma_x + \sigma_y}{2}\right)^2 + \tau_x^2}$$

$$\sigma'' = \overline{OB_2} = \overline{OC} - \overline{CB_2} = \frac{\sigma_x + \sigma_y}{2} - \sqrt{\left(\frac{\sigma_x - \sigma_y}{2}\right)^2 + \tau_x^2}$$

应力圆上的 D_1 点对应单元体的 x 面，B_1 点对应 σ' 作用的主平面，因此 $\angle D_1 CB_1 = 2\alpha_0$，$\alpha_0$ 为主平面的方位角。按方位角的符号规定，从 x 轴正向逆时针转到截面外法线方向时方位角为正，反之为负。因此在图 9-9 中，$2\alpha_0$ 为负值。由几何关系可知

$$\tan(-2\alpha_0) = \frac{\overline{B_1 D_1}}{\overline{CB_1}} = \frac{2\tau_x}{\sigma_x - \sigma_y}$$

与式（9-3）结论一致。即 σ' 作用的主平面方位角为

$$2\alpha_0 = \arctan\left(\frac{-2\tau_x}{\sigma_x - \sigma_y}\right)$$

面内的切应力极值等于应力圆的半径，即

$$\left.\begin{array}{c}\tau'\\\tau''\end{array}\right\} = \pm\overline{CE} = \pm\sqrt{\left(\frac{\sigma_x - \sigma_y}{2}\right)^2 + \tau_x^2}$$

与式（9-6）相同。

三、应力圆的应用

每一个平面应力状态都与唯一的应力圆相对应，借助应力圆既有利于理解一点处应力状态的特征，又可以运用几何方法计算一点处任意截面上的应力，尤其在确定主应力、主平面方位角和切应力极值时，利用应力圆更简单直观。

例题 9-3 如图 9-10a 所示平面应力状态，试用应力圆确定（1）主应力和主平面方位角；（2）面内切应力极值；（3）方位角为 45°的斜截面上的应力。

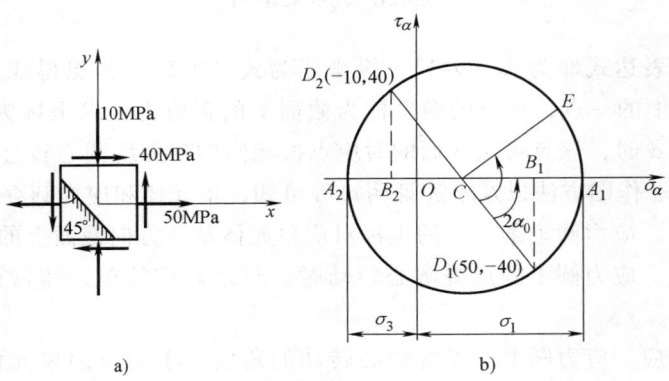

图 9-10

解： 已知 $\sigma_x = 50\text{MPa}$，$\tau_x = -40\text{MPa}$，$\sigma_y = -10\text{MPa}$，$\tau_y = 40\text{MPa}$。

（1）作应力圆。选定比例尺；建立 σ_α-τ_α 坐标系；由 x 面上的应力确定点 D_1（50，-40），由 y 面上的应力确定点 D_2（-10，40），连接点 D_1 和 D_2，与 σ_α 轴交于点 C，点 C 即为应力圆的圆心；以 CD_1 为半径，作应力圆（图 9-10b）。设圆心的横坐标为 σ_C，应力圆的半径为 R。二者既可以直接从图中量出，也可以通过几何计算得到：

$$\sigma_C = \overline{OC} = \frac{\sigma_x + \sigma_y}{2} = \frac{50 + (-10)}{2}\text{MPa} = 20\text{MPa}$$

$$R = \sqrt{\overline{CB_1}^2 + \overline{B_1D_1}^2} = \sqrt{\left(\frac{\sigma_x - \sigma_y}{2}\right)^2 + \tau_x^2} = \sqrt{\left(\frac{50+10}{2}\right)^2 + 40^2}\text{MPa} = 50\text{MPa}$$

（2）求主应力和主平面。由应力圆可知，A_1、A_2两点的横坐标即为主应力。即

$$\left.\begin{array}{r}\sigma' \\ \sigma''\end{array}\right\} = \overline{OC} \pm R = 20\text{MPa} \pm 50\text{MPa} = \begin{cases} 70\text{MPa} \\ -30\text{MPa} \end{cases}$$

D_1点绕圆心逆时针转过$2\alpha_0$到A_1点，A_1点对应所处的主平面，其方位角计算如下：

$$\tan 2\alpha_0 = \frac{\overline{B_1D_1}}{\overline{CB_1}} = \frac{40}{30} = 1.33,\ 2\alpha_0 = 53.13°,\ \alpha_0 = 26.6°$$

（3）求面内切应力极值。

$$\left.\begin{array}{r}\tau' \\ \tau''\end{array}\right\} = \pm R = \pm 50\text{MPa}$$

（4）求斜面上的应力。斜截面的方位角$\alpha = 45°$，由D_1点绕圆心逆时针转过$90°$得到E点，E点即为图9-10a中斜截面的对应点。通过量取E点的横坐标和纵坐标可确定斜截面上的正应力与切应力，这种方法简单但不精确，所以通常结合应力圆进行精确的几何计算。如图9-10b所示，令$\angle ECA_1 = \beta$，则

$$\beta = \angle ECA_1 = 90° - 53.13° = 36.87°$$
$$\sigma_E = \overline{OC} + R\cos\beta = 20\text{MPa} + 50\text{MPa}\cos 36.87° = 60\text{MPa}$$
$$\tau_E = R\sin\beta = 50\text{MPa}\sin 36.87° = 30\text{MPa}$$

第四节 空间应力状态简介

一、空间应力状态的概念

对任意变形体内的一点进行应力状态分析时，所截取的原始单元体通常处于空间应力状态，单元体的三对面上均有应力。空间应力状态的普遍形式如图9-11所示。每个侧面上有3个应力分量，其中正应力有一个下标，代表正应力的作用平面；切应力有两个下标，第一个下标代表作用面的法线方向，第二个下标表示切应力方向。如x面上的正应力为σ_x，切应力为τ_{xy}和τ_{xz}。

因单元体任一对平行平面上的应力大小相等，方向相反，所以图示空间应力状态共有9个应力分量。根据切应力互等定理，以下三组切应力在数值上两两相等：$\tau_{xy} = \tau_{yx}$，$\tau_{yz} = \tau_{zy}$，$\tau_{xz} = \tau_{zx}$，因此空间应力状态共有6个独立的应力分量，即σ_x、σ_y、σ_z、τ_{xy}、τ_{yz}、τ_{zx}。

与平面应力状态相比，空间应力状态的分析更为复杂。如前所述，变形体内任一点都存在主单元体，主单元体上只有主应力σ_1、σ_2、σ_3。若采用主单元体来描述空间应力状态，可以把应力分量降低为3个，能有效简化分析过程，如图9-12所示。本节将对主单元体进

行应力分析,并给出空间应力状态的一般结论。

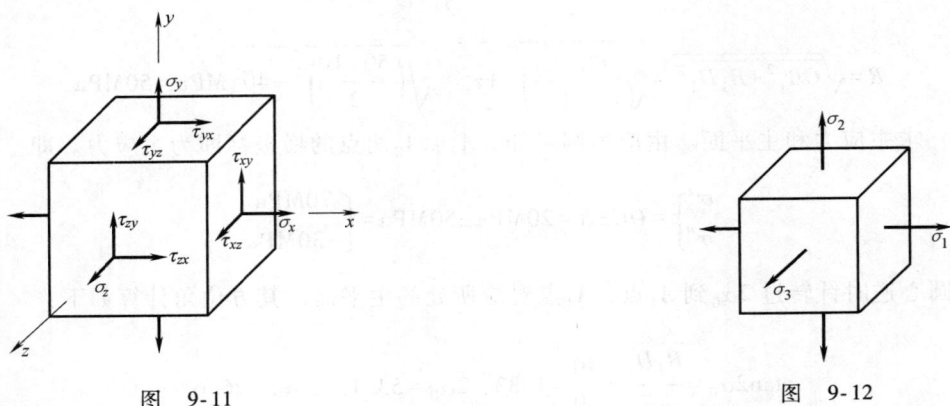

图 9-11   图 9-12

二、三向应力圆

如前所述,可以用应力圆来描述平面应力状态,那么能否用应力圆来表示三向应力状态呢?如图 9-13a 所示,取一主单元体,设其主应力已知且均不为零,并设 $\sigma_1 \geqslant \sigma_2 \geqslant \sigma_3$。

首先讨论与 σ_3 平行的任意方向截面上的应力。使用截面法,沿斜截面将单元体分成两部分,取左侧部分为研究对象(图 9-13b),考虑其平衡。σ_3 作用面上的合力自相平衡,对斜截面上的应力没有影响,因此该类方向截面上的应力只由 σ_1 和 σ_2 确定,可视为 σ_1、σ_2 作用下的平面应力状态,作与之相应的应力圆,与 σ_3 平行的任意方向截面上的应力与应力圆上的点相对应。同理,与 σ_1 平行的方向截面上的应力只与 σ_2 和 σ_3 有关,可视为 σ_2、σ_3 作用下的平面应力状态;与 σ_2 平行的方向截面上的应力只与 σ_1 和 σ_3 有关,可视为 σ_1、σ_3 作用下的平面应力状态。因此,可画出三个应力圆分别与以上的三种平面应力状态对应。三个应力圆上的点分别对应三向应力状态中三组特殊方向截面上的应力。这三个应力圆统称为**三向应力圆**。如图 9-13c 所示。

弹性理论已证明,三向应力状态下,单元体中与三个主平面斜交的任一方向截面的应力对应于 $O\sigma_\alpha\tau_\alpha$ 坐标系中的一点,该点位于三个应力圆所围阴影区域内,该点的横坐标为方向截面上的正应力,纵坐标为方向截面上的切应力。如图 9-13a 中 abc 截面上的应力对应图 9-13c 中的 C 点。

三、一点处的最大正应力与最大切应力

一般的,对于空间应力状态,当确定其主应力后,都可做出三向应力圆。如图 9-13c 所示,该点的最大正应力为

$$\sigma_{\max} = \sigma_1 \tag{9-8}$$

最大切应力为

$$\tau_{\max} = \frac{\sigma_1 - \sigma_3}{2} \tag{9-9}$$

最大正应力对应最大应力圆(由 σ_1 和 σ_3 所作)上 A_1 点的横坐标,最大切应力对应最大应力圆最高点 B 点的纵坐标,即最大切应力发生在平行于 σ_2 的那组方向截面内。由 A_1 点到 B 点

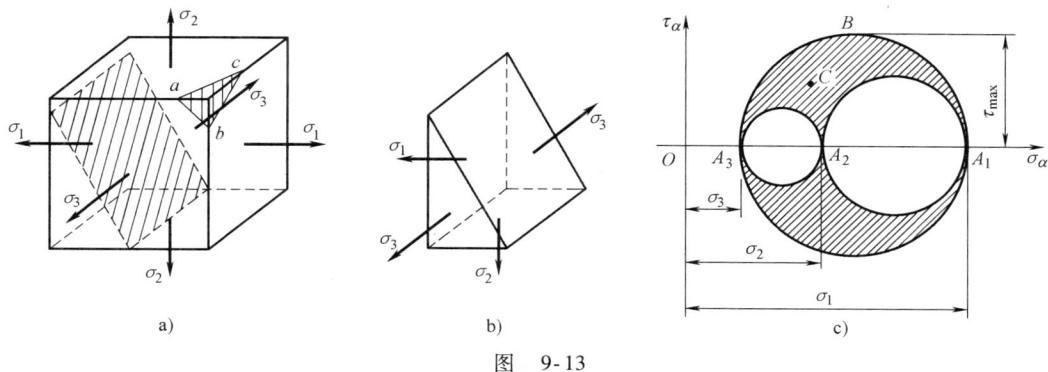

图 9-13

需绕圆心转过 90°，所以最大切应力所处的平面与 σ_1 所处的主平面成 45°夹角。

需要指出，式（9-9）为一点处的最大切应力。在由 σ_1 和 σ_2 确定的应力圆上，最高点的纵坐标对应的是平行于 σ_3 的那组方向截面中的最大切应力；同样，在由 σ_2 和 σ_3 确定的应力圆上，其最高点的纵坐标对应的切应力是平行于 σ_1 的那组方向截面中的最大值，这两种情况下的切应力最大值都是之前在平面应力状态分析中提到的"面内最大切应力"。

平面应力状态作为空间应力状态的特例，也可绘制三向应力圆，一点处的最大切应力同样对应由 σ_1 和 σ_3 确定的应力圆最高点的纵坐标，也需使用式（9-9）进行计算。

例题 9-4 如图 9-14a 所示单元体，已知 $\sigma_x = 60\mathrm{MPa}$，$\tau_{xy} = 30\mathrm{MPa}$，$\sigma_z = -60\mathrm{MPa}$，试作三向应力圆，并求该点的主应力和最大切应力。

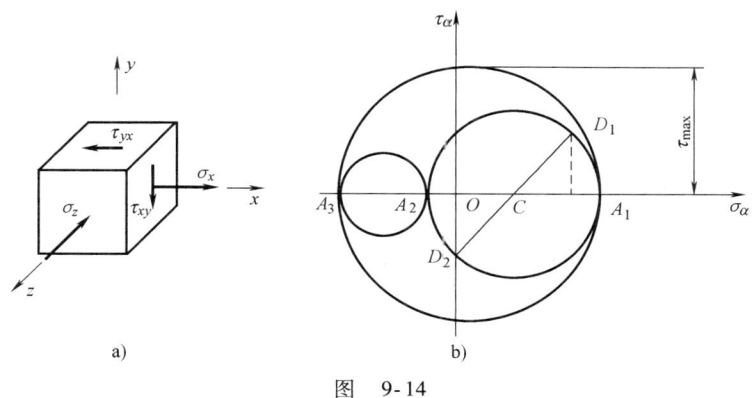

图 9-14

解：（1）作三向应力圆。单元体 z 面上的应力 $\sigma_z = -60\mathrm{MPa}$ 是主应力，对应图 9-14b 中点 A_3 点的横坐标；与 σ_z 平行的各截面上的应力与 σ_z 无关，因此可由 x 面和 y 面上的应力作相应平面应力状态的应力圆，该应力圆过 D_1 点和 D_2 点，与 σ_α 轴交于 A_1 点和 A_2 点。分别过 A_1 点、A_3 点，A_2 点、A_3 点作另外两个应力圆，即得到三向应力圆。

（2）求主应力。在过 A_1 点和 A_2 点的应力圆中，

$$\overline{OC} = \frac{\sigma_x + \sigma_y}{2} = \frac{60+0}{2}\mathrm{MPa} = 30\mathrm{MPa}$$

$$R = \sqrt{\left(\frac{\sigma_x - \sigma_y}{2}\right)^2 + \tau_{xy}^2} = \sqrt{\left(\frac{60-0}{2}\right)^2 + 30^2}\mathrm{MPa} = 42.42\mathrm{MPa}$$

则
$$\left.\begin{array}{c}\sigma'\\\sigma''\end{array}\right\} = \overline{OC} \pm R = (30 \pm 42.42)\text{MPa} = \begin{cases}72.42\text{MPa}\\-12.42\text{MPa}\end{cases}$$

即
$$\sigma_1 = 72.42\text{MPa}, \quad \sigma_2 = -12.42\text{MPa}, \quad \sigma_3 = -60\text{MPa}$$

(3) 求最大切应力。最大切应力等于最大应力圆的半径，即
$$\tau_{\max} = \frac{\sigma_1 - \sigma_3}{2} = \frac{72.42 - (-60)}{2}\text{MPa} = 66.21\text{MPa}$$

第五节 各向同性材料的应力-应变关系

本节主要讨论当构件中的点处于复杂应力状态时，其应力分量与应变分量之间的物理关系。假设材料满足各向同性假设，在线弹性范围内工作，且满足小变形条件。

一、单向应力状态的胡克定律

在第五章中，通过轴向拉伸和压缩试验，发现大多数工程材料在线弹性范围内工作时，杆件内点的应力-应变关系符合胡克定律，即
$$\sigma = E\varepsilon \quad \text{或} \quad \varepsilon = \frac{\sigma}{E} \tag{5-6}$$

轴向拉伸或压缩杆件中的点处于单向应力状态，因此式（5-6）即为单向应力状态的胡克定律。变形体在产生轴向变形的同时，还伴随着横向变形，横向应变为
$$\varepsilon' = -\nu\varepsilon = -\nu\frac{\sigma}{E} \tag{5-13}$$

为与空间应力状态的应力分量和应变分量相对应，建立坐标系，按与空间应力状态相同的方法命名单向应力状态中的应力，所得单元体如图 9-15 所示。将式（5-6）中的 σ 和 ε 分别替换为 σ_x 和 ε_x，ε' 替换为 ε_y、ε_z。则单向应力状态的应力-应变关系可表示为
$$\varepsilon_x = \frac{\sigma_x}{E}, \quad \varepsilon_y = -\nu\varepsilon_x = -\nu\frac{\sigma_x}{E}, \quad \varepsilon_z = -\nu\varepsilon_x = -\nu\frac{\sigma_x}{E} \tag{a}$$

若正应力作用于单元体的 y 面或 z 面，将式（a）中的下标做相应替换即可。

二、纯剪切应力状态的胡克定律

在第七章中，基于扭转实验已知材料在线弹性范围内工作时，其应力-应变关系为
$$\tau = G\gamma \quad \text{或} \quad \gamma = \frac{\tau}{G} \tag{7-3}$$

上式即为纯剪切应力状态的剪切胡克定律。若将纯剪切应力状态表示为图 9-16，则
$$\gamma_{xy} = \frac{\tau_{xy}}{G} \tag{b}$$

若切应力作用于 yz 平面或 xz 平面，可将式（b）中的下标做相应替换。

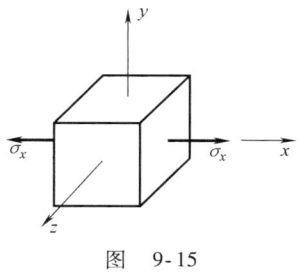
图 9-15

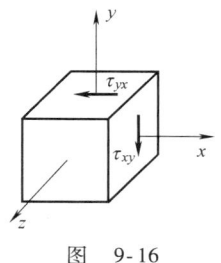
图 9-16

三、空间应力状态的广义胡克定律

图 9-17 所示单元体为空间应力状态的普遍形式，有 6 个独立的应力分量。相应的，空间应力状态有 6 个独立的应变分量，分别为线应变分量 ε_x、ε_y、ε_z（下标 x、y、z 代表线应变方向）和切应变分量 γ_{xy}、γ_{yz}、γ_{zx}（下标代表切应变发生平面）。

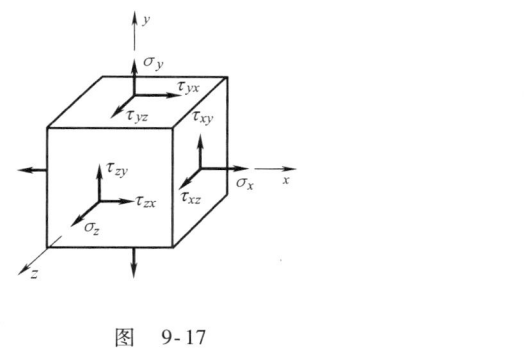
图 9-17

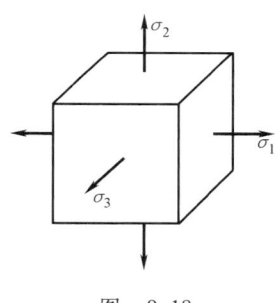
图 9-18

应力符号规定：正应力的符号规定与之前相同，以拉应力为正，压应力为负。切应力符号与切应力所处截面位置和切应力方向有关，做如下规定：单元体侧面外法线与坐标轴正向一致时该面称为单元体的正面，反之，单元体侧面外法线与坐标轴正向相反时该面称为单元体的负面。正面上的切应力方向与坐标轴正向一致，或负面上的切应力与坐标轴负向一致时切应力为正；反之，正面上的切应力方向与坐标轴负向一致，或负面上的切应力与坐标轴正向一致时切应力为负。

应变符号规定：线应变符号规定与之前相同，以拉伸为正，压缩为负；切应变以使直角减小者为正，直角增大者为负。

对于各向同性材料，在线弹性范围和小变形条件下，沿应力作用方向的线应变只由正应力引起，与切应力无关；各平面内的切应变与正应力无关，只由同平面内的切应力引起。以上结论是由各向同性材料的性质决定的，其证明可参考弹性力学相关内容。

运用叠加原理，将空间应力状态视为三个单向应力状态（图 9-19）和三个纯剪切应力状态的组合。通过单向应力状态的胡克定律分别计算出 σ_x、σ_y、σ_z 单独作用时所引起的 x、y、z 方向的线应变，把同一方向的线应变代数叠加，即得到 σ_x、σ_y、σ_z 同时作用时该方向的线应变。以 x 方向的线应变 ε_x 为例，设 σ_x 引起的 x 方向的线应变为 ε'_x，σ_y 引起的 x 方向的线应变为 ε''_x，σ_z 引起的 x 方向的线应变为 ε'''_x，由式（a）可得

$$\varepsilon_x' = \frac{\sigma_x}{E}, \quad \varepsilon_x'' = -\nu\frac{\sigma_y}{E}, \quad \varepsilon_x''' = -\nu\frac{\sigma_z}{E}$$

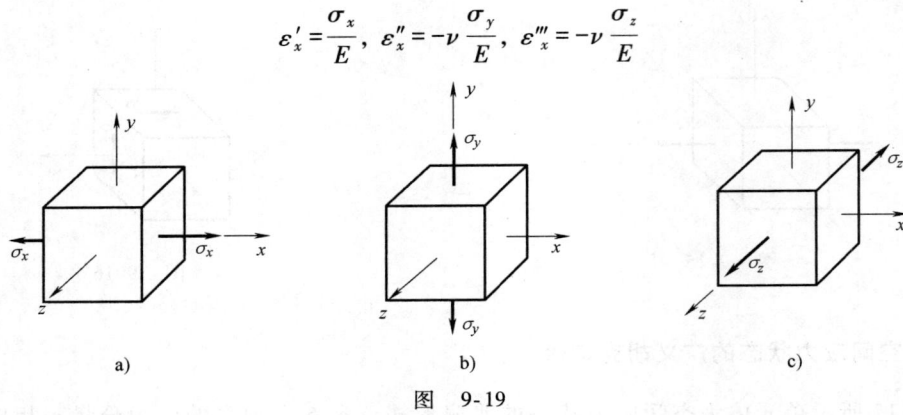

图 9-19

则

$$\varepsilon_x = \varepsilon_x' + \varepsilon_x'' + \varepsilon_x''' = \frac{1}{E}[\sigma_x - \nu(\sigma_y + \sigma_z)]$$

同理，可得到 y、z 方向的线应变。空间应力状态正应力与线应变的关系综合如下：

$$\left.\begin{aligned}\varepsilon_x &= \frac{1}{E}[\sigma_x - \nu(\sigma_y + \sigma_z)] \\ \varepsilon_y &= \frac{1}{E}[\sigma_y - \nu(\sigma_z + \sigma_x)] \\ \varepsilon_z &= \frac{1}{E}[\sigma_z - \nu(\sigma_x + \sigma_y)]\end{aligned}\right\} \quad (9\text{-}10\mathrm{a})$$

每一平面内的切应变由同平面的切应力引起，由式（b）可得

$$\left.\begin{aligned}\gamma_{xy} &= \frac{\tau_{xy}}{G} \\ \gamma_{yz} &= \frac{\tau_{yz}}{G} \\ \gamma_{zx} &= \frac{\tau_{zx}}{G}\end{aligned}\right\} \quad (9\text{-}10\mathrm{b})$$

式（9-10a）和式（9-10b）统称为空间应力状态的**广义胡克定律**，适用于在线弹性范围内工作且满足小变形条件的各向同性材料。

若已知一点的三个主应力，可用主单元体来描述一点处的应力状态，如图 9-18 所示。因主平面上切应力为零，所以与之相应的切应变为零。沿主应力 σ_1、σ_2、σ_3 方向的线应变分别记为 ε_1、ε_2、ε_3，称为**主应变**。将式（9-10a）中的 σ_x、σ_y、σ_z 分别替换为 σ_1、σ_2、σ_3，可得

$$\left.\begin{aligned}\varepsilon_1 &= \frac{1}{E}[\sigma_1 - \nu(\sigma_2 + \sigma_3)] \\ \varepsilon_2 &= \frac{1}{E}[\sigma_2 - \nu(\sigma_3 + \sigma_1)] \\ \varepsilon_3 &= \frac{1}{E}[\sigma_3 - \nu(\sigma_1 + \sigma_2)]\end{aligned}\right\} \quad (9\text{-}11)$$

式（9-11）是广义胡克定律的主应力-主应变表达形式。可以证明，主应变是一点处各方向线应变中的极值，且有 $\varepsilon_1 \geqslant \varepsilon_2 \geqslant \varepsilon_3$，即 ε_1 是线应变的最大值。

四、平面应力状态的应力-应变关系

平面应力状态是空间应力状态的特例，也满足广义胡克定律。设 $\sigma_z=0$、$\tau_{xz}=0$、$\tau_{yz}=0$，由式（9-10a）和式（9-10b）可得平面应力状态的应力-应变关系为

$$\left.\begin{array}{l} \varepsilon_x = \dfrac{1}{E}(\sigma_x - \nu\sigma_y) \\[2mm] \varepsilon_y = \dfrac{1}{E}(\sigma_y - \nu\sigma_x) \\[2mm] \varepsilon_z = -\dfrac{\nu}{E}(\sigma_x + \sigma_y) \\[2mm] \gamma_{xy} = \dfrac{\tau_{xy}}{G} \end{array}\right\} \quad (9\text{-}12)$$

上式用应力表示应变，整理后可写成应变表示应力的形式

$$\left.\begin{array}{l} \sigma_x = \dfrac{E}{1-\nu^2}(\varepsilon_x + \nu\varepsilon_y) \\[2mm] \sigma_y = \dfrac{E}{1-\nu^2}(\varepsilon_y + \nu\varepsilon_x) \\[2mm] \tau_{xy} = G\gamma_{xy} \end{array}\right\} \quad (9\text{-}13)$$

若已知平面应力状态的主应力，并设 $\sigma_3=0$，由式（9-11）可得平面应力状态主应力与主应变的关系为

$$\left.\begin{array}{l} \varepsilon_1 = \dfrac{1}{E}(\sigma_1 - \nu\sigma_2) \\[2mm] \varepsilon_2 = \dfrac{1}{E}(\sigma_2 - \nu\sigma_1) \\[2mm] \varepsilon_3 = -\dfrac{\nu}{E}(\sigma_1 + \sigma_2) \end{array}\right\} \quad (9\text{-}14)$$

五、各向同性材料各弹性常数之间的关系

在第七章中已提及，对各向同性材料来说，广义胡克定律中出现的三个弹性常数 E、G 和 ν 并不独立，它们之间存在以下关系：

$$G = \dfrac{E}{2(1+\nu)} \quad (7\text{-}4)$$

六、体应变与应力间的关系

体应变是变形体内一点处每单位体积的体积改变量，用 θ 表示。

若一点处的主应力已知，围绕该点取出主单元体，如图 9-20 所示。变形前该单元体的边长分别为 dx、dy、dz，体积为

$$V = \mathrm{d}x\mathrm{d}y\mathrm{d}z$$

变形后单元体的边长分别为 $(1+\varepsilon_1)\mathrm{d}x$、$(1+\varepsilon_2)\mathrm{d}y$、$(1+\varepsilon_3)\mathrm{d}z$，体积为

$$V' = (1+\varepsilon_1)(1+\varepsilon_2)(1+\varepsilon_3)\mathrm{d}x\mathrm{d}y\mathrm{d}z$$

体应变为

$$\theta = \frac{V'-V}{V} = \frac{(1+\varepsilon_1)(1+\varepsilon_2)(1+\varepsilon_3)\mathrm{d}x\mathrm{d}y\mathrm{d}z - \mathrm{d}x\mathrm{d}y\mathrm{d}z}{\mathrm{d}x\mathrm{d}y\mathrm{d}z}$$

$$= \varepsilon_1 + \varepsilon_2 + \varepsilon_3 + \varepsilon_1\varepsilon_2 + \varepsilon_2\varepsilon_3 + \varepsilon_3\varepsilon_1 + \varepsilon_1\varepsilon_2\varepsilon_3$$

因材料满足小变形条件，略去上式中的高阶微量得

$$\theta = \varepsilon_1 + \varepsilon_2 + \varepsilon_3 \tag{9-15}$$

将三向应力状态的广义胡克定律代入上式，可得

$$\theta = \frac{1-2\nu}{E}(\sigma_1 + \sigma_2 + \sigma_3) \tag{9-16}$$

例题 9-5 边长 $a = 0.1\mathrm{m}$ 的铜立方块，无间隙地放入体积较大、变形可略去不计的钢凹槽中，如图 9-21a 所示。已知铜的弹性模量 $E = 100\mathrm{GPa}$，泊松比 $\nu = 0.34$，立方块顶面受 $F = 300\mathrm{kN}$ 的均布压力作用，试求该铜块的主应力、最大切应力及体应变。

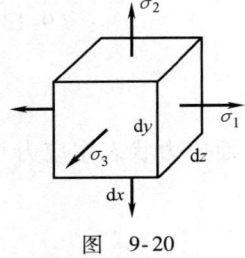

图 9-20

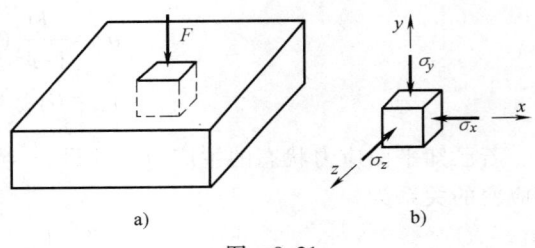

图 9-21

解：铜块受三向压应力的作用，如图 9-21b 所示。

（1）铜块横截面上的压应力

$$\sigma_y = -\frac{F}{A} = -\frac{300 \times 10^3}{0.1^2}\mathrm{Pa} = -30 \times 10^6 \mathrm{Pa} = -30\mathrm{MPa}$$

（2）铜块侧面上的压应力 σ_x、σ_z。因钢凹槽变形不计，可视为刚体，所以铜块沿 x、z 方向的线应变均为零。即

$$\varepsilon_x = \frac{1}{E}[\sigma_x - \nu(\sigma_y + \sigma_z)] = 0$$

$$\varepsilon_z = \frac{1}{E}[\sigma_z - \nu(\sigma_x + \sigma_y)] = 0$$

解得

$$\sigma_x = \sigma_z = \frac{\nu(1+\nu)}{1-\nu^2}\sigma_y = \frac{0.34(1+0.34)}{1-0.34^2}(-30\mathrm{MPa}) = -15.45\mathrm{MPa}$$

铜块的主应力为 $\sigma_1 = \sigma_2 = -15.45\mathrm{MPa}$，$\sigma_3 = -30\mathrm{MPa}$。

（3）最大切应力

$$\tau_{\max} = \frac{1}{2}(\sigma_1 - \sigma_3) = \frac{1}{2}(-15.45+30)\text{MPa} = 7.28\text{MPa}$$

(4) 体应变

$$\theta = \frac{1-2\nu}{E}(\sigma_1+\sigma_2+\sigma_3) = \frac{1-2\times 0.34}{100\times 10^3}(-15.45-15.45-30) = -1.95\times 10^{-4}$$

例题 9-6 试求纯剪切应力状态的体应变。

解：在例题 9-2 中已求出纯剪切应力状态的主应力为 $\sigma_1 = \tau$，$\sigma_2 = 0$，$\sigma_3 = -\tau$。则

$$\theta = \frac{1-2\nu}{E}(\sigma_1+\sigma_2+\sigma_3) = \frac{1-2\nu}{E}(\tau+0-\tau) = 0$$

即切应力不引起体应变。因此可导出一般空间应力状态的体应变为

$$\theta = \frac{1-2\nu}{E}(\sigma_x+\sigma_y+\sigma_z) \tag{9-17}$$

第六节 空间应力状态的应变能密度

一、空间应力状态的应变能密度

物体在外力作用下产生弹性变形，在变形过程中，外力在相应位移上做功，依据能量守恒定律，并忽略热能等微小的能量损耗，外力所做功将全部转变为应变能储存在变形体内。**应变能**是伴随着弹性变形的增减而改变的能量，弹性体内每单位体积储存的应变能称为**应变能密度**。应变能密度的相关内容详见第十二章，其中给出了单向应力状态下应变能密度的表达式：

$$v_\varepsilon = \frac{1}{2}\sigma\varepsilon \tag{12-9}$$

本节将在上式的基础上讨论空间应力状态如何计算应变能密度。

若变形体在线弹性范围内工作且满足小变形条件，当受到外力作用发生变形时，所储存的应变能只取决于外力的最终值，而与加载的顺序无关。因为，如果按不同的顺序加载可以得到不同的应变能，那么可以按储存应变能较多的顺序加载，然后按储存应变能较少的顺序卸载，完成一个加载-卸载循环后，弹性体内还有剩余的应变能，即能量增加了，这违背了能量守恒定律。所以弹性应变能与加载的顺序无关。为便于计算，假设三个主应力按相同比例，同时从零增加至最终值。若材料是线弹性的，在上述加载过程中，主应力与主应变仍将保持线性关系。

已知弹性体内一点处于空间应力状态，围绕该点取出主单元体，其主应力为 σ_1、σ_2、σ_3，主应变为 ε_1、ε_2、ε_3，单元体边长分别为 $\mathrm{d}x$、$\mathrm{d}y$、$\mathrm{d}z$。单元体上的作用力分别为 $\sigma_1\mathrm{d}y\mathrm{d}z$、$\sigma_2\mathrm{d}x\mathrm{d}z$、$\sigma_3\mathrm{d}x\mathrm{d}y$，相应的位移分别为 $\varepsilon_1\mathrm{d}x$、$\varepsilon_2\mathrm{d}y$、$\varepsilon_3\mathrm{d}z$，这些力所做的功为

$$\mathrm{d}W = \frac{1}{2}\sigma_1\varepsilon_1\mathrm{d}x\mathrm{d}y\mathrm{d}z + \frac{1}{2}\sigma_2\varepsilon_2\mathrm{d}x\mathrm{d}y\mathrm{d}z + \frac{1}{2}\sigma_3\varepsilon_3\mathrm{d}x\mathrm{d}y\mathrm{d}z$$

$$= \frac{1}{2}(\sigma_1\varepsilon_1+\sigma_2\varepsilon_2+\sigma_3\varepsilon_3)\mathrm{d}x\mathrm{d}y\mathrm{d}z$$

因此单元体内的应变能为

$$dV_\varepsilon = dW = \frac{1}{2}(\sigma_1\varepsilon_1 + \sigma_2\varepsilon_2 + \sigma_3\varepsilon_3)\,dxdydz$$

应变能密度为

$$v_\varepsilon = \frac{dV_\varepsilon}{dV} = \frac{dV_\varepsilon}{dxdydz} = \frac{1}{2}(\sigma_1\varepsilon_1 + \sigma_2\varepsilon_2 + \sigma_3\varepsilon_3) \tag{9-18}$$

将式（9-11）代入上式，可得以主应力表示的应变能密度

$$v_\varepsilon = \frac{1}{2E}[\sigma_1^2 + \sigma_2^2 + \sigma_3^2 - 2\nu(\sigma_1\sigma_2 + \sigma_2\sigma_3 + \sigma_3\sigma_1)] \tag{9-19}$$

二、体积改变能密度和形状改变能密度

一般情况下，物体在变形时，既有体积的改变又有形状的改变。与这两种变形相对应，物体的应变能密度也由两部分组成，一部分是与体积改变相对应的体积改变能密度 v_V，另一部分是与形状改变相对应的形状改变能密度 v_d。即

$$v_\varepsilon = v_V + v_d \tag{a}$$

如图 9-22 所示，将图 a 所示三向应力状态分解成图 b、c 两种应力状态的叠加。其中 σ_m 称为**平均应力**：

$$\sigma_m = \frac{\sigma_1 + \sigma_2 + \sigma_3}{3} \tag{b}$$

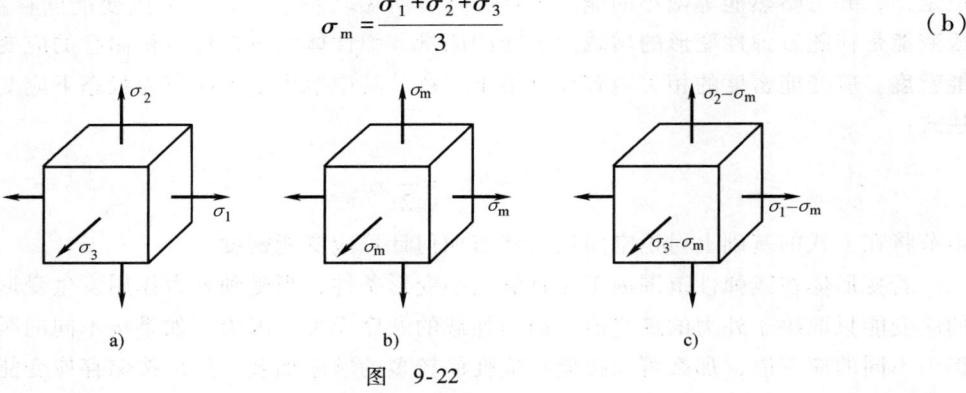

图 9-22

在平均应力作用下（图 9-22b），单元体的形状在变形前后保持不变，只产生体积改变，图 b 单元体的应变能密度即为其体积改变能密度。由式（9-16）可知，图 a 与图 b 体应变相同，因此 a、b 两单元体的体积改变能密度相等。即

$$v_V = \frac{1}{2E}[\sigma_m^2 + \sigma_m^2 + \sigma_m^2 - 2\nu(\sigma_m^2 + \sigma_m^2 + \sigma_m^2)]$$

$$= \frac{3(1-2\nu)}{2E}\sigma_m^2 = \frac{1-2\nu}{6E}(\sigma_1 + \sigma_2 + \sigma_3)^2 \tag{9-20}$$

由式（9-16）可知，图 c 单元体的体应变为零，因此图 c 单元体不产生体积改变，只产生形状改变。其应变能密度等于图 a 单元体的形状改变能密度。即

$$v_\mathrm{d} = \frac{1+\nu}{6E}[(\sigma_1-\sigma_2)^2+(\sigma_2-\sigma_3)^2+(\sigma_3-\sigma_1)^2] \tag{9-21}$$

第七节 强度理论

一、强度理论的概念与建立思路

本节主要研究如何建立复杂应力状态下的强度条件。在轴向拉伸与压缩、扭转和弯曲各章中，已了解的强度条件如下：

轴向拉伸与压缩 $\quad\sigma_{\max}=\dfrac{F_{\mathrm{Nmax}}}{A}\leqslant[\sigma]$

扭转 $\quad\tau_{\max}=\dfrac{T_{\max}}{W_\mathrm{p}}\leqslant[\tau]$

弯曲 $\quad\sigma_{\max}=\dfrac{M_{\max}}{W}\leqslant[\sigma]\quad\tau_{\max}=\dfrac{F_{s,\max}S_{z,\max}}{I_z b}\leqslant[\tau]$

上述强度条件公式虽然不同，但建立方法是相同的。在轴向拉伸、压缩与弯曲的正应力强度条件中，危险点均处于单向应力状态，通过轴向拉伸与压缩试验可以测出材料的极限应力，再除以安全因数，就得到许用应力，即强度条件可借助试验结果直接建立。在扭转与弯曲的切应力强度条件中，危险点均处于纯剪切应力状态，其极限应力也可通过试验测出，进而获得许用应力值，并建立强度条件。由此可见，上述强度条件只是针对单向应力状态或纯剪切应力状态提出的，极限应力均由试验直接测出。

工程中大多数构件受力复杂，构件中的点多处于复杂应力状态。简单应力状态只有一个非零主应力，而复杂应力状态，即使截取主单元体，也需考虑2个或3个非零主应力，且主应力具有无数种组合方式，并不知道哪一种组合是最危险的。如果要通过试验确定最危险的主应力组合并测出其极限应力，就需要对各种主应力组合逐一试验。而且，与简单应力状态相比，复杂应力状态的实验装置和试件要求更高。因此，用直接试验的方法来确定复杂应力状态的极限应力是难以实现的。这就导致复杂应力状态不能像单向应力状态那样来建立强度条件。

要解决这些困难，需要另辟蹊径。长期以来，人们在相关研究中，根据对材料失效现象的分析，考虑引起材料失效的原因，在此基础上分析导致破坏的主应力组合方式，提出破坏假说；并在破坏假说的基础上，通过试验确定假说中主应力组合的限值。两者结合，建立了复杂应力状态的强度条件。

通常认为，应力、应变、应变能密度等是引起材料失效的因素，依据不同的失效因素，人们提出了不同的破坏假说。这些假说认为，相同的破坏方式由相同的失效因素引起，与危险点的应力状态无关。材料在单向应力状态和纯剪切应力状态下的试验结果，也适用于复杂应力状态，这样就可以确定失效因素的限值，建立复杂应力状态的强度条件。通常把材料破坏的假说称为**强度理论**。

二、材料的破坏类型

在常温、静载条件下，材料的破坏主要表现为脆性断裂和塑性屈服两种类型。**脆性断裂**是指材料在没有明显塑性变形的情况下突然断裂破坏。**塑性屈服**是指材料出现了较大的塑性变形导致不能正常使用。材料的破坏类型除了与材料本身的力学性质有关之外，还与危险点的应力状态有关。

三、四种常用强度理论

本节介绍四种常用的强度理论，分别是最大拉应力理论（第一强度理论）、最大伸长线应变理论（第二强度理论）、最大切应力理论（第三强度理论）和形状改变能密度理论（第四强度理论）。其中第一和第二强度理论适用于材料脆性断裂的失效情况，统称为第一类强度理论；第三、第四强度理论适用于材料出现塑性屈服的情况，统称为第二类强度理论。

1. 最大拉应力理论（第一强度理论）

这一理论认为最大拉应力 σ_1 是引起材料脆性断裂的原因。即不论材料处于简单应力状态还是复杂应力状态，产生脆性断裂的原因都是物体内一点处的最大拉应力 σ_1 达到了材料的极限应力 σ_u。既然 σ_u 与应力状态无关，就可以对材料做单轴拉伸试验，在试件脆性断裂时所测得的强度极限 σ_b 即为 σ_u。第一强度理论的断裂破坏条件为

$$\sigma_1 = \sigma_b \tag{a}$$

将式（a）中的 σ_b 除以安全因数得到材料的许用应力 $[\sigma]$，则第一强度理论的强度条件为

$$\sigma_1 \leqslant [\sigma] \tag{9-22}$$

式（9-22）中的 σ_1 为最大拉应力，$[\sigma]$ 为材料脆性断裂时的许用应力。所以第一强度理论不适用于没有拉应力的应力状态。实验表明，第一强度理论与砖、石、铸铁、陶瓷等脆性材料的受拉破坏现象相符。在铸铁的单轴拉伸试验中，试件沿横截面脆性断裂；而在铸铁的扭转试验中，试件沿 45° 螺旋面产生脆性断裂。以上两种情况，断裂面均为最大拉应力作用面。

2. 最大伸长线应变理论（第二强度理论）

这一理论认为最大伸长线应变 ε_1 是引起材料脆性断裂的原因。即不论材料处于简单应力状态还是复杂应力状态，产生脆性断裂的原因都是物体内一点处的最大伸长线应变 ε_1 达到了材料的线应变限值 ε_u。因材料的线应变限值 ε_u 与应力状态无关，同样做单轴拉伸试验，并假设在试件脆性断裂时材料仍满足胡克定律，材料断裂时测得的极限应力

$$\sigma_u = \sigma_b \tag{b}$$

相应的线应变限值为

$$\varepsilon_u = \frac{\sigma_u}{E} = \frac{\sigma_b}{E} \tag{c}$$

第二强度理论的断裂破坏条件为

$$\varepsilon_1 = \varepsilon_u = \frac{\sigma_b}{E} \tag{d}$$

由广义胡克定律可知

$$\varepsilon_1 = \frac{1}{E}[\sigma_1 - \nu(\sigma_2 + \sigma_3)]$$

将上式代入式（d）可得第二强度理论的破坏条件为

$$\sigma_1 - \nu(\sigma_2 + \sigma_3) = \sigma_b \tag{e}$$

将上式中的 σ_b 除以安全因数得到材料的许用应力 $[\sigma]$，则第二强度理论的强度条件为

$$\sigma_1 - \nu(\sigma_2 + \sigma_3) \leqslant [\sigma] \tag{9-23}$$

实验表明，第二强度理论与石料或混凝土等脆性材料的轴向压缩试验结果相符，材料沿横向（与轴向压力垂直的方向）发生脆性断裂。

与第一强度理论相比，第二强度理论的破坏因素综合考虑了 σ_1、σ_2、σ_3 的影响。但实际上，在使用第二强度理论时，多有结论与实际大致相符或不相符的情况。这导致了第二强度理论在应用上远不如第一强度理论普遍。

3. 最大切应力理论（第三强度理论）

这一理论认为最大切应力 τ_{max} 是引起材料塑性屈服的原因。即不论材料处于简单应力状态还是复杂应力状态，产生塑性屈服的原因都是物体内一点的最大切应力 τ_{max} 达到了材料屈服时的切应力极限值 τ_u。因 τ_u 与应力状态无关，对材料做单轴拉伸试验，测得其屈服极限为 σ_s，而 τ_u 为与屈服极限相应的最大切应力。在单向拉应力状态下，屈服时的主应力为 $\sigma_1 = \sigma_s$，$\sigma_2 = \sigma_3 = 0$。最大切应力 τ_u 发生在与 σ_1 作用的主平面成 $45°$ 夹角的斜截面上：

$$\tau_u = \frac{\sigma_1 - \sigma_3}{2} = \frac{\sigma_s}{2} \tag{f}$$

第三强度理论的屈服条件为

$$\tau_{max} = \tau_u = \frac{\sigma_s}{2} \tag{g}$$

一点处的最大切应力为

$$\tau_{max} = \frac{\sigma_1 - \sigma_3}{2}$$

将上式代入式（g）可得第三强度理论的屈服条件为

$$\sigma_1 - \sigma_3 = \sigma_s \tag{h}$$

将上式中的 σ_s 除以安全因数得到材料的许用应力 $[\sigma]$，则第三强度理论的强度条件为

$$\sigma_1 - \sigma_3 \leqslant [\sigma] \tag{9-24}$$

第三强度理论解释了塑性材料的屈服现象，能较好地符合金属塑性材料的实验结果。其强度条件没有考虑 σ_2 的影响，但因形式简单，计算结果与实验结果相比偏于安全，所以得到了广泛应用。

4. 形状改变能密度理论（第四强度理论）

这一理论认为形状改变能密度是引起材料塑性屈服的原因。即不论材料处于简单应力状态还是复杂应力状态，产生塑性屈服的原因都是物体内一点的形状改变能密度 v_d 达到了材料屈服时的应变能密度极限值 v_{du}。因 v_{du} 与应力状态无关，所以仍对材料做单轴拉伸试验并确定材料的屈服极限 σ_s，v_{du} 为与屈服极限相应的形状改变能密度。由式（9-21）可知，若已知物体内危险点处的主应力，则其形状改变能密度为

$$v_d = \frac{1+\nu}{6E}[(\sigma_1-\sigma_2)^2+(\sigma_2-\sigma_3)^2+(\sigma_3-\sigma_1)^2]$$

在单向拉应力状态下，屈服时的主应力为 $\sigma_1 = \sigma_s$，$\sigma_2 = \sigma_3 = 0$，代入上式可得

$$v_{du} = \frac{1+\nu}{6E} 2\sigma_s^2 \tag{i}$$

第四强度理论的屈服条件为

$$v_d = v_{du} \tag{j}$$

将式（9-22）和式（i）代入上式，整理得第四强度理论的屈服条件为

$$\sqrt{\frac{1}{2}[(\sigma_1-\sigma_2)^2+(\sigma_2-\sigma_3)^2+(\sigma_3-\sigma_1)^2]} = \sigma_s \tag{k}$$

将上式中的 σ_s 除以安全因数得到材料的许用应力 $[\sigma]$，则第四强度理论的强度条件为

$$\sqrt{\frac{1}{2}[(\sigma_1-\sigma_2)^2+(\sigma_2-\sigma_3)^2+(\sigma_3-\sigma_1)^2]} \leq [\sigma] \tag{9-25}$$

与第三强度理论相比，对几种金属塑性材料所做的试验显示，第四强度理论的计算结果与试验结果更为相符。

5. 四种强度理论的统一形式

由四种强度理论的强度条件来看，其表达式具有相似性：不等式左侧为主应力组合式，不等式右侧为材料的许用应力。因此可以把四种强度理论的强度条件统一表示为

$$\sigma_r \leq [\sigma] \tag{9-26}$$

式（9-26）中的 σ_r 称为**相当应力**。按照从第一强度理论到第四强度理论的顺序，四种强度理论的相当应力分别为

$$\begin{aligned}
\sigma_{r1} &= \sigma_1 \\
\sigma_{r2} &= \sigma_1 - \nu(\sigma_2+\sigma_3) \\
\sigma_{r3} &= \sigma_1 - \sigma_3 \\
\sigma_{r4} &= \sqrt{\frac{1}{2}[(\sigma_1-\sigma_2)^2+(\sigma_2-\sigma_3)^2+(\sigma_3-\sigma_1)^2]} \leq [\sigma]
\end{aligned} \tag{9-27}$$

四、强度理论的选用

强度理论是根据材料的失效现象提出的关于材料破坏规律的假说。一般的，常温、静荷载条件下材料的失效与材料本身的力学性质和所处的应力状态有关，选用强度理论时应予以充分考虑。

（1）脆性材料如铸铁、混凝土、石料等通常会发生脆性断裂破坏，此时应选用第一或第二强度理论。但当脆性材料处于三向压应力状态时，会产生塑性屈服现象，此时应选用第三或第四强度理论。

（2）塑性材料如低碳钢等通常会发生塑性屈服，此时应选用第三或第四强度理论。但当塑性材料处于三向拉应力状态时，会产生脆性断裂破坏，此时应选用第一强度理论。

例题 9-7 有一钢制构件，其危险点处的应力状态如例题 9-1 所示。已知材料的许用应力 $[\sigma] = 160\text{MPa}$，试用第三和第四强度理论校核构件强度。

解：在例题 9-1 中已求得危险点的主应力为

$$\sigma_1 = 70\text{MPa}, \sigma_2 = 0\text{MPa}, \sigma_3 = -30\text{MPa}$$

用第三强度理论校核：
$$\sigma_{r3} = \sigma_1 - \sigma_3 = 70\text{MPa} - (-30\text{MPa}) = 100\text{MPa} < [\sigma]$$

用第四强度理论校核：
$$\sigma_{r4} = \sqrt{\frac{1}{2}[(\sigma_1-\sigma_2)^2+(\sigma_2-\sigma_3)^2+(\sigma_3-\sigma_1)^2]}$$
$$= \sqrt{\frac{1}{2}[(70-0)^2+(0+30)^2+(-30-70)^2]}\text{ MPa}$$
$$= 88.9\text{MPa} < [\sigma]$$

因此构件满足强度要求。

例题 9-8 两端简支的工字型截面梁由钢板焊接而成，梁的尺寸及承受荷载如图 9-23a、b 所示。已知 $F = 220\text{kN}$，$b = 120\text{mm}$，$h_1 = 250\text{mm}$，$t = 12\text{mm}$，$d = 10\text{mm}$，截面关于中性轴的惯性矩 $I_z = 6.25 \times 10^{-5}\text{m}^4$，工字型截面下翼缘面积关于中性轴的静矩 $S_z^* = 1.89 \times 10^{-4}\text{m}^3$，钢的许用应力 $[\sigma] = 160\text{MPa}$。（1）试按正应力强度条件校核该梁的强度；（2）试按第四强度理论校核危险截面下翼缘与腹板交界处 a 点的强度，并与正应力强度条件的校核结果作比较。

解：确定危险截面。作梁的内力图如图 9-23c、d 所示。由图可知，C 截面为危险截面。
$$F_{s,\max} = F_{sC} = 176\text{kN}$$
$$M_{\max} = M_C = 70.4\text{kN}\cdot\text{m}$$

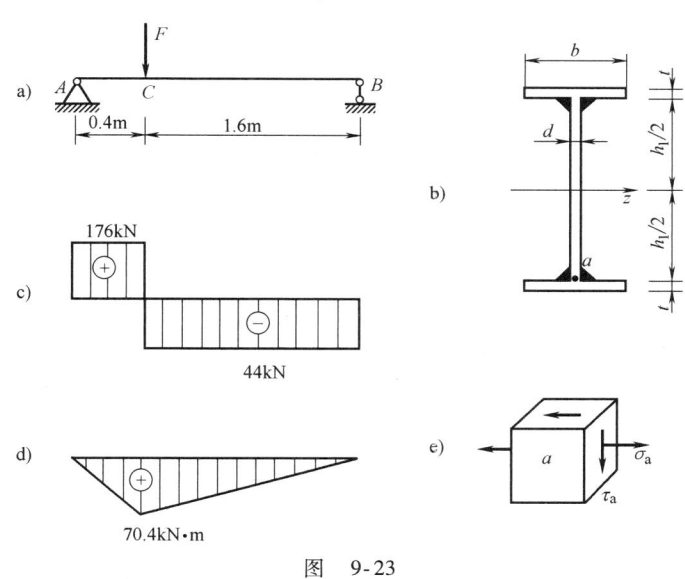

图 9-23

（1）按正应力强度条件校核梁的强度。最大正应力发生在 C 截面的上、下边缘各点处，其切应力为零，危险点处于单向应力状态。
$$\sigma_{\max} = \frac{M_{\max}y_{\max}}{I_z} = \left[\frac{70.4\times10^3}{6.25\times10^{-5}}\times\left(\frac{250}{2}+12\right)\times10^{-3}\right]\text{Pa} = 154.3\times10^6\text{Pa} = 154.3\text{MPa} < [\sigma]$$

可见按正应力强度条件校核时，梁的强度满足要求。

(2) 按第四强度理论校核 a 点强度。a 点为危险截面上腹板与下翼缘交界处的点，横截面上 a 点处具有较大的正应力和切应力，易知 a 点处于平面应力状态，如图 9-23e 所示，应按强度理论进行校核。

过 a 点的横截面上的正应力和切应力分别为

$$\sigma_a = \frac{M_{\max} y_{\max}}{I_z} = \frac{70.4 \times 10^3 \times 125 \times 10^{-3}}{6.25 \times 10^{-5}} \text{Pa} = 140.8 \times 10^6 \text{Pa} = 140.8 \text{MPa}$$

$$\tau_a = \frac{F_{sC} S_z^*}{I_z d} = \frac{176 \times 10^3 \times 1.89 \times 10^{-4}}{6.25 \times 10^{-5} \times 10 \times 10^{-3}} \text{Pa} = 53.2 \times 10^6 \text{Pa} = 53.2 \text{MPa}$$

a 点的主应力为

$$\left.\begin{matrix}\sigma'_a \\ \sigma''_a\end{matrix}\right\} = \frac{\sigma_a}{2} \pm \sqrt{\left(\frac{\sigma_a}{2}\right)^2 + \tau_a^2} = \frac{140.8 \text{MPa}}{2} \pm \sqrt{\left(\frac{140.8}{2}\right)^2 + 53.2^2} \text{MPa} = \left.\begin{matrix}158.6 \text{MPa} \\ -17.8 \text{MPa}\end{matrix}\right\}$$

所以 $\sigma_1 = 158.6 \text{MPa}$，$\sigma_2 = 0 \text{MPa}$，$\sigma_3 = -17.8 \text{MPa}$。

按第四强度理论校核 a 点强度：

$$\sigma_{r4} = \sqrt{\frac{1}{2}[(\sigma_1 - \sigma_2)^2 + (\sigma_2 - \sigma_3)^2 + (\sigma_3 - \sigma_1)^2]}$$

$$= \sqrt{\frac{1}{2}[(158.6-0)^2 + (0+17.8)^2 + (-17.8-158.6)^2]} \text{MPa}$$

$$= 168.2 \text{MPa} > [\sigma]$$

$$\frac{\sigma_{r4} - [\sigma]}{[\sigma]} \times 100\% = \frac{168.2 - 160}{160} \times 100\% = 5.13\% > 5\%$$

因此按第四强度理论，a 点的强度不满足要求。

(3) 讨论。本题中，由钢板焊接而成的梁满足正应力强度条件，但处于复杂应力状态下的 a 点，其强度不能满足。这通常发生在梁截面宽度存在突变，如工字形、槽形截面梁，且危险截面上的弯矩和剪力都较大的情况下。对这一类梁，需要运用强度理论对腹板与翼缘交界处的点进行强度校核。

对于按国家标准制成的型钢，如工字钢和槽钢，因为在腹板和翼缘交界处有圆弧，而且翼缘的内边具有一定的斜度，因此增加了腹板和翼缘交界处的截面宽度。如果梁能够同时满足正应力强度条件和切应力强度条件，一般情况下，腹板和翼缘交界处的点也能够满足强度要求，不再需要单独进行校核。

对于矩形截面梁来说，其截面宽度无变化，不需要对其处于复杂应力状态的点进行强度校核。

9-1 试用解析法求题 9-1 图所示单元体指定截面上的应力，并在脱离体图中绘出应力方向（图中应力单位为 MPa）。

答案：a) $\sigma_{45°} = 10 \text{MPa}$，$\tau_{45°} = -40 \text{MPa}$；

b) $\sigma_{-30°} = 79.64 \text{MPa}$，$\tau_{-30°} = -5.98 \text{MPa}$

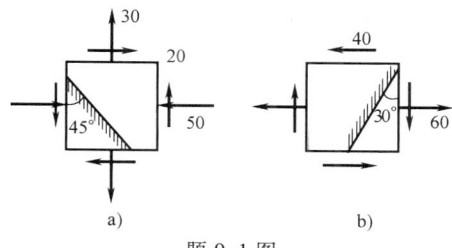

题 9-1 图

9-2 如题 9-1 图所示应力状态（图中应力单位为 MPa）。试用解析法求：（1）主应力；（2）主平面方位角；（3）在单元体上绘出主平面的位置及主应力的方向。

答案：a) $\sigma_1 = 34.72\text{MPa}$，$\alpha_1 = 76.7°$；b) $\sigma_1 = 80\text{MPa}$，$\alpha_1 = -26.6°$

9-3 如题 9-3 图所示平面应力状态（图中应力单位为 MPa），试作应力圆。并求出：（1）主应力；（2）指定截面上的应力；（3）在单元体上绘出主平面的位置及主应力的方向；（4）最大切应力。

答案：a) $\sigma_1 = 77.65\text{MPa}$，$\tau_{\max} = 62.65\text{MPa}$，$\sigma_{60°} = 13.47\text{MPa}$；
　　　b) $\sigma_1 = 12.42\text{MPa}$，$\tau_{\max} = 42.42\text{MPa}$，$\sigma_{45°} = -60\text{MPa}$；
　　　c) $\sigma_1 = 0\text{MPa}$，$\tau_{\max} = 20\text{MPa}$，$\sigma_{-30°} = -35\text{MPa}$

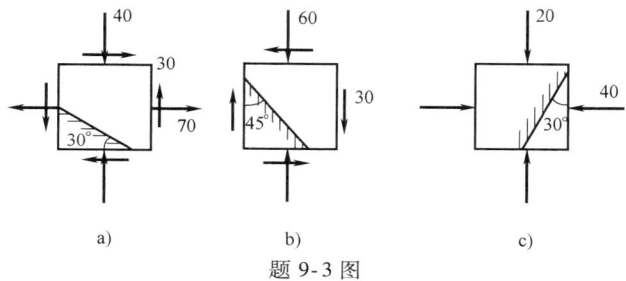

题 9-3 图

9-4 如题 9-4 图所示圆轴两端受扭转外力偶作用。已知圆轴直径 $d = 80\text{mm}$，$M_e = 5\text{kN} \cdot \text{m}$，材料的弹性模量 $E = 200\text{GPa}$，泊松比 $\nu = 0.3$。试求横截面边缘处 A 点沿与水平线成 $45°$ 方向的线应变。

答案：$\varepsilon_{45°} = -0.323 \times 10^{-3}$

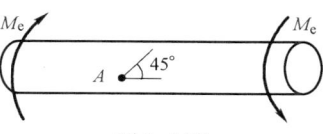

题 9-4 图

9-5 试求题 9-5 图所示单元体（图中应力单位为 MPa）的主应力和最大切应力。

答案：a) $\sigma_1 = 76\text{MPa}$，$\tau_{\max} = 58\text{MPa}$；
　　　b) $\sigma_1 = 60\text{MPa}$，$\tau_{\max} = 46.21\text{MPa}$；
　　　c) $\sigma_1 = 40\text{MPa}$，$\tau_{\max} = 35\text{MPa}$

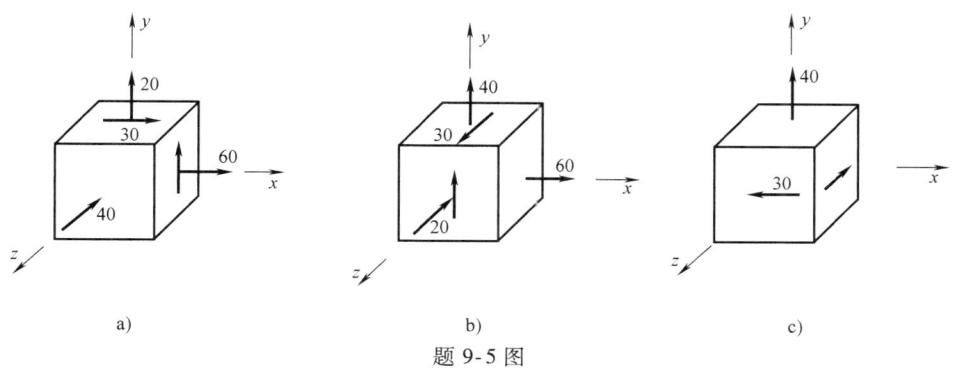

题 9-5 图

9-6 某铸铁杆件危险点处的应力状态如题 9-6 图所示,已知材料的许用拉应力 $[\sigma]$ = 40MPa,泊松比 ν = 0.3。试校核该点的强度。

答案:σ_{r1} = 34.08MPa,σ_{r2} = 39.8MPa

9-7 危险点的应力状态如题 9-7 图所示(应力单位为 MPa)。已知材料的泊松比 ν = 0.3,试求四种强度理论的相当应力。

答案:a) σ_{r3} = 141.1MPa,σ_{r4} = 132.29MPa;
b) σ_{r3} = 150MPa,σ_{r4} = 132.29MPa

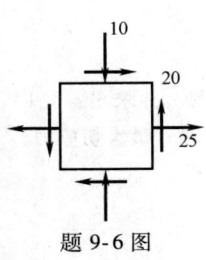

题 9-6 图

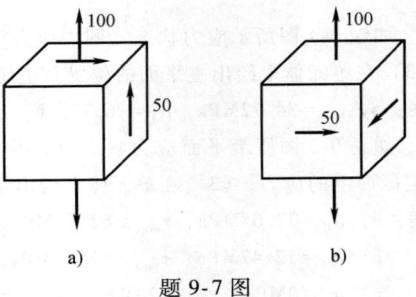

题 9-7 图

第十章 组合变形

第一节 概述

一、组合变形的概念

工程实际中,杆件只有在特定的荷载作用下才会产生某种基本变形(轴向拉伸和压缩、剪切、扭转和弯曲)。在一般荷载作用下,杆件会同时产生两种或两种以上的基本变形,这类由几种基本变形组合的变形称为**组合变形**。组合变形中的各基本变形均为相同数量级,计算杆件应力或变形时应同时考虑各基本变形,由于弯曲切应力一般都很小,只将**弯曲切应力忽略不计**。

组合变形的形式有多种,如简易起重机的横梁(图 10-1a)在吊重作用下发生压缩和弯曲的组合变形;厂房中牛腿形吊车立柱(图 10-1b)承受轴向压力和偏心压力作用发生压缩和弯曲的组合变形;屋架中的檩条(图 10-1c)发生相互垂直的两个平面弯曲的组合变形;机器中的传动轴(图 10-1d)发生弯曲和扭转的组合变形。

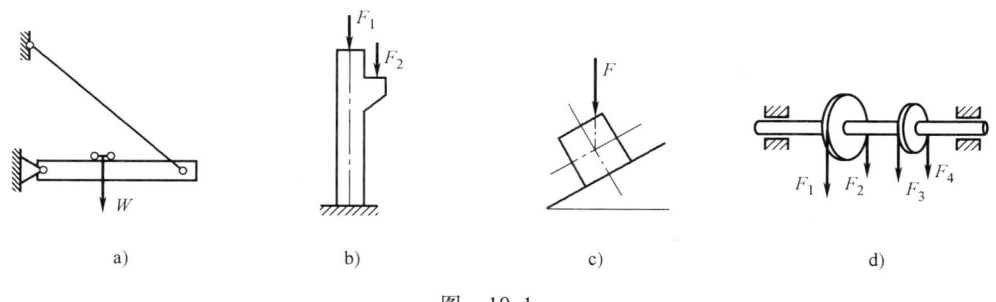

图 10-1

*二、弯曲中心

第七章讨论的平面弯曲是所有横向力(与梁的轴线垂直的力)都作用在梁的纵向对称平面内,如果横向力作用面不与纵向对称面重合,或梁为非对称截面梁,通过实验发现,梁一般在弯曲的同时还会发生扭转变形。当横向力作用面与形心主轴平面重合或平行,且横向力作用点通过某一特殊的点时,梁只有弯曲变形而无扭转变形,则该特殊点称为截面的**弯曲**

中心或**剪切中心**（简称**弯心**或**剪心**）。弯心的位置仅与截面图形的几何形状有关，与横向力的大小和材料的性质无关，且一定在截面的对称轴（或反对称轴）上。对于开口薄壁截面（如槽形）梁，弯心是横截面上弯曲切应力合力的作用点，与形心不重合；对于闭口截面梁，弯心与形心重合为一个点。

三、叠加原理

计算组合变形杆件的应力与变形，需要应用叠加原理。当几种外力同时作用时，杆件产生的总内效应（应力、变形等）是该几种外力单独作用时所产生的内效应的矢量和（一般为代数和），即为叠加原理。应用叠加原理，需满足如下两个条件，即

（1）小变形条件。任一外力作用时产生的变形很小，不会对其他外力的作用效应产生影响。

（2）线弹性条件。外力与该外力所产生的内力、应力和位移等是线性关系。对于多个外力同时作用，如果应力不超过材料的比例极限，该条件就会满足。

叠加原理是求解组合变形的理论基础，如果杆件的组合变形超出了线弹性范围，或虽然在线弹性范围内但变形较大，计算时需要用变形以后的尺寸，不按初始尺寸或形状会导致各基本变形之间相互影响，造成外力与内力、变形等内效应之间的非线性关系，此时叠加原理就不再适用于组合变形计算了。

四、组合变形的计算方法

依据叠加原理，计算组合变形的内力、应力和变形的基本步骤可归纳为：

（1）**外力等效分析**　将荷载分解或简化处理成若干个符合基本变形的特定荷载。

（2）**内力分析**　计算各基本变形的内力，作内力图，确定杆件危险截面的位置及内力。

（3）**应力分析**　由各基本变形横截面上的应力变化规律，确定危险点的位置及应力，根据叠加原理分析危险点的应力状态（作应力状态图）。

（4）**强度分析**　根据危险点类型及材料的力学性质，选择适当的强度理论进行相应的强度计算。

（5）**变形分析**（略）

外力的等效分析主要指力的分解和力的平移（依据力的平移定理），在上述各步骤中最为关键。实际工程中常见的组合变形有：斜弯曲（两个相互垂直平面弯曲的组合）、拉伸（压缩）与弯曲的组合、扭转与弯曲的组合，本章主要研究其应力和强度计算。

第二节　斜弯曲

当外力位于梁的纵向对称面（图10-2a），或与形心主惯性平面平行且过弯心 A 的平面内时（图10-2b），梁发生平面弯曲。若梁在外力作用下，分别在两个相互垂直平面内产生剪力和弯矩（图10-3），则会同时发生两个平面弯曲，这两个平面弯曲的组合，称为**斜弯曲**。本节主要研究斜弯曲的应力和强度问题。

一、正应力计算

如图10-4a所示矩形截面悬臂梁，y、z 轴是截面上的形心主轴，在自由端作用有集中力

图 10-2

图 10-3

F，且与对称轴 y 夹角为 θ，计算距右端面为 x 的 m—m 截面上任一点的正应力时，首先分析外力，求出内力，然后分别计算两个相互垂直平面内的正应力，再进行叠加。

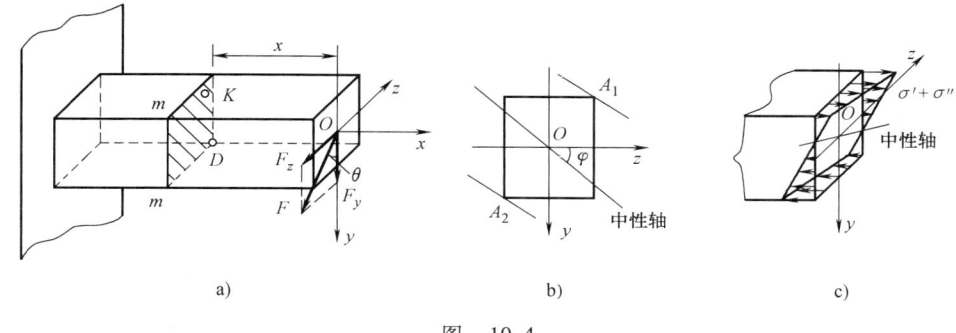

图 10-4

（1）**外力分析**　将力 F 向 y、z 轴分解，得
$$F_y = F\cos\theta, \quad F_z = F\sin\theta$$

（2）**内力分析**　F_y 和 F_z 在截面 m—m 上引起的弯矩分别为
$$M_z = F_y x = Fx\cos\theta = M\cos\theta$$
$$M_y = F_z x = Fx\sin\theta = M\sin\theta$$

式中，$M = Fx$ 是外力 F 引起的总弯矩。悬臂梁固定端截面（$x = l$）处，弯矩 M_y 和 M_z 均达到最大值，故固定端截面是危险截面。

显然，内力 M_z 引起了 Oxy 平面内的弯曲，M_y 引起了 Oxz 平面内的弯曲，悬臂梁发生了斜弯曲。

（3）**应力分析**　由 M_z 和 M_y 分别引起的横截面 m—m 上任一点 K 处的正应力为
$$\sigma' = \frac{M_z}{I_z}y, \quad \sigma'' = \frac{M_y}{I_y}z$$

根据叠加原理，K 点的正应力为
$$\sigma = \sigma' + \sigma'' = \frac{M_z}{I_z}y + \frac{M_y}{I_y}z = M\left(\frac{\cos\theta}{I_z}y + \frac{\sin\theta}{I_y}z\right) \tag{10-1}$$

式（10-1）是梁斜弯曲时横截面上任一点的正应力计算公式。式中，I_z 和 I_y 分别为截面对 z 轴和 y 轴的惯性矩；y 和 z 分别为所求应力的点到 z、y 轴的距离，或为点的坐标。

应用公式（10-1）计算正应力时，将式中的 $M(M_y、M_z)$、y、z 以绝对值代入，σ' 和 σ'' 的正、负号可根据梁弯曲变形情况判定，即拉应力为正，压应力为负。如图 10-4a 中 K 点的应力，F_y 单独作用时梁绕中性轴 z 凹向下弯曲，K 点位于受拉区，F_y 引起的 K 点正应力 σ' 为正值；而 D 点则处于受压区，F_y 引起的 D 点正应力 σ' 则为负值。同理，F_z 单独作用时梁绕中性轴 y 凹向出纸平面弯曲，K 点和 D 点同时位于受拉区，F_z 引起的两点正应力 σ'' 均为正值。

二、斜弯曲时梁的中性轴与强度条件

梁斜弯曲时横截面上各点的正应力等于 σ' 和 σ'' 的代数和，有正有负，一定还存在等于零的情况。这些正应力为零的点，即为中性轴上的点。令坐标为 y_O，z_O 的某点代表中性轴上任一点，将 y_O，z_O 代入式（10-1）可得中性轴的方程，即

$$\sigma = M\left(\frac{\cos\theta}{I_z}y_O + \frac{\sin\theta}{I_y}z_O\right) = 0$$

整理上式可得

$$\frac{y_O}{I_z}\cos\theta + \frac{z_O}{I_y}\sin\theta = 0 \tag{10-2}$$

式（10-2）即为确定中性轴位置的公式，显然中性轴是一条通过横截面形心的斜直线。令中性轴与主轴 z 的夹角为 φ，则由式（10-2）可得

$$\tan\varphi = \frac{y_O}{z_O} = -\frac{I_z}{I_y}\tan\theta \tag{10-3}$$

一般情况下，式（10-3）中的 $I_z \neq I_y$，故 $\varphi \neq \theta$，说明**中性轴与外力作用线不垂直**，这也是**斜弯曲的受力特点**。若为圆形、正方形、正三角形等截面形状时，其 $I_z = I_y$，则 $\varphi = \theta$，中性轴与外力作用线垂直，此时无论外力作用在哪个纵向对称面内，梁都会发生平面弯曲。

梁横截面上的正应力以中性轴为界，一侧为拉应力，另一侧为压应力，与平面弯曲截面上正应力分布类似，截面上各点的正应力大小与该点到中性轴的距离成正比，最大正应力发生在距离中性轴最远处。对于横截面具有光滑的边界，作与中性轴平行且分别与横截面周边相切的直线，得到的两相切点即分别为横截面上最大拉应力和最大压应力的点。若横截面具有棱角的边界，最大弯曲正应力一定发生在距中性轴最远的角点处，如图 10-4b 中 A_1 和 A_2 点，矩形横截面上正应力的分布规律如图 10-4c 所示。

将最大弯矩 $M_{z,\max}$，$M_{y,\max}$ 和 A_1 和 A_2 点的坐标 (x_1, y_1)、(x_2, y_2) 代入式（10-1），可得最大拉应力 $\sigma_{t,\max}$ 和最大压应力 $\sigma_{c,\max}$ 分别为

$$\sigma_{t,\max} = \sigma_{A_1} = \frac{M_{z,\max}}{I_z}y_1 + \frac{M_{y,\max}}{I_y}z_1 \tag{10-4a}$$

$$\sigma_{c,\max} = \sigma_{A_2} = -\frac{M_{z,\max}}{I_z}y_2 - \frac{M_{y,\max}}{I_y}z_2 \tag{10-4b}$$

整理上式，可得

$$\sigma_{t,\max} = \frac{M_{z,\max}}{W_z} + \frac{M_{y,\max}}{W_y} \tag{10-5a}$$

$$\sigma_{c,\max} = -\frac{M_{z,\max}}{W_z} - \frac{M_{y,\max}}{W_y} \tag{10-5b}$$

式中，$W_z = \dfrac{I_z}{y_{\max}}$；$W_y = \dfrac{I_y}{z_{\max}}$。

式（10-5）不仅适用于矩形截面，对于工字形、槽形截面也适用。

梁斜弯曲时，危险点处于单向应力状态，故梁的强度条件为

$$\sigma_{\max} \leqslant [\sigma] \tag{10-6}$$

例题 10-1 图 10-5 所示梁承受均布荷载，$[\sigma] = 10\mathrm{MPa}$，$l = 4\mathrm{m}$，$\theta = 15°$。（1）梁横截面为矩形截面时，宽 $b = 100\mathrm{mm}$，高 $h = 200\mathrm{mm}$，试校核梁的强度；（2）若梁为圆形截面时，直径 $d = 165\mathrm{mm}$，其最大应力为多少？

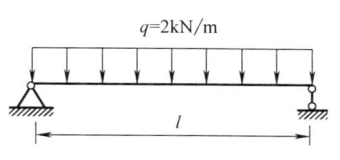
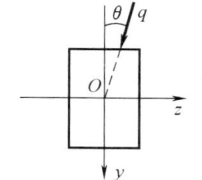

图 10-5

解：（1）校核矩形截面梁的强度。

1）外力分析。将 q 沿截面的两个对称轴 y、z 方向分解，得

$$q_y = q\cos\theta = 2\times\cos15°\mathrm{kN\cdot m^{-1}} = 1.93\mathrm{kN\cdot m^{-1}}$$

$$q_z = q\sin\theta = 2\times\sin15°\mathrm{kN\cdot m^{-1}} = 0.52\mathrm{kN\cdot m^{-1}}$$

2）计算内力。梁跨度中点处的弯矩最大，分别为

$$M_z = \frac{1}{8}q_y l^2 = \left(\frac{1}{8}\times1.93\times4^2\right)\mathrm{kN\cdot m} = 3.86\mathrm{kN\cdot m}$$

$$M_y = \frac{1}{8}q_z l^2 = \left(\frac{1}{8}\times0.52\times4^2\right)\mathrm{kN\cdot m} = 1.04\mathrm{kN\cdot m}$$

3）计算梁中最大正应力并进行强度校核：

$$\sigma_{\max} = \frac{M_{z,\max}}{W_z} + \frac{M_{y,\max}}{W_y} = \frac{6\times3.86\times10^3}{0.1\times0.2^2}\mathrm{Pa} + \frac{6\times1.04\times10^3}{0.2\times0.1^2}\mathrm{Pa} = 8.9\mathrm{MPa} < [\sigma]$$

4）结论：梁满足正应力强度条件。

（2）求圆形截面梁的最大应力，外力与内力分析同上。因为圆形截面的任意直径都是对称轴，弯矩 M_z 和 M_y 是圆截面上相互垂直且性质相同的两个内力分量，可将 M_z 和 M_y 合成为一个合弯矩 M，即

$$M = \sqrt{M_z^2 + M_y^2}$$

圆形截面梁的斜弯曲问题可按平面弯曲（弯矩为 M）进行分析，故圆形截面梁内最大应力为

$$\sigma_{\max} = \frac{M}{W} = \frac{32\sqrt{(3.86\times10^3)^2 + (1.04\times10^3)^2}}{\pi\times0.165^3}\mathrm{Pa} = 9.1\times10^6\mathrm{Pa} = 9.1\mathrm{MPa}$$

思考：斜弯曲时梁的挠曲线特征。

第三节 拉伸（压缩）与弯曲的组合变形

轴向力作用下杆件产生拉伸（压缩），横向力使杆件弯曲，当杆件同时受轴向力和横向力作用时，会发生拉伸（压缩）与弯曲的组合变形，图 10-1a 所示的起重机横梁受吊重作用就是压缩与弯曲的组合变形的实例。本节主要研究拉伸（压缩）与弯曲组合变形的强度问题。

一、应力计算

如图 10-6a 所示矩形截面杆件，采用叠加法计算其横截面上的正应力。

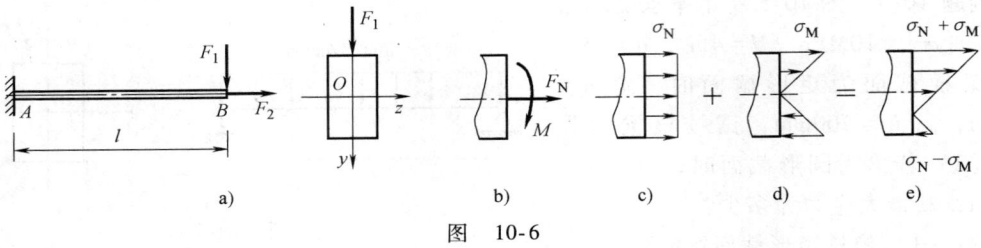

图 10-6

（1）外力分析。横向力 F_1 引起杆件弯曲变形，轴向力 F_2 引起拉伸变形。

（2）内力分析。F_1 作用下使杆件弯曲，固定端面 A 处弯矩最大，弯矩最大值为 $M_{max} = F_1 l$；在轴向拉力 F_2 作用下，杆各横截面上均有轴力 $F_N = F_2$，固定端面 A 为危险截面。由于杆件的弯曲，杆在 y 向会产生位移（挠度），小变形情况下，轴向力因而引起的弯矩可忽略不计（图 10-6b）。

（3）应力分析。在危险截面 A 处，与轴力相应的拉伸正应力 σ_N 均匀分布（图 10-6c），其值为

$$\sigma_N = \frac{F_N}{A}$$

与弯矩 M_{max} 对应的正应力 σ_M 沿截面高度 y 按直线规律分布（图 10-6d），其值为

$$\sigma_M = \frac{M_{max} y}{I_z}$$

将拉伸正应力与弯曲正应力进行叠加，危险截面上任一点的正应力计算式为

$$\sigma = \sigma_N + \sigma_M = \frac{F_N}{A} + \frac{M_{max} y}{I_z} \tag{10-7}$$

显然，拉伸与弯曲组合变形的杆件横截面上正应力也是沿截面高度 y 按直线规律分布的（图 10-6e）。

（4）强度分析。最大正应力发生在危险截面（弯矩最大的截面）上边缘处，属于简单应力状态（单向应力状态），故强度条件为

$$\sigma_{max} = \frac{F_N}{A} + \frac{M_{max}}{W_z} \leqslant [\sigma] \tag{10-8}$$

注意：（1）当杆件的弯曲刚度 EI 比较大，杆件发生小变形时，可以忽略轴向力在横向变形（挠度 w）上引起的附加弯矩，可按式（10-7）和式（10-8）计算。如果变形较大，轴向力和横向力的相互影响不能忽略，叠加原理不再成立，按式（10-7）和式（10-8）计算就不正确了。

（2）从经济方面考虑，应使截面上的最大拉应力和最大压应力分别接近各自的许用应力，充分发挥材料的作用。

例题 10-2 图 10-7a 所示简易起重机，横梁 AB 用 No.18 号工字钢制成，外伸端 B 承受

起吊物的重量为 16kN，试求横梁危险截面上的最大正应力。

解：（1）横梁外力分析。取横梁为研究对象，拉杆 CD 为二力杆，对横梁的拉力 F_C 可分解为 F_{Cx} 和 F_{Cy}，画受力图 10-7b。由平衡方程求得

$$\sum M_A = 0, \quad F_{Cy} \times 2.6\text{m} - F \times 4\text{m} = 0, \quad F_{Cy} = 24.6\text{kN}$$

$$F_{Cx} = F_{Cy} \cot 30° = 24.6\text{kN} \times \sqrt{3} = 42.6\text{kN}$$

$$\sum F_y = 0, \quad F_{Cy} - F - F_{Ay} = 0, \quad F_{Ay} = 8.6\text{kN}$$

$$\sum F_x = 0, \quad F_{Ax} - F_{Cx} = 0, \quad F_{Ax} = 42.6\text{kN}$$

在轴向力 F_{Ax} 和 F_{Cx} 作用下，横梁 AC 段发生压缩；在吊重 F、F_{Cy}、F_{Ay} 作用下，整个横梁发生弯曲变形，横梁 AB 发生弯曲和压缩的组合变形。

（2）横梁内力分析。作轴力图和弯矩图分别如图 10-7c、d 所示。危险截面在 C 截面的左侧，轴力和弯矩分别为

$$F_N = -42.6\text{kN}, \quad M_{\max} = 22.4\text{kN} \cdot \text{m}$$

（3）横梁应力分析。在 C 截面左侧，其下边缘各点为危险点，有最大压应力。查表知 No.18 号工字钢：$A = 30.6\text{cm}^2$，$W_z = 185\text{cm}^3$，即最大正应力为

$$\sigma_{c,\max} = \frac{F_N}{A} + \frac{M_{\max}}{W_z} = \frac{42.6 \times 10^3}{30.6 \times 10^{-4}}\text{Pa} + \frac{22.4 \times 10^3}{185 \times 10^{-6}}\text{Pa} = 135 \times 10^6 \text{Pa} = 135\text{MPa}$$

例题 10-3 图 10-8a 所示圆形截面立柱，直径 $d = 36$mm，受偏心拉力 $F = 42$kN 作用。试求：（1）此柱中不出现压应力时的最大偏心距 e；（2）$e = 5$mm 时柱内最大的拉应力。

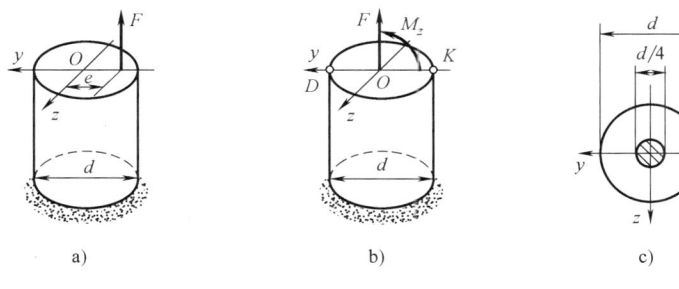

图 10-8

解：（1）外力分析。将偏心拉力 F 平移到截面形心处，对 z 轴的附加力偶矩为

$$M_z = Fe$$

（2）内力分析。立柱横截面上有两个内力，即轴力和弯矩，分别为

$$F_N = F, \quad M_z = Fe$$

立柱产生轴向拉伸和绕 z 轴平面弯曲的组合变形。

（3）应力分析。分析图 10-8b，轴向力 F 在横截面上产生拉应力，其值均为

$$\sigma_N = \frac{F_N}{A} = \frac{4F}{\pi d^2}$$

M_z 作用下在 z 轴右侧区域产生拉应力，左侧产生压应力，其最大值均为

$$\sigma_M = \frac{M_z}{W_z} = \frac{32Fe}{\pi d^3}$$

两者共同作用下将可能在 D 点处产生最大压应力，令其为零，即

$$\sigma_{c,\max} = \frac{F_N}{A} + \frac{M_z}{W_z} = \frac{4F}{\pi d^2} - \frac{32Fe}{\pi d^3} = 0$$

得

$$e = \frac{d}{8} = \frac{36}{8}\text{mm} = 4.5\text{mm}$$

最大拉应力产生在 K 点，其值为

$$\sigma_{t,\max} = \frac{4 \times 42 \times 10^3}{\pi(36 \times 10^{-3})^2}\text{Pa} + \frac{32 \times 42 \times 10^3 \times 5 \times 10^{-3}}{\pi(36 \times 10^{-3})^3}\text{Pa} = (41.26 + 45.84) \times 10^6\text{Pa} = 87.1\text{MPa}$$

（4）讨论。图 10-8c 所示圆形截面，拉应力区的大小取决于集中拉力的作用点位置，即偏心矩的大小。当力 F 作用在直径为 $d/4$ 的圆形阴影区域内时，横截面上不出现压应力，只存在拉应力，这个区域称为圆截面立柱的**截面核心**。当偏心拉力 F 作用在截面核心外时，无论拉力有多大，整个立柱都会有压应力和拉应力。对于一些如铸铁、混凝土、砖、石等脆性工程材料，抗压性能远比抗拉性能强，所以当承受偏心压力时，希望整个横截面上只有压应力，不存在拉应力。

思考：如何确定中性轴的位置，使得截面设计更合理？

第四节 弯曲与扭转的组合变形

工程中的轴类构件在发生扭转变形的同时，往往还会发生弯曲变形，即弯曲与扭转组合变形（简称弯扭组合变形）。弯扭组合变形的强度计算与斜弯曲、拉伸（压缩）与弯曲的组合变形不同。本节以圆截面轴为例，讨论圆轴弯扭组合变形的强度计算。

图 10-9a 所示的圆轴 AB 直径为 d，A 端固定，力 F 沿铅垂方向作用在自由端 B 处，作用点为切于圆周的 e 点，现研究轴 AB 的强度计算。首先进行外力分析，将 F 向 B 端面形心简化，得一横向力 F 和一力偶矩 $M_e = F\dfrac{d}{2}$（图 10-9b）。横向力 F 使轴弯曲，力偶矩 M_e 使轴扭转，故轴 AB 会发生弯曲与扭转组合变形。

采用截面法分析内力，轴横截面上有弯矩 M 和扭矩 T，左端面 A 上弯矩最大，是危险截面，其弯矩 $M = -Fl$，扭矩 $T = F\dfrac{d}{2}$。作轴的弯矩图和扭矩图（图 10-9c、d）。

在 A 面铅垂直径线两端点 C_1、C_2 处，弯曲正应力 σ 和扭转切应力 τ 都达到最大，故 C_1、C_2 是危险点（图 10-9e），两点的 σ 和 τ 值均分别为

$$\sigma = \frac{M}{W_z}, \quad \tau = \frac{T}{W_p}$$

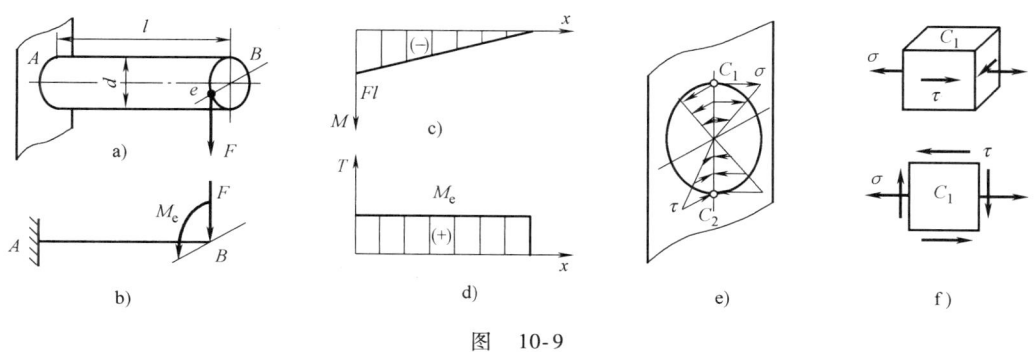

图 10-9

围绕 C_1 点取单元体，其应力状态如图 10-9f 所示（图 10-9f 中的平面图是俯视图），该点为二向应力状态（属于复杂应力状态）。C_1 点的三个主应力为

$$\sigma_1 = \frac{\sigma}{2} + \sqrt{\left(\frac{\sigma}{2}\right)^2 + \tau^2}, \quad \sigma_2 = 0, \quad \sigma_3 = \frac{\sigma}{2} - \sqrt{\left(\frac{\sigma}{2}\right)^2 + \tau^2}$$

一般轴类部件多采用塑性材料，故强度计算时选用第三强度理论或第四强度理论。

按第三强度理论计算，强度条件为

$$\sigma_1 - \sigma_3 \leq [\sigma]$$

将主应力值代入上式，可得

$$\sigma_{r3} = \sqrt{\sigma^2 + 4\tau^2} \leq [\sigma] \quad (10\text{-}9)$$

按第四强度理论计算，强度条件为

$$\sqrt{\frac{1}{2}\left[(\sigma_1 - \sigma_2)^2 + (\sigma_2 - \sigma_3)^2 + (\sigma_3 - \sigma_1)^2\right]} \leq [\sigma]$$

将主应力值代入上式，可得

$$\sigma_{r4} = \sqrt{\sigma^2 + 3\tau^2} \leq [\sigma] \quad (10\text{-}10)$$

对于圆形截面，有 $W_p = 2W$，将 σ 和 τ 值分别代入式（10-9）和式（10-10），整理得相应的强度条件为

$$\sigma_{r3} = \frac{\sqrt{M^2 + T^2}}{W} \leq [\sigma] \quad (10\text{-}11)$$

$$\sigma_{r4} = \frac{\sqrt{M^2 + 0.75T^2}}{W} \leq [\sigma] \quad (10\text{-}12)$$

注意：（1）对于圆形截面弯扭组合杆，只需求出危险截面上的弯矩和扭矩，直接应用式（10-11）或式（10-12）进行强度计算，无须计算应力。

（2）对于一般情况（含非圆截面），杆在发生弯曲和扭转组合变形的同时，还有轴向拉伸或压缩，只要应力状态是图 10-9f 所示的形式，都可采用式（10-9）或式（10-10）计算强度，其中的 σ 是弯曲正应力与拉（压）正应力的代数和，τ 仍是扭转切应力。

例题 10-4 图 10-10a 所示的钢轴上装有两个皮带轮，B 轮的直径为 $d_1 = 0.8\text{m}$，C 轮的直径为 $d_2 = 1\text{ m}$，轴的许用应力 $[\sigma] = 80\text{MPa}$，试设计轴的直径。

解：（1）外力分析。将外力向 AD 轴线简化，得轴的计算简图（图 10-10b）。轴承受的

横向力为

$$F_1 = (3+0.5)\text{kN} = 3.5\text{kN}$$
$$F_2 = (4.65+2.65)\text{kN} = 7.3\text{kN}$$

皮带拉力引起的外力偶矩为

$$M_{e1} = M_{e2} = \left[(3-0.5)\times\frac{0.8}{2}\right]\text{N}\cdot\text{m} = 1\text{kN}\cdot\text{m}$$

建立平衡方程，求 AD 处约束力为

$$F_{Ay} = -0.1\text{kN}, F_{Dy} = -3.7\text{kN}$$

由图 10-10b 知，轴会发生弯扭组合变形。

（2）内力分析。画轴的弯矩图、扭矩图（图 10-10c、d），确定危险截面。显然，危险截面是 C 截面左侧，其弯矩和扭矩分别为

$$M_C = F_{Dy}\times 0.4\text{m} = 3.7\text{kN}\times 0.4\text{m} = 1.48\text{kN}\cdot\text{m}$$
$$T = M_{e1} = 1\text{kN}\cdot\text{m}$$

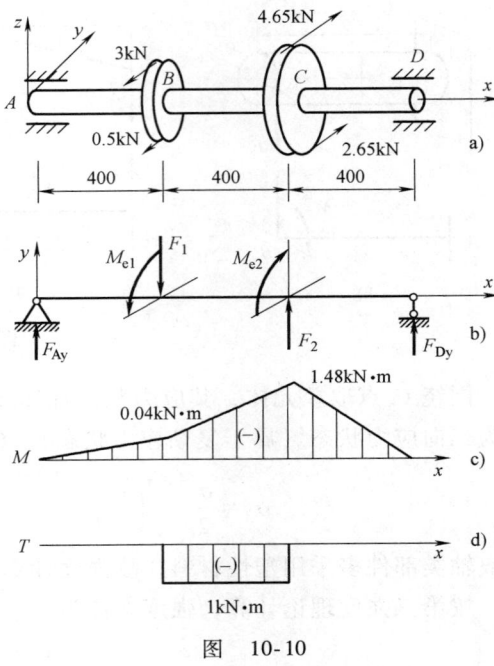

图 10-10

（3）应力分析与强度计算。按第三强度理论设计轴的直径，依据圆轴弯扭组合变形时的强度条件式（10-11），得

$$d \geqslant \sqrt[3]{\frac{32\sqrt{M_C^2+T^2}}{\pi[\sigma]}} = \sqrt[3]{\frac{32\sqrt{(1.48\times 10^3)^2+(1\times 10^3)^2}}{\pi\times 80\times 10^6}}\text{m} = 61\times 10^{-3}\text{m} = 61\text{mm}$$

按第四强度理论设计轴的直径，代入式（10-12），整理得

$$d \geqslant \sqrt[3]{\frac{32\sqrt{M_C^2+0.75T^2}}{\pi[\sigma]}} = \sqrt[3]{\frac{32\sqrt{(1.48\times 10^3)^2+0.75(1\times 10^3)^2}}{\pi\times 80\times 10^6}}\text{m} = 60.2\times 10^{-3}\text{m} = 60.2\text{mm}$$

（4）讨论：由第三强度理论设计轴的直径比按第四强度理论设计的轴径略大，故按第三强度理论进行设计更偏于安全。

10-1　某起重机大梁受力如题 10-1 图所示，梁的材料为 No.32a 工字钢，已知 $l=4\text{m}$，$[\sigma]=160\text{MPa}$，$\varphi=15°$。试求梁能承受的最大吊重 F_{max}。

答案：$F_{max} = 31.6\text{kN}$

10-2　如题 10-2 图所示矩形截面立柱，压力 F_1 的作用线与柱的轴线重合，F_2 的作用点位于截面的 y 轴上，已知 $b\times h = 180\text{mm}\times 300\text{mm}$，$e = 200\text{mm}$，$F_1 = 110\text{kN}$，$F_2 = 50\text{kN}$。试求立柱的最大拉应力和最大压应力。

答案：$\sigma_{t,max} = 0.74\text{MPa}$，$\sigma_{c,max} = -6.67\text{MPa}$

10-3　题 10-3 图所示钢板上侧有一半径 $r = 10\text{mm}$ 的半圆槽，$b = 80\text{mm}$，$t = 10\text{mm}$，拉力 $F = 78\text{kN}$，$[\sigma] = 160\text{MPa}$。试校核钢板的强度。

答案：$\sigma_{t,max} = 159.2\text{MPa}$

10-4 如题 10-4 图所示水平的圆截面直角折杆，$a = 200\text{mm}$，在 C、D 处作用铅垂方向的外力。已知 $F_1 = 4\text{kN}$，$F_2 = 1\text{kN}$，材料的许用应力 $[\sigma] = 120\text{MPa}$，AB 杆的直径 $d = 65\text{mm}$。试用第四强度理论校核 AB 杆强度。

答案：$\sigma_{\max} = 115.8\text{MPa}$

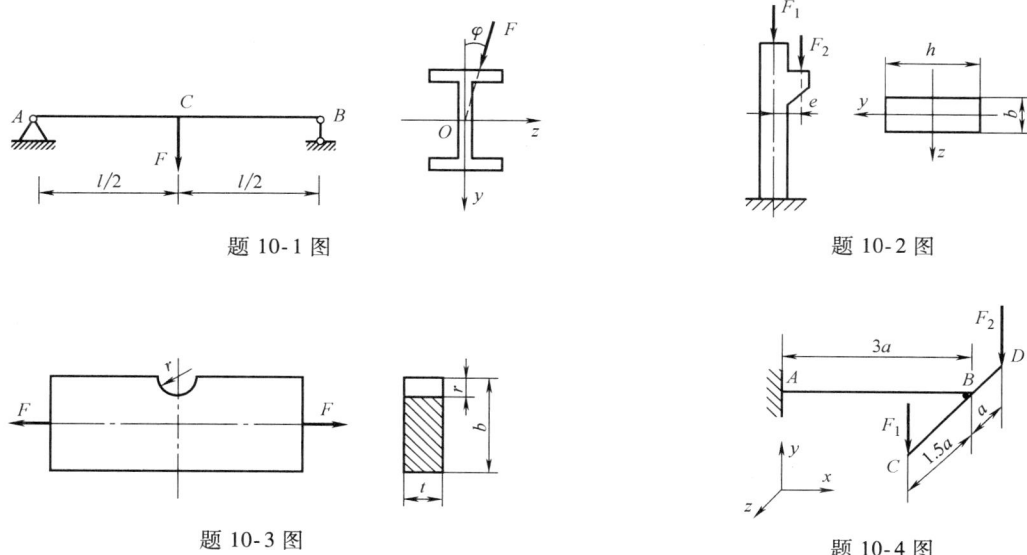

题 10-1 图　　　　　　　　　　　题 10-2 图

题 10-3 图　　　　　　　　　　　题 10-4 图

10-5 题 10-5 图所示轴上安装两个轮子，轮 C、D 上分别作用有力 $F = 3\text{kN}$ 与一重量为 Q 的重物，轴处于平衡状态，$[\sigma] = 60\text{MPa}$。试按第三强度理论选择轴的直径。

答案：$d \geqslant 121\text{mm}$

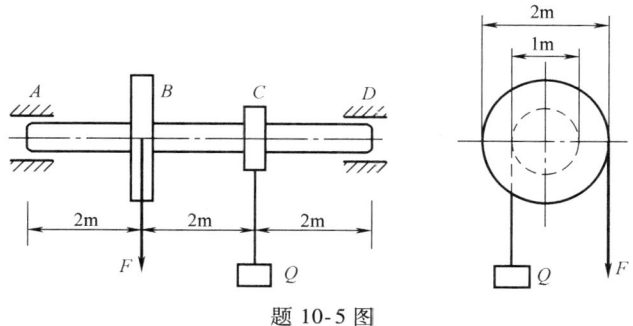

题 10-5 图

第十一章 压杆稳定

第一节 概述

工程中将承受轴向压力的直杆称为**压杆**。在第五章中，我们讨论过轴向压杆的强度问题，认为只要横截面上的最大正应力不超过材料的许用正应力，其就能正常工作。这种观点对短粗杆而言是正确的，但对于细长杆，横截面上的最大正应力并没有达到材料的许用正应力时，就可能发生突然弯曲甚至导致破坏，从而丧失承载能力，这种现象称为**失去稳定性**，简称**失稳**。例如：横截面同为 30mm×5mm 的两松木直杆（图 11-1），长度分别为 $l_1 = 20$mm 和 $l_2 = 1000$mm，材料的 $[\sigma] = 40$MPa，则 $[F] = [\sigma] A = 6000$N，而实验表明，长度为 20mm 的松木直杆，$F_1 = 6000$N；长度为 1000mm 的松木直杆，$F_2 = 30$N。由此可见，细长杆的实验结果远远小于理论值，所以设计压杆时，除需考虑强度要求外，还必须考虑稳定性要求。

压杆稳定是指受压杆件的**平衡状态的稳定性**。

为了便于理解压杆稳定性的概念，取细长的受压杆来研究说明。

图 11-2 为一等截面的轴向受压直杆，在压力 F 作用下，观察 F 大小变化时，压杆直线形式的平衡状态是否稳定。

对压杆施加一微小的横向干扰力，使其处于微弯状态。

（1）当 F 值较小（$F<F_{cr}$）时，横向干扰力去掉后，压杆在其直线平衡位置左右摆动，最后仍能恢复到原来的直线平衡状态（图 11-2a）。此时称压杆的直线状态的平衡是稳定的，

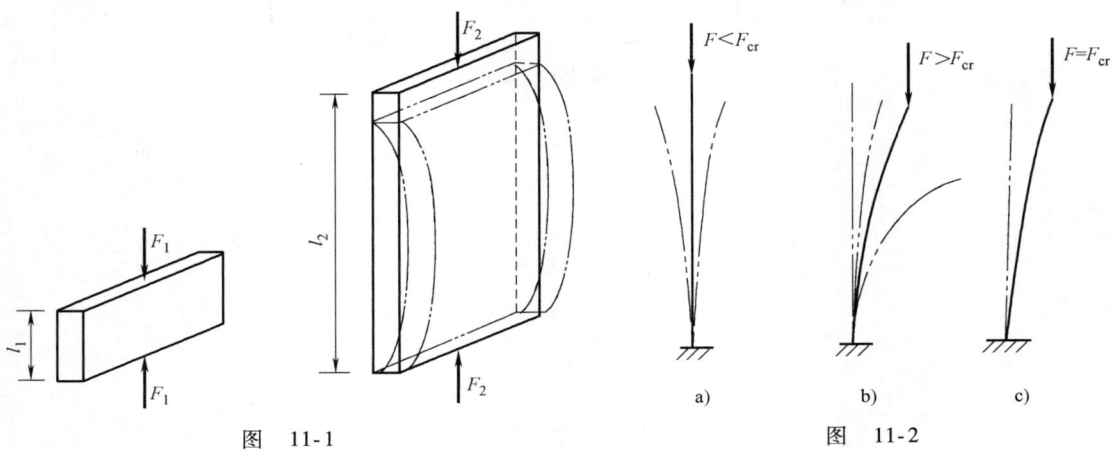

图 11-1　　　　　　　　　　　　图 11-2

即压杆处于**稳定平衡状态**。

（2）当 F 值较大（$F>F_{cr}$）时，横向干扰力去掉后，压杆不仅不能恢复到原来的直线平衡状态，反而继续弯曲，甚至折断，导致失去承载能力（图 11-2b）。此时称压杆的直线状态的平衡是不稳定的，即压杆处于**不稳定平衡状态**。

（3）当 F 值等于某一临界值（$F=F_{cr}$）时，横向干扰力去掉后，压杆在被干扰成的微弯状态下保持平衡，既不恢复原状，也不增加其弯曲程度（图 11-2c）。这种处于稳定平衡和不稳定平衡之间的状态，称为**临界平衡状态**。临界平衡状态实质上是不稳定平衡状态，因为压杆受微小干扰力后，不能再恢复到原有的直线平衡状态。

由上可知，压杆的直线状态的平衡是否稳定，取决于压力的大小。压杆处于临界平衡状态时的压力称为临界力（F_{cr}），临界力是判别压杆是否稳定的重要指标。

第二节 细长压杆的临界力

一、两端铰支压杆的临界力

下面推导两端铰支细长压杆的临界力计算公式，如图 11-3 所示。

由上节已知，当 F 达到临界力时，压杆可保持微弯状态的平衡（图 11-3a），此时，压杆任一横截面上存在弯矩 $M(x)$（图 11-3b），其值为

$$M(x) = F_{cr} w \quad (a)$$

杆微弯后，挠曲线近似微分方程为

$$\frac{d^2 w}{dx^2} = -\frac{M(x)}{EI} \quad (b)$$

将式（a）代入式（b），得

$$\frac{d^2 w}{dx^2} = -\frac{F_{cr}}{EI} w \quad (c)$$

令

$$k^2 = \frac{F_{cr}}{EI} \quad (d)$$

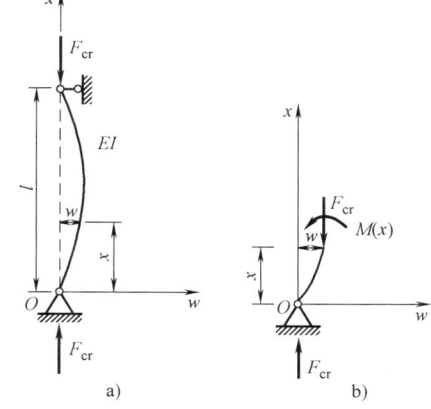

图 11-3

则式（c）可写为

$$\frac{d^2 w}{dx^2} + k^2 w = 0 \quad (e)$$

式（e）即为杆微弯后弹性曲线的微分方程式，其通解为

$$w = C_1 \sin kx + C_2 \cos kx \quad (f)$$

式中，C_1 和 C_2 为待定常数，可由压杆的边界条件确定。此杆的边界条件为

$$x = 0, \ w = 0 \quad (1)$$
$$x = l, \ w = 0 \quad (2)$$

将边界条件（1）代入式（f），得

$$C_2 = 0$$

于是式（f）变为

$$w = C_1 \sin kx \tag{g}$$

将边界条件（2）代入式（g），得

$$C_1 \sin kl = 0 \tag{h}$$

若式（h）中 $C_1 = 0$，则由式（f）可知杆的挠度 $w = 0$，这与之前的微弯状态的假设不符，故只能是

$$\sin kl = 0$$

因此

$$kl = n\pi \quad (n = 0, 1, 2, 3, \cdots)$$

$$k^2 = \frac{n^2 \pi^2}{l^2} \tag{i}$$

将式（i）代入式（d），得

$$F_{cr} = \frac{n^2 \pi^2 EI}{l^2} \quad (n = 0, 1, 2, 3, \cdots)$$

式中，若取 $n = 0$，则 $F_{cr} = 0$，没有意义。因此，这里 n 应取不为零的最小值，即取 $n = 1$，所以

$$F_{cr} = \frac{\pi^2 EI}{l^2} \tag{11-1}$$

式（11-1）即为两端铰支细长压杆的临界力计算公式，又称为**欧拉公式**。需要指出的是，压杆失稳时，杆将绕 EI 值小的轴方向弯曲，所以，式（11-1）中的惯性矩 I 应为压杆横截面的最小惯性矩。

二、其他支承情况下细长压杆的临界力

压杆的两端支承除同为铰支之外，还有其他形式。其他支承情况下细长压杆的临界力计算公式的推导过程与上面两端铰支细长压杆的临界力计算公式的推导过程完全相同。即当压力达到临界力时，压杆可保持微弯状态的平衡，基于此建立杆的挠曲线近似微分方程，通过求解此微分方程导出临界力的计算公式。此处不再一一推导，仅给出结果，如表 11-1 所示。

表 11-1 各种支承情况下等截面细长直杆的临界力公式

支承情况	两端铰支	一端固定 一端自由	两端固定	一端固定 一端铰支
失稳时挠曲线形状	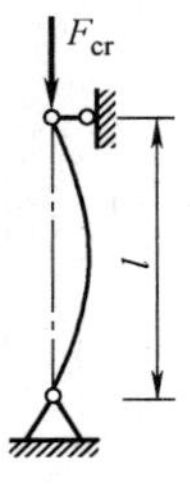	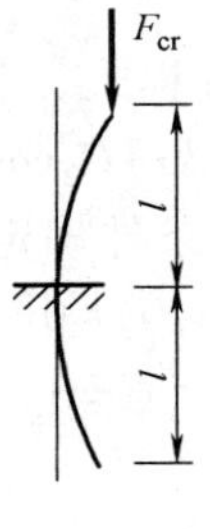	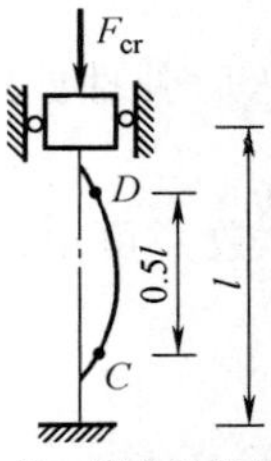 C、D—挠曲线拐点	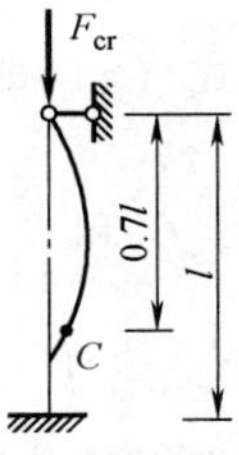 C—挠曲线拐点

（续）

临界力公式	$F_{\text{cr}}=\dfrac{\pi^2 EI}{l^2}$	$F_{\text{cr}}=\dfrac{\pi^2 EI}{(2l)^2}$	$F_{\text{cr}}=\dfrac{\pi^2 EI}{(0.5l)^2}$	$F_{\text{cr}}=\dfrac{\pi^2 EI}{(0.7l)^2}$
计算长度	l	$2l$	$0.5l$	$0.7l$
长度因数	$\mu=1$	$\mu=2$	$\mu=0.5$	$\mu=0.7$

由上表可知，不同支承情况下细长压杆的临界力计算公式中，只是分母中 l 前面的系数不同，因此，临界力公式可写成下列统一形式，即

$$F_{\text{cr}}=\dfrac{\pi^2 EI}{(\mu l)^2} \qquad (11-2)$$

式中，μ 反映了杆端支承对临界力的影响，称为**长度因数**，μl 称为**计算长度**或**相当长度**。

观察表 11-1 中各支承情况下压杆微弯状态下的挠曲线形状可以看出，计算长度都相当于半波正弦曲线的弦长。例如，一端固定一端铰支的压杆，其挠曲线上有一个反弯点，其距离铰支端 $0.7l$，此 $0.7l$ 范围内的挠曲线也相当于半波正弦曲线，故计算长度为 $0.7l$；两端固定的压杆，其挠曲线上有两个反弯点，两反弯点间的距离为 $0.5l$，此 $0.5l$ 范围内的挠曲线也相当于半波正弦曲线，故计算长度为 $0.5l$；一端固定一端自由的压杆，其挠曲线为四分之一波正弦曲线，其两倍相当于半波正弦曲线，故计算长度为 $2l$。

例题 11-1 如图 11-4 所示两端铰支、用 Q235 钢制成的细长压杆，已知 $b=8\text{mm}$，$h=20\text{mm}$，$l=1\text{m}$，$E=210\text{GPa}$，试计算压杆临界力。

解：（1）按稳定性问题处理。因压杆两端铰支，故 $\mu=1$。
压杆截面的最小惯性矩为

$$I_{\min}=I_y=\dfrac{hb^3}{12}=\dfrac{20\times 8^3}{12}\text{mm}^4=853\text{mm}^4$$

所以

$$F_{\text{cr}}=\dfrac{\pi^2 EI_y}{(\mu l)^2}=\dfrac{\pi^2\times 210\times 10^3\times 853}{(1\times 1000)^2}\text{N}=1760\text{N}=1.76\text{kN}$$

（2）按强度问题处理。Q235 钢的屈服极限 $\sigma_s=235\text{MPa}$。
计算该压杆的屈服荷载：

$$P_s=A\sigma_s=bh\sigma_s=(8\times 20\times 235)\text{N}=37600\text{N}=37.6\text{kN}$$

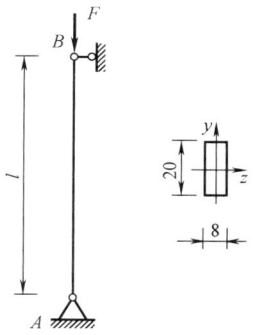

图 11-4

得 $F_{\text{cr}}:P_s=1:21.4$，可见屈服荷载为临界力的 21.4 倍。

由此例我们可以得到启示：细长压杆的稳定性问题若按强度问题处理是要出事故的！

第三节　临界应力·欧拉公式的适用范围

一、临界应力

前面导出了细长压杆临界力的计算公式

$$F_{\text{cr}}=\dfrac{\pi^2 EI}{(\mu l)^2}$$

将临界力 F_{cr} 除以压杆的横截面面积 A，即得压杆的临界应力

$$\sigma_{cr}=\frac{F_{cr}}{A}=\frac{\pi^2 EI}{(\mu l)^2 A} \tag{a}$$

令

$$\frac{I}{A}=i^2 \quad \text{或} \quad \sqrt{\frac{I}{A}}=i$$

i 称为惯性半径，于是式（a）可改写为

$$\sigma_{cr}=\frac{\pi^2 E i^2}{(\mu l)^2}=\frac{\pi^2 E}{\left(\dfrac{\mu l}{i}\right)^2} \tag{b}$$

再令

$$\frac{\mu l}{i}=\lambda \tag{c}$$

则式（b）又可写成

$$\sigma_{cr}=\frac{\pi^2 E}{\lambda^2} \tag{11-3}$$

式（11-3）称为**临界应力的欧拉公式**。

式（11-3）中的 λ 称为**长细比**或**柔度**。λ 是一个量纲为一的量，它综合反映了压杆的长度、截面的形状和尺寸以及杆件的支承情况对临界应力的影响。式（11-3）表明，当 E 值一定时，σ_{cr} 与 λ^2 成反比，即对由同种材料制成的压杆，λ 值越大，σ_{cr} 则越小，压杆越容易失稳。

二、欧拉公式的适用范围

在推导欧拉公式 $F_{cr}=\dfrac{\pi^2 EI}{(\mu l)^2}$ 时，应用的挠曲线近似微分方程是以下式为基础的：

$$\frac{1}{\rho(x)}=-\frac{M(x)}{EI} \tag{d}$$

而式（d）是建立在胡克定律 $\sigma=E\varepsilon$ 的基础上的，因此，欧拉公式成立的条件应该是：当压杆所受的压力达到临界力时，材料仍服从胡克定律，即临界应力不能超过材料的比例极限，即

$$\sigma_{cr}\leqslant \sigma_p$$

将式（11-3）代入上式有

$$\frac{\pi^2 E}{\lambda^2}\leqslant \sigma_p$$

进而得

$$\lambda \geqslant \pi\sqrt{\frac{E}{\sigma_p}} \tag{e}$$

若令

$$\pi\sqrt{\frac{E}{\sigma_\mathrm{p}}} = \lambda_\mathrm{p}$$

式（e）可写为

$$\lambda \geqslant \lambda_\mathrm{p} = \pi\sqrt{\frac{E}{\sigma_\mathrm{p}}} \tag{11-4}$$

上式即为欧拉公式适用范围的数学表达式。式中，λ_p 是判断欧拉公式能否应用的柔度，称为判别柔度。当 $\lambda \geqslant \lambda_\mathrm{p}$ 时，才能满足 $\sigma_\mathrm{cr} \leqslant \sigma_\mathrm{p}$，欧拉公式才适用，这种压杆称为大柔度杆或细长杆。

不同材料制成的压杆，其 λ_p 值也不同。以 Q235 钢为例，$E = 200\mathrm{GPa}$，$\sigma_\mathrm{p} = 200\mathrm{MPa}$，其判别柔度为

$$\lambda_\mathrm{p} = \pi\sqrt{\frac{E}{\sigma_\mathrm{p}}} = \pi\sqrt{\frac{200 \times 10^3}{200}} \approx 100$$

若压杆的 $\lambda < \lambda_\mathrm{p}$，则称其为中、小柔度杆或非细长杆。中、小柔度杆的临界应力超过比例极限时，压杆将产生塑性变形，称为弹塑性稳定问题。

三、超过比例极限时压杆的临界应力、临界应力总图

临界应力超过比例极限的压杆（$\lambda < \lambda_\mathrm{p}$）可分为两类：

（1）小柔度杆（或称短粗杆）。一般来说，短粗杆不会发生失稳，它的承载能力取决于材料的抗压强度，属于强度问题。

（2）中柔度杆（或称中长杆）。对这类压杆的失稳问题，有理论分析的结果。但工程中对这类压杆的计算，一般采用以实验结果为依据的经验公式。常用的经验公式有两种：直线公式和抛物线公式。这里仅介绍直线公式。

直线公式把临界应力 σ_cr 与柔度 λ 表示为以下的直线关系：

$$\sigma_\mathrm{cr} = a - b\lambda \tag{11-5}$$

式中，a 与 b 是与材料有关的常数。例如，Q235 钢制成的压杆，$a = 304\mathrm{MPa}$，$b = 1.12\mathrm{MPa}$。表 11-2 给出了一些常见材料的 a 和 b 的值。

表 11-2 常见材料的 a 和 b 值

材料（σ_b、σ_s 的单位为 MPa）	a/MPa	b/MPa	材料（σ_b、σ_s 的单位为 MPa）	a/MPa	b/MPa
Q235 钢 $\sigma_\mathrm{b} \geqslant 372$ $\sigma_\mathrm{s} = 235$	304	1.12	铬钼钢	9.807	5.296
优质碳钢 $\sigma_\mathrm{b} \geqslant 471$ $\sigma_\mathrm{s} = 306$	461	2.568	铸铁	332.2	1.454
硅钢 $\sigma_\mathrm{b} \geqslant 510$ $\sigma_\mathrm{s} = 353$	578	3.744	强铝	373	2.15
			松木	28.7	0.19

应该指出的是，只有在临界应力小于屈服极限 σ_s 时，直线公式（11-5）才适用。如果以 λ_s 表示对应于 $\sigma_\mathrm{cr} = \sigma_\mathrm{s}$ 时的柔度，则

$$\sigma_\mathrm{cr} = \sigma_\mathrm{s} = a - b\lambda_\mathrm{s}$$

或

$$\lambda_s = \frac{a-\sigma_s}{b} \tag{11-6}$$

λ_s 是可用直线公式的最小柔度。对于 Q235 钢，$\sigma_s = 235$MPa，则

$$\lambda_s = \frac{a-\sigma_s}{b} = \frac{304-235}{1.12} \approx 60$$

若 $\lambda < \lambda_s$，压杆应按压缩强度计算，要求

$$\sigma_{cr} = \frac{F}{A} \leq \sigma_s \tag{11-7}$$

对脆性材料，只需把以上两式中的 σ_s 改成 σ_b 即可。

综上所述，对 $\lambda < \lambda_s$ 的小柔度压杆，应按强度问题计算，在图 11-5 中表示为水平线；对于 $\lambda \geq \lambda_p$ 的大柔度压杆，应按欧拉公式 (11-3) 计算临界应力，在图 11-5 中表示为曲线；对 $\lambda_s \leq \lambda < \lambda_p$ 的中柔度压杆，用直线经验公式 (11-5) 计算临界应力，在图 11-5 中表示为斜直线。图 11-5 表示临界应力 σ_{cr} 随压杆柔度 λ 变化的情况，称为临界应力总图，工程中称它为柱子曲线。

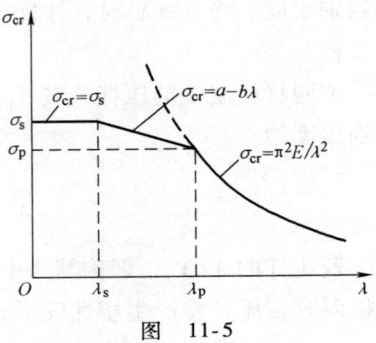

图 11-5

例题 11-2 三根圆截面压杆，直径均为 $d = 160$mm，材料为 Q235 钢，$E = 200$GPa，$\sigma_p = 200$MPa，$\sigma_s = 240$MPa。两端均为铰支，长度分别为 l_1、l_2 和 l_3，且 $l_1 = 2l_2 = 4l_3 = 5$m。试求各杆的临界压力 F_{cr}。

解：先求出柔度的两个极限值：

$$\lambda_p = \pi\sqrt{\frac{E}{\sigma_p}} = \pi\sqrt{\frac{200 \times 10^3}{200}} = 99.35$$

由直线经验公式得 $\lambda_s = \frac{a-\sigma_s}{b}$，其中 $a = 304$MPa，$b = 1.12$MPa，则

$$\lambda_s = \frac{304-240}{1.12} = 57.14$$

三根压杆的长度分别为 $l_1 = 5$m，$l_2 = 2.5$m，$l_3 = 1.25$m，因压杆的两端均为铰支，故 $\mu = 1$。圆截面的惯性半径和面积分别为

$$i = \sqrt{\frac{I}{A}} = \sqrt{\frac{\pi d^4}{64} \cdot \frac{4}{\pi d^2}} = \frac{d}{4} = \frac{160\text{mm}}{4} = 40\text{mm} = 0.04\text{m}$$

$$A = \frac{\pi d^2}{4} = \frac{\pi}{4} \cdot (160 \times 10^{-3})^2 \text{m}^2 = 2.01 \times 10^{-2} \text{m}^2$$

对于 1 杆：

$$\lambda_1 = \frac{\mu l_1}{i} = \frac{1 \times 5}{40 \times 10^{-3}} = 125 > \lambda_p$$

所以 1 杆为大柔度杆，应该用欧拉公式计算临界力，即

$$F_{cr} = \sigma_{cr} A = \frac{\pi^2 EA}{\lambda^2} = \frac{\pi^2 \times 200 \times 10^9 \times 2.01 \times 10^{-2}}{125^2} \text{N} = 2.54 \times 10^6 \text{N} = 2540\text{kN}$$

对于 2 杆：

$$\lambda_2 = \frac{\mu l_2}{i} = \frac{1 \times 2.5}{40 \times 10^{-3}} = 62.5, \quad \lambda_s < \lambda_2 < \lambda_p$$

所以 2 杆为中柔度杆，应该用直线公式计算临界力，即

$$\sigma_{cr} = a - b\lambda = (304 - 1.12 \times 62.5) \text{MPa} = 234 \text{MPa}$$

$$F_{cr} = \sigma_{cr} A = (234 \times 10^6 \times 2.01 \times 10^{-2}) \text{N} = 4.703 \times 10^6 \text{N} = 4703 \text{kN}$$

对于 3 杆：

$$\lambda_3 = \frac{\mu l_3}{i} = \frac{1 \times 1.25}{40 \times 10^{-3}} = 31.25 < \lambda_s$$

所以 3 杆为小柔度杆，这是一个强度问题，应该用强度条件计算临界力，即

$$F_{cr} = \sigma_s A = (240 \times 10^6 \times 2.01 \times 10^{-2}) \text{N} = 4.824 \times 10^6 \text{N} = 4824 \text{kN}$$

  稳定计算中，无论是欧拉公式还是经验公式，都是以压杆的整体变形为基础的，局部削弱（如螺钉孔等）对压杆的整体变形影响很小，所以计算临界应力时，可采用未经削弱的横截面面积（毛面积）和惯性矩。而当用式（11-7）进行压缩强度计算时，则应使用削弱后的横截面面积。

第四节　压杆的稳定计算

  压杆的稳定计算与强度、刚度计算相似，在工程实际中也可以解决稳定校核、截面设计和确定许可荷载三方面的问题。

  压杆的稳定计算通常采用安全因数法和折减系数法。稳定校核和确定许可荷载用安全因数法比较方便，截面设计用折减系数法比较方便。

一、安全因数法

  实际工程中，为保证受压杆件不丧失稳定，并具有必要的安全储备，压杆应满足的稳定条件为：压杆横截面上的压力不超过压杆临界压力的许用值，即

$$F \leqslant \frac{F_{cr}}{n_{st}} = [F_{st}] \tag{11-8}$$

或

$$n = \frac{F_{cr}}{F} \geqslant n_{st} \tag{11-9}$$

式中，F 为压杆的工作压力；F_{cr} 为压杆的临界压力；n_{st} 为稳定安全因数，它一般大于强度安全因数，这是由于杆件的初弯曲、外加压力的偏心、材料的不均匀等因素都会影响压杆的稳定性，使其临界力降低。稳定安全因数的取值可从有关设计规范和手册中查到。

二、折减系数法

  为了计算简便，工程上经常采用折减系数法进行稳定计算。

  轴向受压直杆，当横截面上的应力达到临界应力时，杆将失稳。为了保证压杆不丧失稳

定，将临界应力除以大于 1 的稳定安全因数 n_{st} 作为压杆可承受的最大压应力，即

$$\sigma = \frac{F}{A} \leq \frac{\sigma_{cr}}{n_{st}} \tag{11-10}$$

令

$$\frac{\sigma_{cr}}{n_{st}} = [\sigma_{st}]$$

式中，$[\sigma_{st}]$ 称为稳定许用应力，它总是小于强度许用应力 $[\sigma]$，于是式（11-10）又可写为

$$\sigma = \frac{F}{A} \leq \varphi[\sigma] \tag{11-11}$$

式中，φ 称为稳定因数或折减系数，其值小于 1。利用式（11-11）可以为压杆设计截面，该方法为折减系数法。

例题 11-3 如图 11-6a 所示为一简单托架，已知 $q = 60\text{kN/m}$，其撑杆 AB 为实心圆截面钢杆，直径 $d = 100\text{mm}$。该杆两端为柱形铰，材料为 Q235 钢，弹性模量 $E = 2.0 \times 10^5 \text{MPa}$，屈服极限 $\sigma_p = 200\text{MPa}$。试按安全因数法校核该撑杆的稳定性。规定的稳定安全因数 $n_{st} = 2.5$。

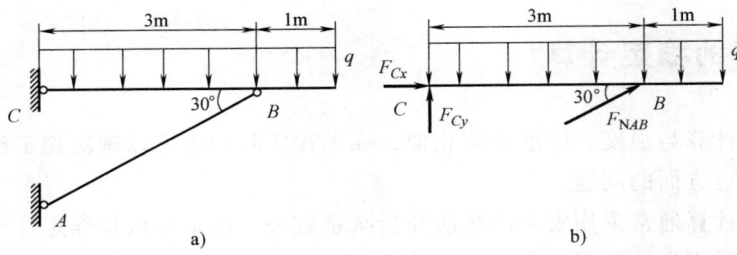

图 11-6

解： 先求出撑杆 AB 的轴力（受力图见图 11-6b）：

$$\sum M_C = 0, \quad F_{NAB} \cdot \frac{1}{2} \cdot 3\text{m} - (60 \times 4 \times 2)\text{kN} \cdot \text{m} = 0, \quad F_{NAB} = 320\text{kN}$$

$$i = \sqrt{\frac{I}{A}} = \sqrt{\frac{\pi d^4}{64} \cdot \frac{4}{\pi d^2}} = \frac{d}{4} = 25\text{mm}$$

$$\lambda = \frac{\mu l}{i} = \frac{2\sqrt{3}}{0.025} = 138.564 \approx 139$$

$$\lambda_p = \pi \sqrt{\frac{E}{\sigma_p}} = \pi \sqrt{\frac{200 \times 10^3}{200}} = 99.35$$

因为 $\lambda > \lambda_p$，所以

$$\sigma_{cr} = \frac{\pi^2 E}{\lambda^2} = \frac{\pi^2 \times 200 \times 10^3}{139^2} \text{MPa} = 102.16\text{MPa}$$

$$[\sigma_{st}] = \frac{\sigma_{cr}}{n_{st}} = \frac{102.16}{2.5}\text{MPa} = 40.86\text{MPa}$$

而

$$\sigma = \frac{F_{NAB}}{A} = \frac{320 \times 10^3}{\pi \times \frac{0.1^2}{4}} \text{Pa} = 40.74\text{MPa} < [\sigma_{st}]$$

故撑杆满足稳定性要求。

第五节 提高压杆稳定性的措施

压杆临界应力的计算公式为 $\sigma_{cr} = \frac{\pi^2 E}{\lambda^2}$，可以看出，影响压杆临界应力的主要因素是柔度 $\left(\lambda = \frac{\mu l}{i}\right)$ 和弹性模量 E。弹性模量与材料有关，而柔度取决于压杆的长度、截面的形状和尺寸以及支承情况。所以，应从这几方面入手，来提高压杆的稳定性。

(1) **选择合理的截面形状** 在保持截面面积相同的情况下，应设法增大惯性矩，从而增大惯性半径，减小柔度，提高压杆临界应力。例如，在面积相等的前提下，空心圆截面比实心圆截面要好（图 11-7a）；四根角钢的直角分散放置在截面的四角（布置成箱形）比集中置于截面形心的附近（布置成十字形）要好（图 11-7b）。

(2) **减小杆的长度** 从柔度的计算公式可以看出，杆的长度与柔度成正比。杆的长度越小，柔度越小，临界应力越大。如在杆的中点处增加一个支承（相当于一个铰支座），杆的长度变为原来的一半，柔度变为原来的一半，而临界应力却变为原来的 4 倍。

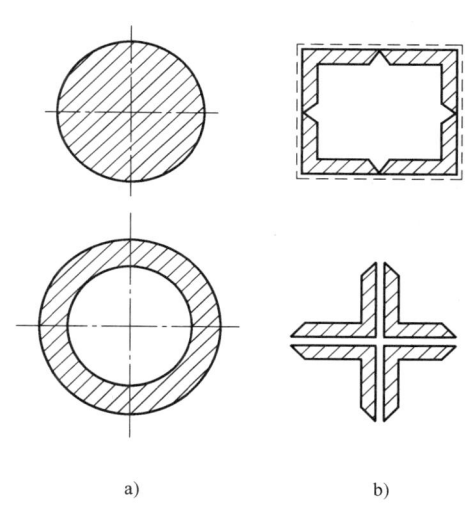

图 11-7

(3) **改善支承情况** 从柔度的计算公式可以看出，长度因数 μ 与柔度成正比。长度因数 μ 越小，柔度越小，临界应力越大。所以，应增强杆端约束，以减小长度因数 μ，达到提高临界应力的目的。

(4) **合理选择材料** 大柔度压杆（$\lambda > \lambda_p$）的临界应力由欧拉公式计算，所以就材料的力学性能来说，临界应力的大小只与材料的弹性模量 E 有关。由于各种钢材的 E 大致相等，所以对大柔度杆，选用优质钢材或低碳钢并没有明显区别。对中柔度杆，无论根据理论分析还是根据经验公式，都说明临界压力与材料的强度有关，因此，选用优质钢材可以在一定程度上提高临界压力。对小柔度杆，实际上是强度问题，优质钢材的强度高，所以有明显的优越性。

11-1 两端铰支的圆截面受压钢杆如题 11-1 图所示，已知 $l = 3\text{m}$，$d = 80\text{mm}$，材料为 Q235 钢，弹性模

量 $E = 2.0 \times 10^5 \mathrm{MPa}$，比例极限 $\sigma_\mathrm{p} = 200\mathrm{MPa}$。试求该压杆的临界力。

答案：$F_\mathrm{cr} = 441\mathrm{kN}$。

11-2 三个两端支承情况不同的圆截面压杆如题 11-2 图所示。已知各杆的直径 d 和所用材料均相同。试问哪个杆先失稳（只考虑平面内）？

答案：a）图所示压杆先失稳。

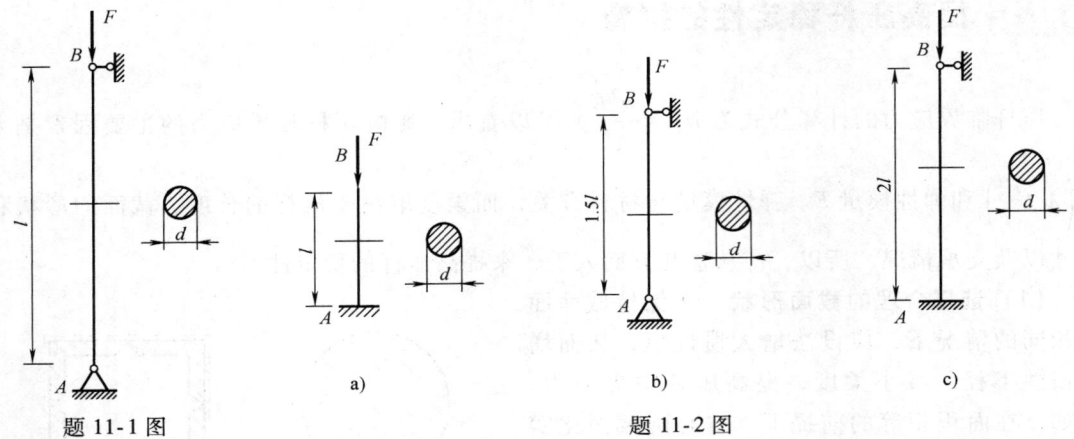

题 11-1 图   题 11-2 图

11-3 如题 11-3 图所示木柱，长为 8m，横截面为 150mm×200mm 的矩形。木柱在 yz 平面内发生弯曲时，可认为是两端铰支；在 xz 平面内发生弯曲时，可认为是两端固定。试按大柔度杆计算此木柱的临界力和临界应力。已知木材的弹性模量为 $E = 10\mathrm{GPa}$。

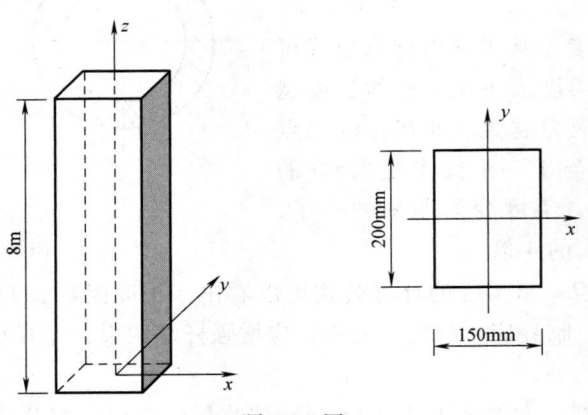

题 11-3 图

答案：$\sigma_\mathrm{cr} = 5.14\mathrm{MPa}$，$F_\mathrm{cr} = 154.2\mathrm{kN}$。

11-4 如题 11-4 图所示两端铰支压杆由 No.32a 工字钢制成。已知：$l = 4\mathrm{m}$，$F = 200\mathrm{kN}$，材料为 Q235 钢，$E = 200\mathrm{GPa}$，$\sigma_\mathrm{p} = 200\mathrm{MPa}$，稳定安全因数 $n_\mathrm{st} = 2.5$。试校核压杆的稳定性。

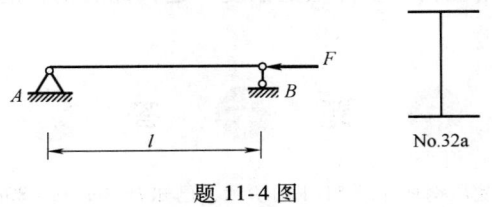

题 11-4 图

答案：$n = 2.84 > n_{st}$，该压杆满足稳定性要求。

11-5　简易起重机如题 11-5 图所示，其压杆 CD 为 20b 号槽钢，材料为 Q235 钢，$E = 200\text{GPa}$，$\sigma_p = 200\text{MPa}$。起重机的最大吊起重量为 $W = 50\text{kN}$。若稳定安全因数 $n_{st} = 5$，试校核压杆的稳定性。

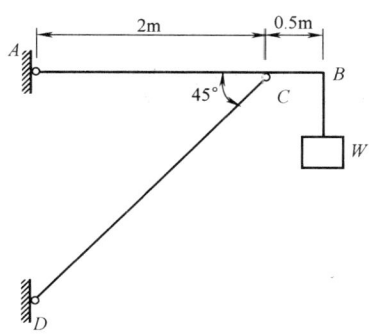

题 11-5 图

答案：$n = 4.0 < n_{st}$，该压杆不满足稳定性要求。

第十二章 静定结构的内力与位移计算

常见的工程静定结构有多跨梁、刚架、三铰拱、桁架等，静定结构中全部约束力和内力的个数，等于所能列出的独立平衡方程的个数，求解常见静定结构的内力可采用静力学知识，即截面法。基本变形（或组合变形）下的轴力、扭矩、剪力与弯矩都是通过截面法求得的，也是静定结构求内力的基础。本章主要采用**截面法**计算静定平面结构的内力，采用**能量法——莫尔定理**计算其位移。

第一节 静定结构的内力计算

内力计算是工程力学的重要基础知识，本节主要通过例题分析静定平面刚架、平面曲杆与平面桁架的内力。

一、平面刚架

平面刚架是杆与杆以**刚结点**连接杆端而组成的平面结构。刚结点即刚性的结点，显然与铰结点不同。在结构变形中，刚结点处各杆端之间的夹角保持不变，即不能发生相对转动，故刚结点能传递弯矩。

刚架各杆横截面上的内力一般有轴力、剪力和弯矩，其正负号规定为：在刚架内部设观察点，轴力仍以拉为正；剪力和弯矩的正负号与梁的规定相同，剪力以对分离体任一点产生顺时针方向矩为正；弯矩以使杆上侧或外侧压（凹）为正；负内力反之。

内力图基本画法为：正内力画在刚架外侧或上侧，负内力反之，标注正负号。

例题 12-1 试作图 12-1a 所示刚架 ACB 的内力图。已知 $F=ql$。

解：（1）求支座约束力。画刚架受力图（图 12-1b），列平衡方程为

$$\sum M_A = 0, \quad F_B l - ql \cdot \frac{l}{2} - ql \cdot l = 0, \quad F_B = \frac{3}{2}ql$$

$$\sum F_y = 0, \quad F_B + F_{Ay} - ql = 0, \quad F_{Ay} = -\frac{ql}{2}$$

$$\sum F_x = 0, \quad ql - F_{Ax} = 0, \quad F_{Ax} = ql$$

（2）分段列内力方程。

AC 段：$F_N(x) = \dfrac{ql}{2}$ $\quad(0 < x \leq l)\qquad$ CB 段：$F_N(x) = 0$ $\quad(0 \leq x \leq l)$

$\qquad\quad F_s(x) = ql$ $\quad(0 < x < l)\qquad\qquad\quad\ F_s(x) = qx - \dfrac{3}{2}ql$ $\quad(0 < x \leq l)$

$\qquad\quad M(x) = qlx$ $\quad(0 \leq x \leq l)\qquad\qquad\ M(x) = \dfrac{3ql}{2}x - \dfrac{qx^2}{2}$ $\quad(0 \leq x \leq l)$

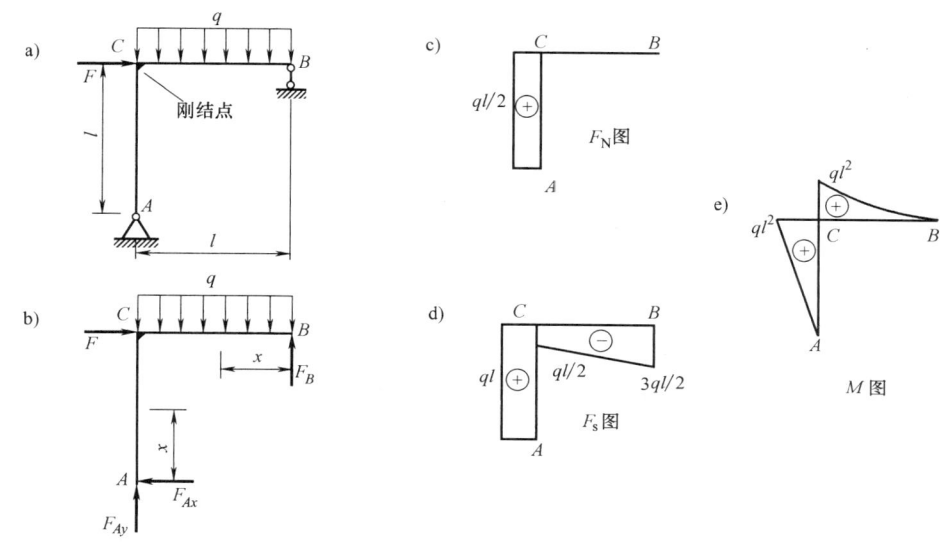

图 12-1

（3）作内力图（图 12-1c、d、e）。

注意：对刚架中每个杆件要分别建立坐标轴画图。

二、平面曲杆

平面曲杆又称为曲梁，其轴线是一条平面曲线，在同一平面内作用荷载时，曲杆横截面上的内力通常有轴力、剪力和弯矩，一般规定正的为力画在曲杆的凸边（外侧）。

下面通过例题介绍平面曲杆的内力方程与弯矩图。

例题 12-2 如图 12-2a 所示四分之一圆周长的平面曲杆 AB，在其轴线平面内受集中荷载 F 作用，试求曲杆的内力方程，并作弯矩图。

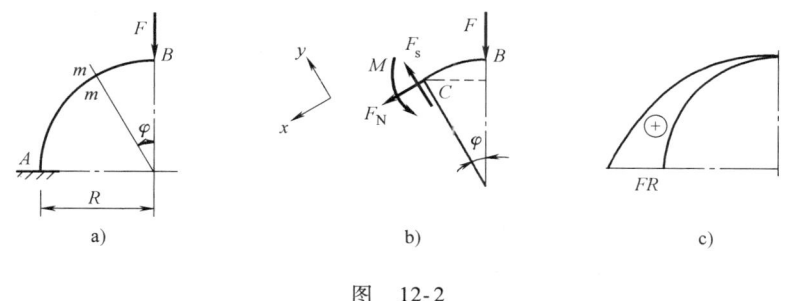

图 12-2

解：（1）轴力、剪力和弯矩方程。取任意截面 m—m，应用截面法（图 12-2b），有

$$\sum M_C = 0, \quad M - FR\sin\varphi = 0, \quad M = FR\sin\varphi$$

$$\sum F_x = 0, \quad F_N + F\sin\varphi = 0, \quad F_N = -F\sin\varphi$$

$$\sum F_y = 0, \quad F_s - F\cos\varphi = 0, \quad F_s = F\cos\varphi$$

211

曲杆横截面上的轴力仍以拉为正，剪力以对分离体任一点产生顺时针方向矩为正；弯矩以使曲杆轴线曲率增加时为正。

（2）画弯矩图。由弯矩方程可得弯矩图（图12-2c）。

讨论：当两曲杆的杆端由铰连接在一起时，组合成的平面结构称之为**三铰拱**（图12-3）。三铰拱是常见的静定拱结构，在工程上有较为广泛的应用，其约束力与内力计算属于物体系的平衡问题，这里不再介绍。

三、平面桁架

结构受到荷载作用，当不考虑各组成部分微小变形时，该结构能保持几何形状和位置不变，则称为**几何不变体系**（图12-4a），反之为**几何可变体系**（图12-4b），几何可变体系不能作为土木建筑类结构使用。

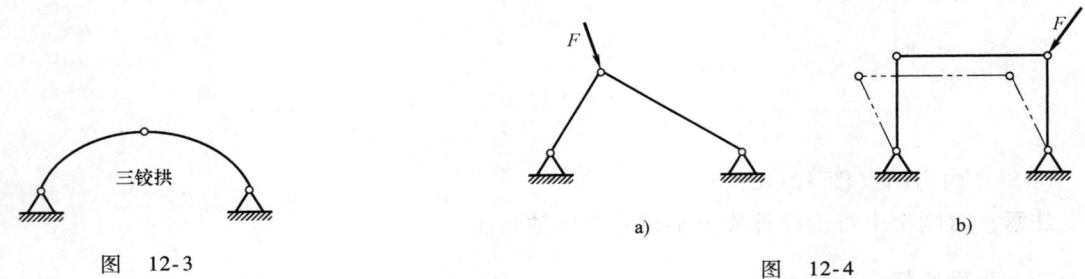

图 12-3

图 12-4

桁架是由若干直杆用铰连接而成的几何不变体系，杆与杆相连处称为**节点**。桁架在工程中很常见，所有杆的轴线和承受的荷载均在同一平面内的称为**平面桁架**。工程实际中采用一些假设，对桁架进行理想化处理，使其具有如下特点：

（1）各节点均为光滑的铰链连接；

（2）各杆轴线都是直线，并通过铰链中心；

（3）桁架所受荷载都作用在节点上，各杆不计重量，或将其平均分配到杆端节点上。

平面桁架中各杆均视为二力杆，静定平面桁架满足：2倍节点数 = 杆件数 + 支座约束力数。

计算静定桁架内力的方法有两种：节点法和截面法。

1. 节点法

节点法是取桁架的节点为研究对象，根据节点平衡条件来计算各杆的内力。因为桁架的各杆只承受轴力，任一节点都受到一个平面汇交力系的作用，故每个节点可列出两个独立的平衡方程。节点法计算桁架内力的步骤为：

（1）计算支座约束力；

（2）依次取节点为研究对象，计算各杆内力，通常应从只有两个未知力的节点开始；

（3）校核计算结果。

例题12-3 试用节点法计算图12-5a所示静定平面桁架各杆的内力。已知 $F = 10 \text{kN}$。

解：（1）求支座约束力。取桁架整体为研究对象（图12-5a），列平衡方程为

$$\sum M_A = 0, \quad 4\text{m} \cdot F_B - 2\text{m} \cdot F = 0, \quad F_B = 5\text{kN}$$
$$\sum F_y = 0, \quad F_B + F_{Ay} - F = 0, \quad F_{Ay} = 5\text{kN}$$
$$\sum F_x = 0, \quad F_{Ax} = 0$$

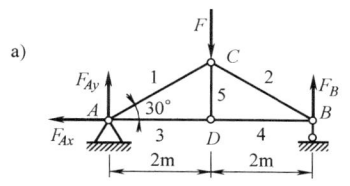
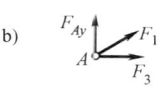
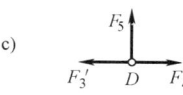
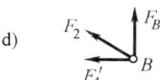
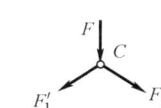

图 12-5

（2）取节点 A 为研究对象（图 12-5b），列平衡方程为
$$\sum F_y = 0, \quad F_{Ay} + F_1\sin 30° = 0, \quad F_1 = -10\text{kN}$$
$$\sum F_x = 0, \quad F_3 + F_1\cos 30° = 0, \quad F_3 = 8.66\text{kN}$$

设杆件内力均为拉力，计算结果为正值，说明杆件承受拉力；结果为负，则为压力。

（3）取节点 D 为研究对象（图 12-5c），列平衡方程为
$$\sum F_y = 0, \quad F_5 = 0$$
$$\sum F_x = 0, \quad F_4 - F_3' = 0, \quad F_4 = 8.66\text{kN}$$

（4）取节点 B 为研究对象（图 12-5d），列平衡方程为
$$\sum F_x = 0, \quad -F_4' - F_2\cos 30° = 0, \quad F_2 = -10\text{kN}$$

（5）校核计算结果。取节点 C 为研究对象（图 12-5e），列平衡方程为
$$\sum F_y = 0, \quad -F - F_1'\sin 30° - F_2'\sin 30° = 0$$
$$\sum F_x = 0, \quad F_2'\cos 30° - F_1'\cos 30° = 0$$

式中，F_1'、F_2' 已求得，不需求未知量，将其代入上述方程等于零，说明计算结果正确。

桁架中内力为零的杆件称为**零杆**，下面两种情况下会出现零杆：

第一种情况：不在一条直线上的两杆，如汇交节点上无外力作用，则两杆均为零杆，如图 12-6a 所示；

第二种情况：三杆汇交节点上无外力作用，如其中任意两杆共线，则第三杆为零杆，如图 12-6b 所示。

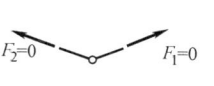
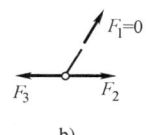

图 12-6

在计算桁架内力时，如按上述规则先判断出零杆，可使计算工作简化。

2. 截面法

截面法是用一截面假想将桁架截成两部分，选取其中一部分为研究对象，以其平衡条件计算被截开杆件的内力。通常截取的研究对象含有两个或两个以上节点，作用的力系为平面任意力系，故截面法即为平面任意力系平衡问题的求解方法。

下面通过例题介绍截面法。

例题 12-4 图 12-7a 所示静定平面桁架，各杆件的长度均为 1m，试用截面法计算杆件 CD、CE、AE 的内力。

213

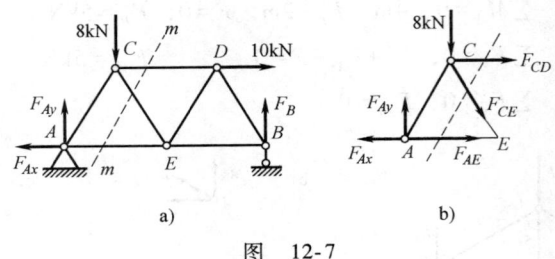

图 12-7

解：(1) 求支座约束力。取桁架整体为研究对象（图 12-7a），列平衡方程为

$$\sum M_A = 0, \quad 2m \times F_B - 1m \times \frac{1}{2} \times 8kN - 1m \times \frac{\sqrt{3}}{2} \times 10kN = 0, \quad F_B = 6.33kN$$

$$\sum F_y = 0, \quad F_B + F_{Ay} - 8kN = 0, \qquad F_{Ay} = 1.67kN$$

$$\sum F_x = 0, \quad F_{Ax} - 10kN = 0, \qquad F_{Ax} = 10kN$$

(2) 取截面 m—m 将桁架截开，取左侧部分为研究对象（图 12-7b），列平衡方程为

$$\sum M_E = 0, \quad 1m \times \frac{1}{2} \times 8kN - 1m \times \frac{\sqrt{3}}{2} \times F_{CD} - 1m \times F_{Ay} = 0, \quad F_{CD} = 2.69kN$$

$$\sum F_y = 0, \quad -F_{CE}\sin 60° + F_{Ay} - 8kN = 0, \qquad F_{CE} = -7.31kN$$

$$\sum F_x = 0, \quad F_{CD} + F_{CE}\cos 60° + F_{AE} - F_{Ax} = 0, \qquad F_{AE} = 10.96kN$$

(3) 校核计算结果。取桁架截开的右侧为研究对象，验证计算结果（略）。

通常情况下，节点法适用于求解桁架全部杆件的内力；截面法适用于求解指定杆件的内力。节点法和截面法相互结合使用，能方便求解复杂的桁架内力，对于较为简单的桁架，这两种方法都很简便。

*第二节 静定结构的位移计算·莫尔定理

在第九章第六节中，给出了应变能与外力功的概念。与功和能相关的若干定理统称为**能量原理**，应用能量原理得到的一些具体计算位移的方法，称为**能量法**，莫尔定理就是其中之一。本节采用莫尔定理计算位移的基本思路是：根据能量原理推导出基本变形下杆件的应变能和应变能密度、莫尔定理，然后通过例题介绍莫尔定理的应用。

一、基本变形下杆件应变能的计算

根据能量守恒定律，外力功全部转化为储存于弹性体内的应变能 V_ε，即

$$W = V_\varepsilon$$

求应变能可通过计算外力功得到。下面分别推导拉压杆、扭转轴、弯曲梁的应变能具体表达式。

1. 拉压杆的应变能

图 12-8a 所示一等截面受拉杆，其左端固定，在右端从零开始缓慢加载力到最终值 F，杆的变形也从零增加到终值 Δ。在弹性范围内，变形与力成正比，整个加载过程中外力在其相应位移上做功，由数学知识知，外力所做的元功为

$$dW = F_1 \cdot d(\Delta)$$

对整个杆进行积分,得外力从零到终值加载全过程所做的外力功为图 12-8b 中三角形的面积,即

$$W = \int_0^F F_1 \cdot d(\Delta) = \frac{F \cdot \Delta}{2}$$

因为外力与杆的轴力相等,即

$$F = F_N$$

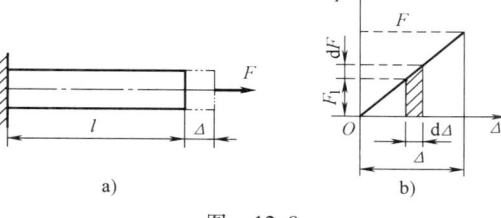

图 12-8

杆的伸长

$$\Delta = \frac{F_N l}{EA}$$

整理得

$$V_\varepsilon = \frac{F_N^2 l}{2EA} \tag{12-1}$$

当杆件横截面上的轴力沿轴线变化时,则杆中应变能为

$$V_\varepsilon = \int_l \frac{F_N^2(x)}{2EA} dx \tag{12-2}$$

若某桁架由 n 根直杆组成,F_{Ni}、l_i、E_i、A_i 分别代表桁架中第 i 根杆的轴力、杆长、弹性模量和横截面面积,则整个桁架结构的应变能为

$$V_\varepsilon = \sum_{i=1}^n \frac{F_{Ni}^2 l_i}{2E_i A_i} \tag{12-3}$$

2. 扭转圆轴的应变能

图 12-9a 所示一等截面受扭圆轴,扭转刚度为 GI_p,在弹性范围内,外力偶矩与扭转角成正比,当轴两端受到从零缓慢增加到 M_e 的外力偶矩作用时,其扭转变形也由零逐渐增加到 φ。仿照拉压杆外力功的计算,扭转外力偶矩做的功为

$$W = \frac{M_e \cdot \varphi}{2}$$

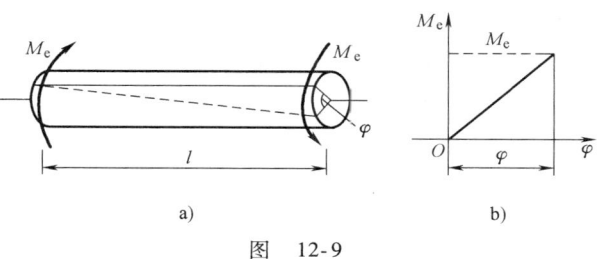

图 12-9

因为外力偶矩与轴的扭矩相等,即

$$M_e = T$$

轴的扭转角

$$\varphi = \frac{Tl}{GI_p}$$

整理得

$$V_\varepsilon = \frac{T^2 l}{2GI_p} \quad (12\text{-}4)$$

当轴横截面上的扭矩沿轴线变化时,则整个轴的应变能为

$$V_\varepsilon = \int_l \frac{T^2(x)}{2GI_p} dx \quad (12\text{-}5)$$

3. 弯曲梁的应变能

等截面纯弯曲梁（图 12-10a）其弯曲刚度为 EI,在弹性范围内,外力偶矩与转角成正比,当梁两端受到从零缓慢增加到 M_e 的外力偶矩作用时,其转角也由零逐渐增加到 θ。类比拉压杆、扭转轴应变能的计算,并忽略剪力对变形的影响,弯曲梁的应变能为

$$V_\varepsilon = \int_l \frac{M^2(x)}{2EI} dx \quad (12\text{-}6)$$

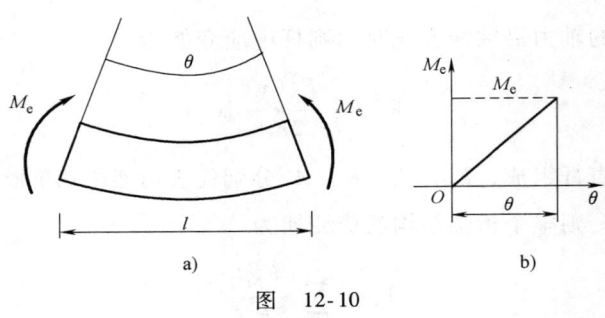

图 12-10

4. 组合变形时的应变能

在组合变形的情况下,当杆件横截面上有轴力、扭矩和弯矩时,整个杆件的应变能为

$$V_\varepsilon = \int_l \frac{F_N^2(x)}{2EA} dx + \int_l \frac{T^2(x)}{2GI_p} dx + \int_l \frac{M^2(x)}{2EI} dx \quad (12\text{-}7)$$

注意：应变能与内力的平方成正比,不再满足线性关系,故前面常用的叠加原理不适用于应变能的计算。

5. 应变能的普遍表达式

设作用在杆件上的外力与力偶均用广义力 F_1, F_2, $\cdots$, F_n 表示,用广义位移 Δ_1, Δ_2, $\cdots$, Δ_n 分别表示外力作用点沿外力方向的位移（线位移或角位移）,则杆件应变能的普遍表达式为

$$V_\varepsilon = W = \frac{1}{2} F_1 \Delta_1 + \frac{1}{2} F_2 \Delta_2 + \cdots + \frac{1}{2} F_n \Delta_n \quad (12\text{-}8)$$

二、应变能密度

弹性体内任一点处单位体积的应变能称为**应变能密度**,用 v_ε 表示。应变能密度有两种表达式,以拉压杆为例说明。当图 12-8a 所示拉杆的体积为 Al 时,由式 12-1 可得其应变能

密度为

$$v_\varepsilon = \frac{v_\varepsilon}{Al} = \frac{F_N^2 l/2EA}{Al} = \frac{1}{2} \cdot \frac{F_N^2}{A^2} \cdot \frac{1}{E}$$

拉压杆横截面上正应力为

$$\sigma = \frac{F_N}{A}$$

拉压胡克定律为

$$\varepsilon = \frac{\sigma}{E}$$

整理得

$$v_\varepsilon = \frac{1}{2}\sigma\varepsilon \tag{12-9}$$

同理，剪切变形时应变能密度表达式为

$$v_\varepsilon = \frac{1}{2}\tau\gamma \tag{12-10}$$

忽略剪力的影响，弯曲梁的应变能密度同拉压杆。

三、莫尔定理

1. 莫尔定理的推导

以图 12-11a 所示的简支梁为例，推导计算杆件横截面位移的莫尔定理。

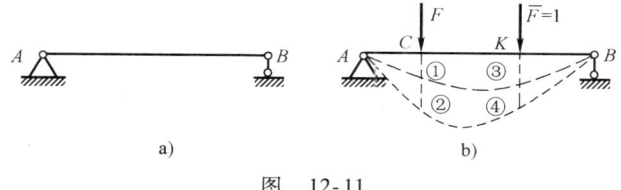

图 12-11

（1）**计算外力功** 遵守缓慢加载的原则，单位力加载到终值 $\overline{F}=1$，梁的变形是长虚线，外力加载到终值 F，梁的变形是短虚线。单位力 $\overline{F}=1$ 引起的 C、K 处位移是长虚线①、③，分别用 Δ_1 和 $\Delta_{\overline{F}}$ 表示；外力 F 引起的 C、K 处位移是短虚线②、④，分别用 Δ_F 和 Δ_K 表示（图 12-11b）。

计算外力功的思路是：按加载次序分两步考虑，第一步，先施加单位力 $\overline{F}=1$，其外力功为

$$W_1 = \frac{1}{2} \times 1 \times \Delta_{\overline{F}}$$

第二步，加载外力 F，此时，单位力是一大小为 1 的恒力作用在梁上，随着梁的变形，该恒力的功与外力 F 的功为

$$W_2 = 1 \times \Delta_K + \frac{1}{2} F \Delta_F$$

故总的外力功为

$$W = \frac{1}{2} \times 1 \times \Delta_{\overline{F}} + 1 \times \Delta_K + \frac{1}{2}F\Delta_F$$

（2）计算应变能 用 $\overline{M}(x)$ 表示单位力作用下梁的弯矩方程，当先后施加 $\overline{F}$ 和 F 时，根据叠加原理，梁任一横截面 x 上的弯矩为

$$M(x) + \overline{M}(x)$$

由式（12-6）得梁内应变能为

$$V_\varepsilon = \int_l \frac{[M(x) + \overline{M}(x)]^2}{2EI} dx = \int_l \frac{\overline{M}^2(x)}{2EI} dx + \int_l \frac{M^2(x)}{2EI} dx + \int_l \frac{M(x)\overline{M}(x)}{EI} dx$$

根据能量守恒 $W = V_\varepsilon$，有

$$\frac{1}{2} \times 1 \times \Delta_{\overline{F}} + 1 \times \Delta_K + \frac{1}{2}F\Delta_F = \int_l \frac{\overline{M}^2(x)}{2EI} dx + \int_l \frac{M^2(x)}{2EI} dx + \int_l \frac{M(x)\overline{M}(x)}{EI} dx$$

显然，有

$$\frac{1}{2} \times 1 \times \Delta_{\overline{F}} = \int_l \frac{\overline{M}^2(x)}{2EI} dx, \frac{1}{2}F\Delta_F = \int_l \frac{M^2(x)}{2EI} dx$$

整理得计算位移的莫尔定理为

$$\Delta_K = \int_l \frac{M(x)\overline{M}(x)}{EI} dx \tag{12-11}$$

对桁架结构和扭转变形的轴，莫尔定理表达式分别为

$$\Delta_K = \sum_{i=1}^n \frac{F_{Ni}\overline{F}_{Ni}l_i}{EA} \tag{12-12}$$

$$\Delta_K = \int_l \frac{T(x)\overline{T}(x)}{GI_p} dx \tag{12-13}$$

因为使用了单位力推导莫尔定理，该式右项是积分式，故**莫尔定理**又称为**单位荷载法**、**莫尔积分法**。

对组合变形的结构，莫尔定理表达式为

$$\Delta = \int_l \frac{F_N(x)\overline{F}_N(x)}{EA} dx + \int_l \frac{T(x)\overline{T}(x)}{GI_p} dx + \int_l \frac{M(x)\overline{M}(x)}{EI} dx \tag{12-14}$$

2. 莫尔定理的应用

如果要求线位移，则应施加单位力 $\overline{F} = 1$；如求角位移，则需施加单位力偶 $\overline{M} = 1$；如求相对位移，则需施加一对单位力或一对单位力偶。

应用莫尔定理计算位移的关键是建立内力方程。

例题 12-5 试用莫尔定理计算图 12-12a 所示悬臂梁截面 B 的挠度和转角。梁的弯曲刚度为 EI。

解：（1）建立图 12-12a 所示梁的弯矩方程：

$$M(x) = -\frac{1}{2}qx^2$$

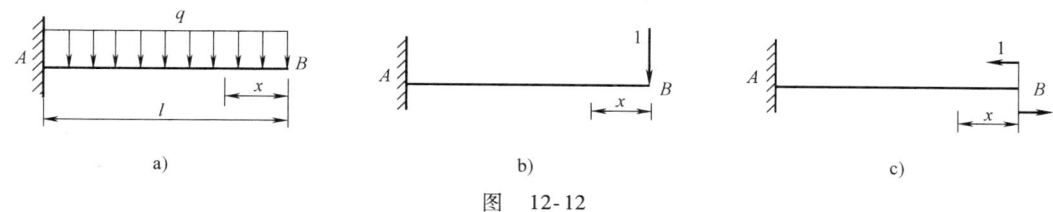

图 12-12

(2) 计算 B 截面的挠度 w_B。去掉外荷载 q,在 B 处施加铅垂方向的单位力（图12-12b）,列弯矩方程为

$$\overline{M}(x) = -x$$

由莫尔定理得

$$w_B = \int_l \frac{M(x)\overline{M}(x)}{EI}dx = \frac{1}{EI}\left[\int_0^l \left(-\frac{1}{2}qx^2\right)(-x)dx + 0\right] = \frac{ql^4}{8EI}$$

结果为正,表明 B 截面的挠度与施加的单位力方向一致,即铅垂向下。

(3) 计算 B 截面的转角 θ_B。去掉外荷载 q,在 B 处施加逆时针转向的单位力偶（图12-12c）,列弯矩方程为

$$\overline{M}(x) = 1$$

由莫尔定理得

$$\theta_B = \int_l \frac{M(x)\overline{M}(x)}{EI}dx = \frac{1}{EI}\left[\int_0^l \left(-\frac{1}{2}qx^2\right) \cdot 1 \cdot dx + 0\right] = -\frac{ql^3}{6EI}$$

结果为负值,表明 B 截面的转角与施加的单位力偶方向相反,即为顺时针转向。

例题 12-6 试计算图12-13a所示刚架截面 A 的转角 θ_A 和截面 C 的铅垂位移 Δ_{Cy}。各杆弯曲刚度 EI 均为常数。

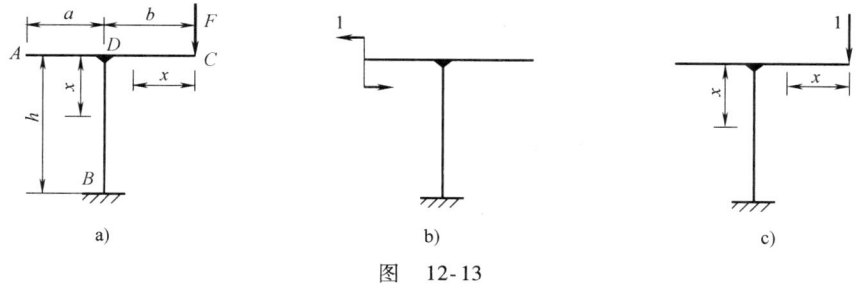

图 12-13

解：(1) 建立图12-13a所示梁的弯矩方程：

CD 段： $\qquad M(x) = -Fx$

DB 段： $\qquad M(x) = -Fb$

(2) 计算 A 截面的转角 θ_A。去掉外荷载 F,在 A 处施加逆时针转向的单位力偶（图12-13b）,列弯矩方程为

AD 段： $\qquad \overline{M}(x) = -1$

DB 段： $\qquad \overline{M}(x) = 1$

由莫尔定理得

$$\theta_A = \int_l \frac{M(x)\overline{M}(x)}{EI}\mathrm{d}x = \frac{1}{EI}\left[0 + 0 + \int_0^h(-Fb)\cdot 1 \cdot \mathrm{d}x\right] = -\frac{Fbh}{EI}$$

结果为负，表明 A 截面的转角与施加的单位力偶方向相反，即为顺时针转向。

（3）计算 C 截面的铅垂位移 w_C。去掉外荷载 F，在 C 处施加铅垂方向的单位力（图 12-13c），列弯矩方程为

CD 段： $\overline{M}(x) = -x$

DB 段： $\overline{M}(x) = -b$

由莫尔定理得

$$w_C = \int_l \frac{M(x)\overline{M}(x)}{EI}\mathrm{d}x = \frac{1}{EI}\left[\int_0^b(-Fx)(-x)\mathrm{d}x + 0 + \int_0^h(-Fb)(-b)\mathrm{d}x\right] = \frac{Fb^2}{3EI}(b+3h)$$

结果为正，表明 C 截面的挠度与施加的单位力方向一致。

例题 12-7 如图 12-14a 所示半圆形曲杆，忽略轴力与剪力的影响，试求截面 A、B 间的相对水平位移 Δ_{AB} 和相对转角 θ_{AB}。曲杆的弯曲刚度为 EI。

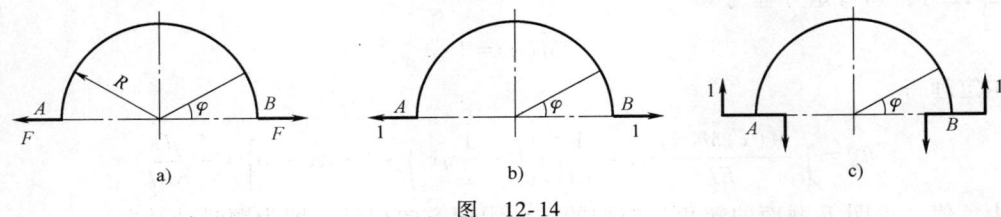

图 12-14

解：（1）建立图 12-14a 所示曲杆的弯矩方程：

$$M(\varphi) = -FR\sin\varphi$$

（2）计算 A、B 间的相对水平位移 Δ_{AB}。去掉外荷载 F，在 A、B 处施加一对水平方向的单位力（图 12-14b），列弯矩方程为

$$\overline{M}(x) = -R\sin\varphi$$

由莫尔定理得

$$\Delta_{AB} = \int_l \frac{M(x)\overline{M}(x)}{EI}\mathrm{d}x = 2\left[\frac{1}{EI}\int_0^l(-FR\sin\varphi)(-R\sin\varphi)\cdot R\mathrm{d}\varphi\right]$$

$$= \frac{2FR^3}{EI}\left[\frac{\varphi}{2} - \frac{\sin 2\varphi}{4}\right]_0^{\pi/2} = \frac{F\pi R^3}{2EI}$$

（3）计算 A、B 间的相对转角 θ_{AB}。去掉外荷载 F，在 A、B 处施加一对单位力偶（图 12-14c），列弯矩方程为

$$\overline{M}(x) = -1$$

由莫尔定理得

$$\theta_{AB} = \int_l \frac{M(x)\overline{M}(x)}{EI}\mathrm{d}x = \frac{1}{EI}\int_0^\pi(-FR\sin\varphi)(-1)\cdot R\mathrm{d}\varphi = \frac{2FR^2}{EI}$$

结果为正，说明截面 A、B 间的相对转角与施加的单位力偶的相对转向一致。

例题 12-8 试求图 12-15a 所示平面桁架节点 D 的水平位移 Δ_{Dx}。已知各杆的拉压刚度 EA 均相等。

解：（1）计算图 12-15a 所示桁架各杆轴力。由平衡方程得

$$F_{Ax}=F, \quad F_{Ay}=-F, \quad F_B=F$$

$$F_{AC}=\sqrt{2}F, \quad F_{AB}=0, \quad F_{BC}=-F, \quad F_{CD}=F, \quad F_{BD}=0$$

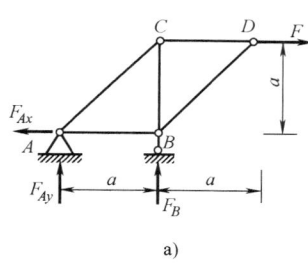 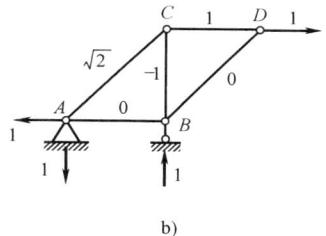

图 12-15

（2）计算 D 截节点水平位移 Δ_{Dx}。去掉外荷载 F，在 D 点施加水平方向的单位力，计算各杆轴力值如图 12-15b 所示。由莫尔定理得

$$\Delta_{Dx}=\sum_{i=1}^{5}\frac{F_{Ni}\overline{F}_{Ni}l_i}{EA}=\frac{1}{EA}[\sqrt{2}F\cdot\sqrt{2}\cdot\sqrt{2}a+(-F)\cdot(-1)\cdot a+F\cdot 1\cdot a]=\frac{2Fa}{EA}(\sqrt{2}+1)$$

结果为正，说明节点 D 间的水平位移与施加的单位力方向一致。

12-1 试作题 12-1 图所示刚架的内力图。已知 $F_1=40\text{kN}$，$F_2=30\text{kN}$。

答案：$|F_{N\max}|=40\text{kN}$，$|F_{s,\max}|=40\text{kN}$，$|M_{\max}|=100\text{kN}\cdot\text{m}$

12-2 题 12-2 图所示为四分之一圆周长的平面曲杆，在其轴线平面内受集中荷载 F 作用，试求曲杆的内力方程，并作弯矩图。

答案：$|F_{N\max}|=F$，$|F_{s,\max}|=F$，$|M_{\max}|=FR$

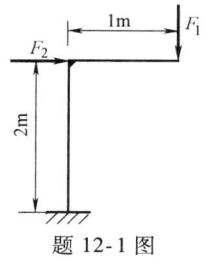 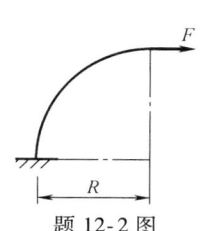

题 12-1 图 　　　　　　　　　　　　　题 12-2 图

12-3 试用节点法计算题 12-3 图所示平面桁架各杆的内力。已知 $F=15\text{kN}$。

答案：$F_1=F_2=F_4=0$，$F_3=15\sqrt{2}\text{kN}$，$F_5=-15\text{kN}$

12-4 试判断题 12-4 图所示桁架的零杆，并用截面法计算杆件 CD 的内力。

答案：7 根零杆，$F_{CD}=-35\text{kN}$

12-5 题 12-5 图所示简支梁的弯曲刚度为 EI，试求梁跨中点 C 处的挠度和 B 端面的转角。

答案：$w_C = \dfrac{5ql^4}{384EI}$，$\theta_B = \dfrac{ql^3}{24EI}$（逆时针向）

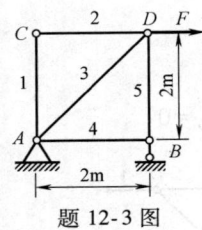

题 12-3 图

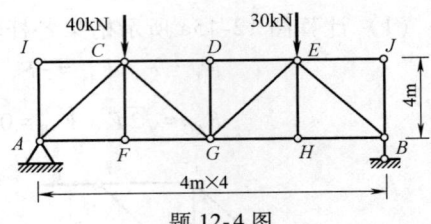

题 12-4 图

12-6　试求题 12-6 图所示刚架中 A、B 两点的相对水平位移 Δ_{AB} 和相对转角 θ_{AB}。各杆弯曲刚度 EI 为常数。

答案：$\Delta_{AB} = \dfrac{Fa^2}{EI}\left(\dfrac{2a}{3}+l\right)$（靠近），$\theta_{AB} = \dfrac{Fa}{EI}(a+l)$（靠近）

12-7　试求题 12-7 图所示桁架节点 A 的水平位移 Δ_{Ax} 和铅垂位移 Δ_{Ay}。三杆的拉压刚度 EA 均为常数。

答案：$\Delta_{Ax} = \dfrac{Fa}{EA}(2\sqrt{2}+1)$（→），$\Delta_{Ay} = \dfrac{Fa}{EA}$（↓）

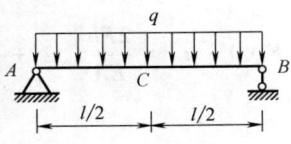

题 12-5 图

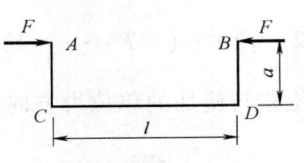

题 12-6 图

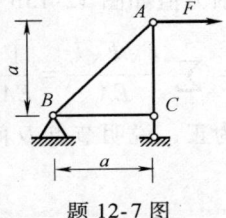

题 12-7 图

第十三章 超静定结构的受力分析

在静力学第二章第六节中，定义了静定与超静定问题、超静定次数的概念，指出超静定问题中未知量的个数多于独立的平衡方程数，仅利用静力学知识不能求出全部的未知量，即理论力学不能解决超静定问题。若解超静定问题，必须补充实用方程，与平衡方程联立求解，该实用方程称为**补充方程**。寻求补充方程需从研究对象可以变形这一思路出发，通过建立**变形协调关系（几何方程）**、力与变形的关系（**物理方程**）得到。补充方程的个数与超静定次数相同，n 次超静定需建立 n 个补充方程，亦需 n 个几何方程。

超静定问题依据未知量的性质分为三类：外力超静定、内力超静定和混合超静定。

本章综合静力平衡、变形协调和物理性质三个方面，通过**变形比较法**求解超静定问题。针对基本变形下的一次超静定问题（简单超静定），变形计算简单较易；对于常见结构的多次超静定问题，变形计算繁琐困难，一般利用能量原理求解。能量法有两种基本方法：**力法和位移法**，力法以力为基本未知量，位移法以位移为基本未知量，本章主要介绍力法。

第一节 简单超静定问题

变形比较是指将超静定问题转化成静定问题，并保证两者变形完全一致时，转化处的位移应满足的约束条件。采用变形比较法求解简单超静定问题的过程如下：

（1）**画受力图**，建立静力**平衡方程**（判断超静定次数）；

（2）超静定问题转化为静定问题，**画位移图**，辅助判断变形协调关系，进行变形比较，列出**几何方程**，将**物理方程**代入几何方程，得到补充方程；

（3）联立静力平衡方程和补充方程求解。

注意：一次超静定问题转化成静定问题的方式可多种，一般是拆除一个约束，加相应约束力，并视为待求主动力；变形比较是静定问题中拆除约束处的位移，与原超静定问题在该处的位移的比较，应保证完全一致；不同转化方式建立的几何方程也是不同的。

下面分别介绍拉压杆、扭转轴以及弯曲梁一次超静定问题的求解方法。

一、拉压杆的超静定问题

拉压杆的超静定问题，变形比较的是杆的伸长或缩短，物理方程基于拉压胡克定律。下面通过例题进行解法介绍。

例题 13-1 图 13-1a 所示超静定桁架，设杆 1 与杆 2 的杆长、横截面面积、弹性模量均相同，即 $l_1=l_2$，$A_1=A_2$，$E_1=E_2$，杆3的长度、横截面面积、弹性模量分别为 l_3、A_3、E_3，试求各杆的轴力。

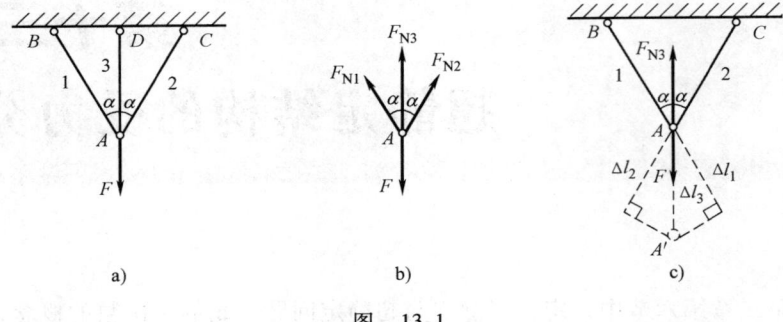

图 13-1

解：（1）平衡方程。取销钉 A 为研究对象，画受力图（图13-1b），列静力方程为

$$\sum F_x = 0, \quad F_{N2}\sin\alpha - F_{N1}\sin\alpha = 0$$
$$\sum F_y = 0, \quad F_{N1}\cos\alpha + F_{N2}\cos\alpha + F_{N3} - F = 0$$

整理得

$$F_{N2} = F_{N1}, \quad 2F_{N1}\cos\alpha + F_{N3} = F$$

显然，桁架为一次超静定问题（3个轴力未知，仅有2个独立平衡方程），超静定问题是由于结构的组成引起的，属于内力超静定。

（2）几何方程。设三杆的伸长量分别为 Δl_1、Δl_2、Δl_3，将超静定转化成静定，画位移图（图13-1c）。原超静定问题中三杆交于一点 A，只要桁架结构不失效，变形后仍交于一点 A'，比较三杆的变形，应满足的协调关系（几何方程）为

$$\Delta l_1 = \Delta l_2 = \Delta l_3 \cos\alpha$$

（3）物理方程。设各杆均处于线弹性范围，满足胡克定律，则三杆的轴力与变形的关系（物理方程）分别为

$$\Delta l_1 = \frac{F_{N1}l_1}{E_1 A_1}, \quad \Delta l_2 = \frac{F_{N2}l_2}{E_2 A_2}, \quad \Delta l_3 = \frac{F_{N3}l_3}{E_3 A_3}$$

联立求解静力方程、几何方程和物理方程，得三杆轴力

$$F_{N1} = F_{N2} = \frac{F\cos^2\alpha}{2\cos^3\alpha + \dfrac{E_3 A_3}{E_1 A_1}}, \quad F_{N3} = \frac{F}{1 + \dfrac{2E_1 A_1}{E_3 A_3}\cos^3\alpha}$$

讨论：（1）三杆轴力均为正值，与受力假设一致，说明各杆轴力均为拉力；

（2）三杆轴力的分配与刚度占比有关，杆的刚度越大，内力也随之增大，这是超静定结构的特点之一。

例题 13-2 如图13-2a所示钢筋混凝土立柱，柱的横截面面积为 400mm×400mm，长为 l，承受轴向压力 F。已知四根钢筋直径均为 $d=28$mm，钢筋与混凝土的弹性模量之比为 $E_1/E_2=10$，试求钢筋与混凝土各分担的荷载 F_{N1} 和 F_{N2}。

解：（1）平衡方程。截面法取柱的上部分，同一截面上钢筋、混凝土分配的轴力分别为 F_{N1}、F_{N2}，画受力图（图13-2b），由此列出静力方程为

$$\sum F_y = 0, \quad F_{N1}+F_{N2}-F = 0$$

显然，属于一次超静定问题（2个轴力未知，仅有1个独立平衡方程），由于压杆内力组合导致了超静定，属于内力超静定。

（2）几何方程。设柱两种材料的缩短量分别为 Δl_1、Δl_2，原超静定问题中两种材料组合在一起（无相对位移），只要立柱结构不失效，受压变形后仍为一体，故需满足的变形协调关系（几何方程）为

$$\Delta l_1 = \Delta l_2$$

（3）物理方程。柱各部分均满足胡克定律，物理方程分别为

$$\Delta l_1 = \frac{F_{N1}l}{E_1 A_1}, \quad \Delta l_2 = \frac{F_{N2}l}{E_2 A_2}$$

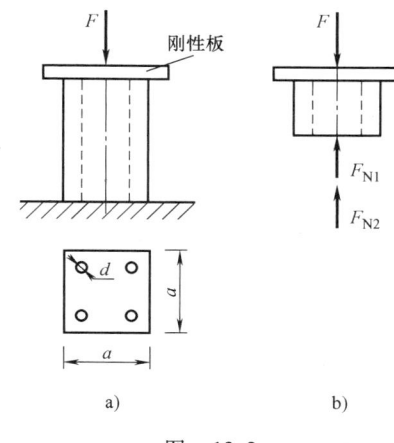

图 13-2

联立求解静力方程、几何方程和物理方程，可得钢筋、混凝土分配的轴力为

$$F_{N1} = \frac{E_1 A_1 F}{E_1 A_1 + E_2 A_2}, \quad F_{N2} = \frac{E_2 A_2 F}{E_1 A_1 + E_2 A_2}$$

其中，

$$A_1 = 4 \times \frac{\pi \times 28^2}{4} \text{mm}^2 = 2.46 \times 10^3 \text{mm}^2, \quad A_2 = a^2 - A_1 = (400 \times 400 - \pi \times 28^2) \text{mm}^2 = 1.58 \times 10^5 \text{mm}^2$$

整理得

$$F_{N1} = 0.135F, \quad F_{N2} = 0.865F$$

判断可知，钢筋的刚度 $E_1 A_1$ 小于混凝土刚度 $E_2 A_2$，故钢筋分担的荷载 F_{N1} 小于混凝土分担的荷载 F_{N2}，符合超静定结构的特点。

二、扭转轴的超静定问题

扭转轴的超静定问题，与解决拉压杆超静定方法相同，变形比较的是轴的扭转角，物理方程采用剪切胡克定律，下面通过例题进行解法介绍。

例题 13-3 如图 13-3a 所示超静定扭转轴，轴的 A、B 两端固定，截面 C 处受矩为 M_e 的扭转外力偶作用，已知轴的扭转刚度为 GI_p，试求两固定端的约束力偶矩 M_A 和 M_B。

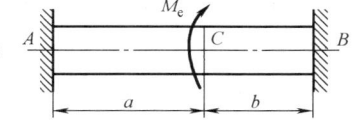

解：（1）平衡方程。取轴为研究对象，画受力图（图13-3b），列静力方程为

$$\sum M_x = 0, \quad M_A + M_B - M_e = 0$$

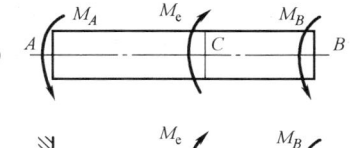

一个独立的平衡方程，有两个未知数，扭转轴属于一次超静定问题，由于轴边界多余约束导致了超静定，属于外力超静定。

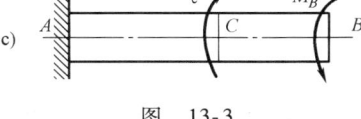

图 13-3

(2) 几何方程。设 B 端面对截面 C 的扭转角为 φ_{CB}，截面 C 对 A 端面的扭转角为 φ_{AC}，则 B 端对 A 端的扭转角 φ_{AB} 应是 φ_{AC} 与 φ_{CB} 的代数和，即

$$\varphi_{AB} = \varphi_{AC} + \varphi_{CB}$$

轴两端固定，故 B 端对 A 端的扭转角 φ_{AB} 应等于零，将超静定转化成静定（图 13-3c）。故几何方程为

$$\varphi_{AB} = \varphi_{AC} + \varphi_{CB} = 0$$

(3) 物理方程。由相对扭转角的计算公式得物理方程为

$$\varphi_{AC} = -\frac{M_A a}{GI_p}, \quad \varphi_{CB} = \frac{M_B b}{GI_p}$$

联立求解静力方程、几何方程和物理方程，得

$$M_A = \frac{M_e b}{a+b}, \quad M_B = \frac{M_e a}{a+b}$$

确定边界约束力后，即可按照第六章介绍的方法分析轴的内力、应力与变形，并进行强度和刚度计算。

三、弯曲梁的超静定问题

变形比较法求解超静定梁，变形比较的是挠度、转角，关键是将超静定梁转化为静定梁，建立几何（变形协调）方程。力与变形（或位移）之间的关系（物理方程）可通过积分法或叠加法得到，不计剪力的影响。下面通过例题来说明简单超静定梁的计算步骤。

例题 13-4 AB 梁受均布荷载作用、一端固定、一端铰支，如图 13-4a 所示。设梁的弯曲刚度为 EI，试求梁的支座约束力。

解：（1）平衡方程。取梁为研究对象，画受力图（图 13-4b），列静力方程为

$$\sum M_A = 0, \quad F_B l + M_A - \frac{ql^2}{2} = 0$$

$$\sum F_y = 0, \quad F_B + F_{Ay} - ql = 0$$

两个独立的平衡方程，有三个未知数，属于一次超静定问题，由于边界多余的约束导致了梁超静定，属于外力超静定。

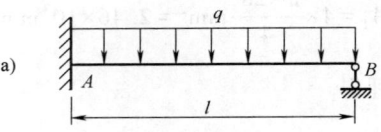

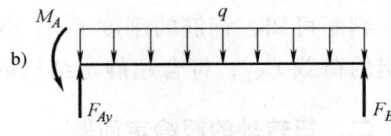

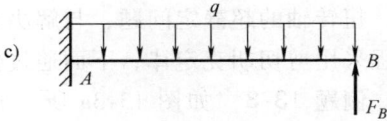

图 13-4

(2) 几何方程。取支座 B 处的铅垂位移约束作为多余约束，将其解除，并代以约束力 F_B，将梁超静定问题转化成静定问题（图 13-4c）。设 B 处挠度为 w_B，比较梁转化处的变形，建立几何方程为

$$w_B = w_{Bq} + w_{BF_B} = 0$$

(3) 物理方程。由叠加法计算挠度，得物理方程为

$$w_{Bq} = \frac{ql^4}{8EI}, \quad w_{BF_B} = -\frac{F_B l^3}{3EI}$$

联立求解静力方程、几何方程和物理方程，得

$$F_{Ay} = \frac{5ql}{8}, \quad F_B = \frac{3ql}{8}, \quad M_A = \frac{ql^2}{8}$$

梁的约束力确定后，便可画出其内力图，分析应力、位移，进行强度和刚度计算。

总之，基本变形下的简单超静定问题，通常都是以支座约束力或内力作为未知量的；基本变形的计算公式均可由前面章节得到，不同的基本变形，其物理方程也不同。

第二节 常见结构的超静定问题

本章主要介绍力法求解常见结构的超静定问题，其解题步骤如下：

（1）确定超静定次数。平面桁架的超静定次数等于未知内力的个数，减去二倍的节点数，平面封闭框架为三次内力超静定，一般超静定问题采用未知数与独立平衡方程数之差判断；

（2）解除多余约束（或内力），得**静定系**，在解除约束处加上多余未知力，获得**相当系统**。进行变形比较，列出**几何方程**；

（3）采用莫尔定理计算位移，建立**物理方程**；

（4）将物理方程代入几何方程，得补充方程。力与位移使用广义力和广义位移，补充方程形成一组格式规范的线性方程式，称为力法的**正则方程**；

（5）解正则方程，得待求的一组未知力。

下面以例题说明解法。

例题 13-5 试求图 13-5a 所示梁 B 处的支座约束力。已知弯曲刚度 EI 为常数。（不计剪力的影响）

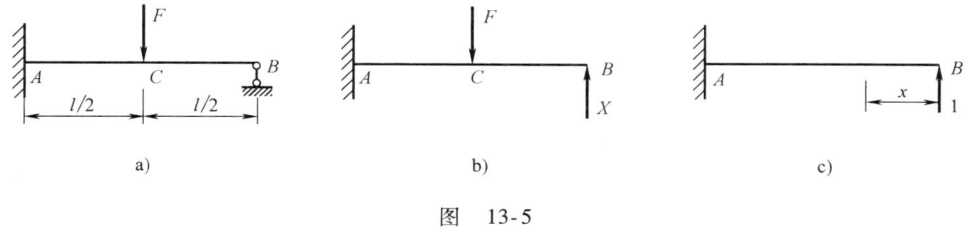

图 13-5

解：（1）确定超静定次数。AB 梁共有四个支座约束力，独立的平衡方程只有三个，所以属于一次超静定问题。

（2）解除 B 处约束，获得静定系，用广义力 X 代替该约束处的作用，获得相当系统（图 13-5b），由叠加原理，得 B 处位移为

$$\Delta_B = \Delta_{BX} + \Delta_{BF}$$

用 δ 表示单位力引起的位移，对线弹性体，力与位移成正比，力 X 是单位力的 X 倍，故

$$\Delta_{BX} = \delta X$$

比较图 13-5a 和 图 13-5b 在 B 处的位移，得几何方程为

$$\Delta_B = \delta X + \Delta_{BF} = 0$$

令 δ_{ij}、Δ_{ij} 中下标 i 表示产生位移的位置码，下标 j 表示引起位移的荷载码，设 i、j 取值范围是 1，2，3，…n。因此，B 处单位竖向力引起的竖向位移可表示为 δ_{11}，正则方程为

$$\delta_{11}X + \Delta_{1F} = 0$$

（3）计算位移。在静定系的 B 点加单位力 $X = 1$（图 13-5c），列弯矩方程为

$$\overline{M}(x) = 1 \cdot x \quad (0 \leqslant x \leqslant l)$$

荷载 F 单独作用下（图略），梁的弯矩方程为

$$M(x) = 0 \quad \left(0 \leqslant x \leqslant \frac{l}{2}\right)$$

$$M(x) = -F\left(x - \frac{l}{2}\right) \quad \left(\frac{l}{2} \leqslant x \leqslant l\right)$$

由单位荷载法计算各位移，得

$$\Delta_{1F} = \int_l \frac{M(x) \cdot \overline{M}(x)}{EI} dx = \frac{1}{EI}\left[\int_{\frac{l}{2}}^{l} \left[-F\left(x - \frac{l}{2}\right)\right] \cdot (1 \cdot x) dx\right] = -\frac{5Fl^3}{48EI}$$

$$\delta_{11} = \int_l \frac{\overline{M}(x) \cdot \overline{M}(x)}{EI} dx = \frac{1}{EI}\left[\int_0^l (1 \cdot x) \cdot (1 \cdot x) dx\right] = \frac{l^3}{3EI}$$

（4）解正则方程。将位移 Δ_{1F}、δ_{11} 计算结果代入正则方程，得 B 处支座约束力为

$$X = -\frac{\Delta_{BF}}{\delta_{BX}} = \frac{5}{16}F$$

例题 13-6 试求图 13-6a 所示超静定刚架 A 处的支座约束力。弯曲刚度 EI 为常数，不计轴力与剪力的影响。

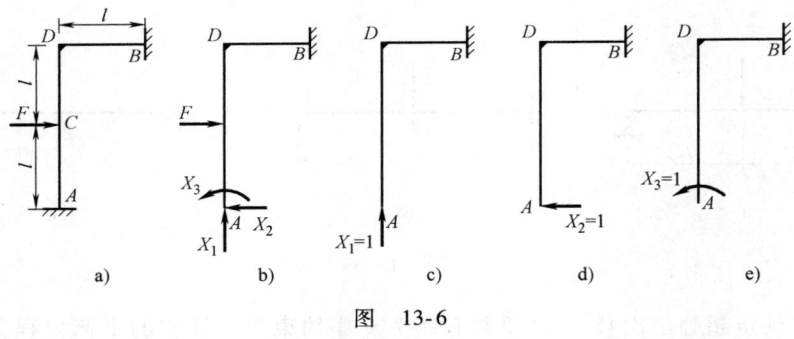

图 13-6

解：（1）确定超静定次数，AB 刚架共有六个支座约束力，独立的平衡方程只有三个，所以属于三次超静定问题。

（2）解除 A 处约束，获得静定系，取 A 处固定支座的约束力 X_1、X_2、X_3 为基本未知量，得相当系统（图 13-6b）。比较图 13-6a 和 图 13-6b 在 A 处的位移，由叠加原理，得几何方程为

$$\Delta_1 = \Delta_{1X_1} + \Delta_{1X_2} + \Delta_{1X_3} + \Delta_{1F} = 0$$

$$\Delta_2 = \Delta_{2X_1} + \Delta_{2X_2} + \Delta_{2X_3} + \Delta_{2F} = 0$$

$$\Delta_3 = \Delta_{3X_1} + \Delta_{3X_2} + \Delta_{3X_3} + \Delta_{3F} = 0$$

整理得正则方程为

$$\delta_{11}X_1+\delta_{12}X_2+\delta_{13}X_3+\Delta_{1F}=0$$
$$\delta_{21}X_1+\delta_{22}X_2+\delta_{23}X_3+\Delta_{2F}=0$$
$$\delta_{31}X_1+\delta_{32}X_2+\delta_{33}X_3+\Delta_{3F}=0$$

系数 δ_{ij} 表示力 $X_j=1$ 单独作用在静定系上时，点 A 沿 X_i 方向的位移；主对角线上的系数 δ_{ii} 表示单位力 $X_i=1$ 单独作用时，点 A 沿 X_i 方向产生的位移。常数项 Δ_{iF} 表示荷载 F 单独作用在静定系上时，点 A 沿 X_i 方向的位移。

（3）计算位移。在静定系的 A 点加单位力 $X_1=1$（图13-6c），$X_2=1$（图13-6d）、$X_3=1$（图13-6e），列弯矩方程如表13-1所示。（荷载单独作用图略）

表13-1 刚架的弯矩方程

	AC 段 $(0\leqslant x\leqslant l)$	CD 段 $(0\leqslant x\leqslant l)$	DB 段 $(0\leqslant x\leqslant l)$
F	$M(x)=0$	$M(x)=-Fx$	$M(x)=-Fl$
$X_1=1$	$\overline{M}(x)=0$	$\overline{M}(x)=0$	$\overline{M}(x)=1\cdot x$
$X_2=1$	$\overline{M}(x)=1\cdot x$	$\overline{M}(x)=1\cdot(l+x)$	$\overline{M}(x)=2l$
$X_3=1$	$\overline{M}(x)=-1$	$\overline{M}(x)=-1$	$\overline{M}(x)=-1$

由单位荷载法计算各位移，得

$$\Delta_{1F}=\int_l\frac{M(x)\cdot\overline{M}(x)}{EI}\mathrm{d}x=\frac{1}{EI}\Big[\int_{\frac{l}{2}}^l(-Fl)\cdot(1\cdot x)\mathrm{d}x\Big]=-\frac{Fl^3}{2EI}$$

$$\Delta_{2F}=\frac{1}{EI}\Big[\int_0^l(-Fx)\cdot1\cdot(l+x)\mathrm{d}x+\int_0^l(-Fl)\cdot2l\mathrm{d}x\Big]=-\frac{17Fl^3}{6EI}$$

$$\Delta_{3F}=\frac{1}{EI}\Big[\int_0^l(-Fx)\cdot(-1)\mathrm{d}x+\int_0^l(-Fl)\cdot(-1)\Big]=\frac{3Fl^2}{2EI}$$

$$\delta_{11}=\int_l\frac{\overline{M}(x)\cdot\overline{M}(x)}{EI}\mathrm{d}x=\frac{1}{EI}\Big[\int_0^l(1\cdot x)\cdot(1\cdot x)\mathrm{d}x\Big]=\frac{l^3}{3EI}$$

$$\delta_{22}=\frac{1}{EI}\Big[\int_0^l(1\cdot x)\cdot(1\cdot x)\mathrm{d}x+\int_0^l1\cdot(l+x)\cdot1\cdot(l\cdot x)\mathrm{d}x+\int_0^l(2l)\cdot(2l)\mathrm{d}x\Big]=\frac{20l^3}{3EI}$$

$$\delta_{33}=3\times\frac{1}{EI}\Big[\int_0^l(-1)\cdot(-1)\mathrm{d}x\Big]=\frac{3l}{EI}$$

$$\delta_{12}=\delta_{21}=\frac{1}{EI}\Big[\int_0^l(1\cdot x)\cdot(2l)\mathrm{d}x\Big]=\frac{l^3}{EI}$$

$$\delta_{13}=\delta_{31}=\frac{1}{EI}\Big[\int_0^l(1\cdot x)\cdot(-1)\mathrm{d}x\Big]=-\frac{l^2}{2EI}$$

$$\delta_{23}=\delta_{32}=\frac{1}{EI}\Big[\int_0^l(1\cdot x)\cdot(-1)\mathrm{d}x+\int_0^l1\cdot(l-x)\cdot(-1)\mathrm{d}x+\int_0^l(2l)\cdot(-1)\mathrm{d}x\Big]=-\frac{4l^2}{EI}$$

（4）解正则方程。将各位移计算结果代入正则方程，解之得

$$X_1=\frac{F}{4},\ X_2=\frac{9F}{16},\ X_3=\frac{7Fl}{24}$$

例题 13-7 如图13-7a所示桁架，各杆的材料相同，横截面面积相等，试用力法求斜

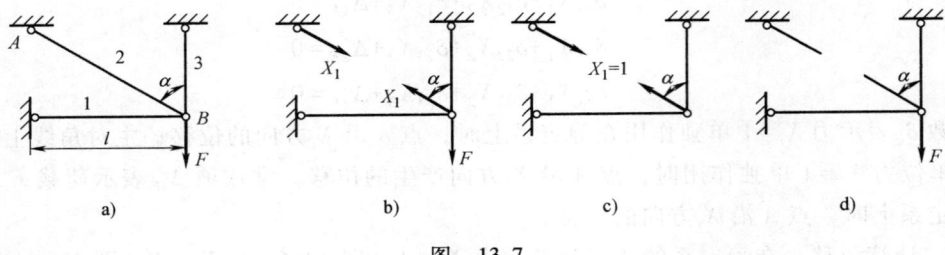

图 13-7

杆 2 的内力。

解：（1）确定超静定次数。桁架共有三个内力，一个节点，故超静定次数为 3-2×1=1，是一次内力超静定问题。

（2）切断 2 杆，得静定系，代之以内力 X_1 为基本未知量，得相当系统（图 13-7b）。比较图 13-7a 和图 13-7b，相当系统应满足杆 2 断口处相对位移等于零的变形条件，即正则方程为

$$\delta_{11}X_1 + \Delta_{1F} = 0$$

表 13-2 桁架各杆内力和杆长

杆件	F	$X_1 = 1$	杆长
F_{N1}	0	$-\sin\alpha$	l
F_{N2}	0	1	$l/\sin\alpha$
F_{N3}	F	$-\cos\alpha$	$l/\tan\alpha$

（3）计算位移。在荷载 F、单位力 $X_1 = 1$ 单独作用下（图 13-7c、d），各杆的内力如表 13-2 所示。按照桁架位移计算公式，有

$$\delta_{11} = \sum \frac{\overline{F}_{N1}^2 l}{EA} = \frac{1}{EA}\left[(-\sin\alpha)^2 \cdot l + (-\cos\alpha)^2 \cdot \frac{l}{\tan\alpha} + 1^2 \times \frac{l}{\sin\alpha}\right]$$

$$= \frac{(1+\sin^3\alpha+\cos^3\alpha) \cdot l}{EA\sin\alpha}$$

$$\Delta_{1F} = \frac{F \cdot (-\cos\alpha) \cdot \dfrac{l}{\tan\alpha}}{EA} = -\frac{Fl\cos^2\alpha}{EA\sin\alpha}$$

（4）解正则方程。将位移计算结果代入正则方程，解之得

$$X_1 = F_{N2} = \frac{F\cos^2\alpha}{1+\sin^3\alpha+\cos^3\alpha}（拉力）$$

注意：工程实际问题中，许多结构是对称的，在对称结构上作用的荷载多种多样，总会存在对称荷载与反对称荷载。在对称结构上作用对称荷载时，结构支座约束力对称，结构对称面上的内力也对称，反对称的内力为零；反之，对称结构上作用反对称荷载时，结构约束力反对称，结构对称面上的内力反对称，对称的内力为零。充分考虑对称性，可大大简化超

静定问题的计算。

习题与答案

13-1 题 13-1 图所示结构由刚性杆 AB 和两弹性杆 1 与杆 2 组成，在 B 端作用一集中力 F。已知两弹性杆的抗拉刚度分别为 E_1A_1 和 E_2A_2，试求杆 1 和杆 2 的轴力。

答案：$F_{N1} = \dfrac{3E_1A_1}{E_1A_1+4E_2A_2}F$，$F_{N2} = \dfrac{6E_2A_2}{E_1A_1+4E_2A_2}F$

13-2 如题 13-2 图所示组合轴，芯轴和套管用胶牢固的黏合在一起。已知芯轴和套管的切变模量之比为 $G_1 : G_2 = 2 : 1$，直径 $d = 40\text{mm}$，$D = 60\text{mm}$，$l = 400\text{mm}$。在外力偶矩 $M_e = 2\text{kN} \cdot \text{m}$ 作用时，试求芯轴和套管的扭矩。

答案：$T_1 = 0.66\text{kN} \cdot \text{m}$，$T_2 = 1.34\text{kN} \cdot \text{m}$

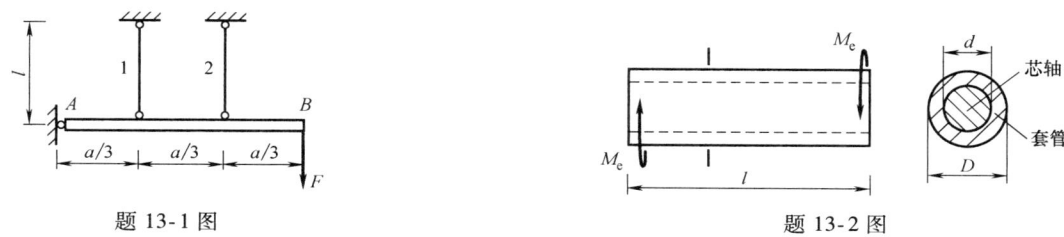

题 13-1 图　　　　　　　　　　　　　　　题 13-2 图

13-3 如题 13-3 图所示组合梁，荷载 F 作用在梁 AB 与 CD 的连接处。若两梁的跨长比和刚度比分别为 $l_1/l_2 = 1.5$ 和 $EI_1/EI_2 = 0.8$，试求每个梁在连接处分别受多大的力。

答案：$F_B = F_C = \dfrac{135}{167}F$

13-4 试求题 13-4 图所示刚架的支座约束力。弯曲刚度 EI 为常数。不计轴力与剪力。

答案：$F_{Ax} = 0$，$F_{Ay} = \dfrac{17}{32}ql$（↑），$F_B = \dfrac{15}{32}ql$（↑），$M_A = \dfrac{1}{32}ql^2$（逆时针）

13-5 题 13-5 图所示桁架由六根刚度 EA 相同的杆件组成，试求杆 a 的内力。

答案：$F_{Na} = -0.56F$

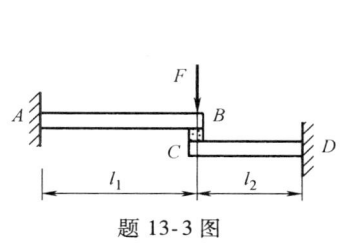 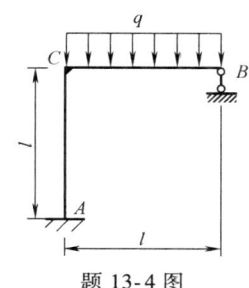 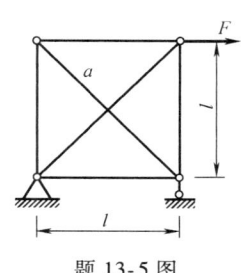

题 13-3 图　　　　　　　　　题 13-4 图　　　　　　　　　题 13-5 图

附 录

型钢表（GB/T 706—2008）

附表 1 热轧等边角钢

符号意义：
b——边宽；
d——边厚；
r——内圆弧半径；
r_1——边端内弧半径；
I——惯性矩；
i——惯性半径；
W——截面模数；
Z_0——重心距离

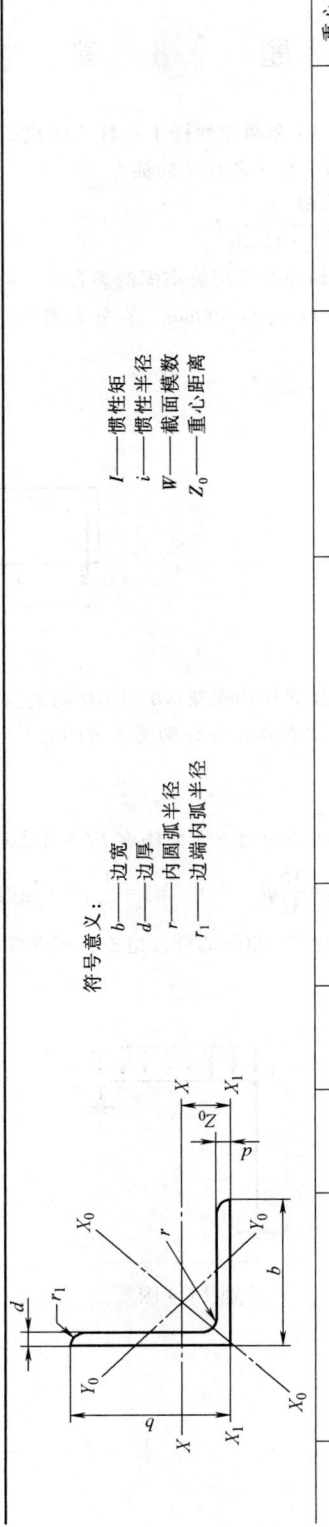

型号	截面尺寸/mm			截面面积/cm²	理论重量/(kg/m)	外表面积/(m²/m)	惯性矩/cm⁴				惯性半径/cm			截面模数/cm³			重心距离/cm
	b	d	r				I_x	I_{x1}	I_{x0}	I_{y0}	i_x	i_{x0}	i_{y0}	W_x	W_{x0}	W_{y0}	Z_0
2	20	3	3.5	1.132	0.889	0.078	0.40	0.81	0.63	0.17	0.59	0.75	0.39	0.29	0.45	0.20	0.60
		4		1.459	1.145	0.077	0.50	1.09	0.78	0.22	0.58	0.73	0.38	0.36	0.55	0.24	0.64
2.5	25	3		1.432	1.124	0.098	0.82	1.57	1.29	0.34	0.76	0.95	0.49	0.46	0.73	0.33	0.73
		4		1.859	1.459	0.097	1.03	2.11	1.62	0.43	0.74	0.93	0.48	0.59	0.92	0.40	0.76
3.0	30	3		1.749	1.373	0.117	1.46	2.71	2.31	0.61	0.91	1.15	0.59	0.68	1.09	0.51	0.85
		4		2.276	1.786	0.117	1.84	3.63	2.92	0.77	0.90	1.13	0.58	0.87	1.37	0.62	0.89
3.6	36	3	4.5	2.109	1.656	0.141	2.58	4.68	4.09	1.07	1.11	1.39	0.71	0.99	1.61	0.76	1.00
		4		2.756	2.163	0.141	3.29	6.25	5.22	1.37	1.09	1.38	0.70	1.28	2.05	0.93	1.04
		5		3.382	2.654	0.141	3.95	7.84	6.24	1.65	1.08	1.36	0.70	1.56	2.45	1.00	1.07

4	40	3	5	2.359	1.852	0.157	3.59	6.41	5.69	1.49	1.23	1.55	0.79	1.23	2.01	0.96	1.09
4	40	4	5	3.086	2.422	0.157	4.60	8.56	7.29	1.91	1.22	1.54	0.79	1.60	2.58	1.19	1.13
4	40	5	5	3.791	2.976	0.156	5.53	10.74	8.76	2.30	1.21	1.52	0.78	1.96	3.10	1.39	1.17
4.5	45	3	5	2.659	2.088	0.177	5.17	9.12	8.20	2.14	1.40	1.76	0.89	1.58	2.58	1.24	1.22
4.5	45	4	5	3.486	2.736	0.177	6.65	12.18	10.56	2.75	1.38	1.74	0.89	2.05	3.32	1.54	1.26
4.5	45	5	5	4.292	3.369	0.176	8.04	15.2	12.74	3.33	1.37	1.72	0.88	2.51	4.00	1.81	1.30
4.5	45	6	5	5.076	3.985	0.176	9.33	18.36	14.76	3.89	1.36	1.70	0.8	2.95	4.64	2.06	1.33
5	50	3	5.5	2.971	2.332	0.197	7.18	12.5	11.37	2.98	1.55	1.96	1.00	1.96	3.22	1.57	1.34
5	50	4	5.5	3.897	3.059	0.197	9.26	16.69	14.70	3.82	1.54	1.94	0.99	2.56	4.16	1.96	1.38
5	50	5	5.5	4.803	3.770	0.196	11.21	20.90	17.79	4.64	1.53	1.92	0.98	3.13	5.03	2.31	1.42
5	50	6	5.5	5.688	4.465	0.196	13.05	25.14	20.68	5.42	1.52	1.91	0.98	3.68	5.85	2.63	1.46
5.6	56	3	6	3.343	2.624	0.221	10.19	17.56	16.14	4.24	1.75	2.20	1.13	2.48	4.08	2.02	1.48
5.6	56	4	6	4.390	3.446	0.220	13.18	23.43	20.92	5.46	1.73	2.18	1.11	3.24	5.28	2.52	1.53
5.6	56	5	6	5.415	4.251	0.220	16.02	29.33	25.42	6.61	1.72	2.17	1.10	3.97	6.42	2.98	1.57
5.6	56	6	6	6.420	5.040	0.220	18.69	35.26	29.66	7.73	1.71	2.15	1.10	4.68	7.49	3.40	1.61
5.6	56	7	6	7.404	5.812	0.219	21.23	41.23	33.63	8.82	1.69	2.13	1.09	5.36	8.49	3.80	1.64
5.6	56	8	6	8.367	6.568	0.219	23.63	47.24	37.37	9.89	1.68	2.11	1.09	6.03	9.44	4.16	1.68
6	60	5	6.5	5.829	4.576	0.236	19.89	36.05	31.57	8.21	1.85	2.33	1.19	4.59	7.44	3.48	1.67
6	60	6	6.5	6.914	5.427	0.235	23.25	43.33	36.89	9.60	1.83	2.31	1.18	5.41	8.70	3.98	1.70
6	60	7	6.5	7.977	6.262	0.235	26.44	50.65	41.92	10.96	1.82	2.29	1.17	6.21	9.88	4.45	1.74
6	60	8	6.5	9.020	7.081	0.235	29.47	58.02	46.66	12.28	1.81	2.27	1.17	6.98	11.00	4.88	1.78

(续)

型号	截面尺寸/mm				截面面积/cm²	理论重量/(kg/m)	外表面积/(m²/m)	惯性矩/cm⁴				惯性半径/cm			截面模数/cm³			重心距离/cm
	b	d		r				I_x	I_{x1}	I_{x0}	I_{y0}	i_x	i_{x0}	i_{y0}	W_x	W_{x0}	W_{y0}	Z_0
6.3	63	4		7	4.978	3.907	0.248	19.03	33.35	30.17	7.89	1.96	2.46	1.26	4.13	6.78	3.29	1.70
		5			6.143	4.822	0.248	23.17	41.73	36.77	9.57	1.94	2.45	1.25	5.08	8.25	3.90	1.74
		6			7.288	5.721	0.247	27.12	50.14	43.03	11.20	1.93	2.43	1.24	6.00	9.66	4.46	1.78
		7			8.412	6.603	0.247	30.87	58.60	48.96	12.79	1.92	2.41	1.23	6.88	10.99	4.98	1.82
		8			9.515	7.469	0.247	34.46	67.11	54.56	14.33	1.90	2.40	1.23	7.75	12.25	5.47	1.85
		10			11.657	9.151	0.246	41.09	84.31	64.85	17.33	1.88	2.36	1.22	9.39	14.56	6.36	1.93
7	70	4		8	5.570	4.372	0.275	26.39	45.74	41.80	10.99	2.18	2.74	1.40	5.14	8.44	4.17	1.86
		5			6.875	5.397	0.275	32.21	57.21	51.08	13.31	2.16	2.73	1.39	6.32	10.32	4.95	1.91
		6			8.160	6.406	0.275	37.77	68.73	59.93	15.61	2.15	2.71	1.38	7.48	12.11	5.67	1.95
		7			9.424	7.398	0.275	43.09	80.29	68.35	17.82	2.14	2.69	1.38	8.59	13.81	6.34	1.99
		8			10.667	8.373	0.274	48.17	91.92	76.37	19.98	2.12	2.68	1.37	9.68	15.43	6.98	2.03
7.5	75	5		9	7.412	5.818	0.295	39.97	70.56	63.30	16.63	2.33	2.92	1.50	7.32	11.94	5.77	2.04
		6			8.797	6.905	0.294	46.95	84.55	74.38	19.51	2.31	2.90	1.49	8.64	14.02	6.67	2.07
		7			10.160	7.976	0.294	53.57	98.71	84.96	22.18	2.30	2.89	1.48	9.93	16.02	7.44	2.11
		8			11.503	9.030	0.294	59.96	112.97	95.07	24.86	2.28	2.88	1.47	11.20	17.93	8.19	2.15
		9			12.825	10.068	0.294	66.10	127.30	104.71	27.48	2.27	2.86	1.46	12.43	19.75	8.89	2.18
		10			14.126	11.089	0.293	71.98	141.71	113.92	30.05	2.26	2.84	1.46	13.64	21.48	9.56	2.22
8	80	5		9	7.912	6.211	0.315	48.79	85.36	77.33	20.25	2.48	3.13	1.60	8.34	13.67	6.66	2.15
		6			9.397	7.376	0.314	57.35	102.50	90.98	23.72	2.47	3.11	1.59	9.87	16.08	7.65	2.19
		7			10.860	8.525	0.314	65.58	119.70	104.07	27.09	2.46	3.10	1.58	11.37	18.40	8.58	2.23
		8			12.303	9.658	0.314	73.49	136.97	116.60	30.39	2.44	3.08	1.57	12.83	20.61	9.46	2.27
		9			13.725	10.774	0.314	81.11	154.31	128.60	33.61	2.43	3.06	1.56	14.25	22.73	10.29	2.31
		10			15.126	11.874	0.313	88.43	171.74	140.09	36.77	2.42	3.04	1.56	15.64	24.76	11.08	2.35

			d	A (cm²)	理论重量 (kg/m)	外表面积 (m²/m)	I_x	I_{x1}	I_{x0}	I_{y0}	i_x	i_{x0}	i_{y0}	W_x	W_{x0}	W_{y0}	z_0
9	90	10	6	10.637	8.350	0.354	82.77	145.87	131.26	34.28	2.79	3.51	1.80	12.61	20.63	9.95	2.44
			7	12.301	9.656	0.354	94.83	170.30	150.47	39.18	2.78	3.50	1.78	14.54	23.64	11.19	2.48
			8	13.944	10.946	0.353	106.47	194.80	168.97	43.97	2.76	3.48	1.78	16.42	26.55	12.35	2.52
			9	15.566	12.219	0.353	117.72	219.39	186.77	48.66	2.75	3.46	1.77	18.27	29.35	13.46	2.56
			10	17.167	13.476	0.353	128.58	244.07	203.90	53.26	2.74	3.45	1.76	20.07	32.04	14.52	2.59
			12	20.306	15.940	0.352	149.22	293.76	236.21	62.22	2.71	3.41	1.75	23.57	37.12	16.49	2.67
10	100		6	11.932	9.366	0.393	114.95	200.07	181.98	47.92	3.10	3.90	2.00	15.68	25.74	12.69	2.67
			7	13.796	10.830	0.393	131.86	233.54	208.97	54.74	3.09	3.89	1.99	18.10	29.55	14.26	2.71
			8	15.638	12.276	0.393	148.24	267.09	235.07	61.41	3.08	3.88	1.98	20.47	33.24	15.75	2.76
			9	17.462	13.708	0.392	164.12	300.73	260.30	67.95	3.07	3.86	1.97	22.79	36.81	17.18	2.80
		12	10	19.261	15.120	0.392	179.51	334.48	284.68	74.35	3.05	3.84	1.96	25.06	40.26	18.54	2.84
			12	22.800	17.898	0.391	208.90	402.34	330.95	86.84	3.03	3.81	1.95	29.48	46.80	21.08	2.91
			14	26.256	20.611	0.391	236.53	470.75	374.06	99.00	3.00	3.77	1.94	33.73	52.90	23.44	2.99
			16	29.627	23.257	0.390	262.53	539.80	414.16	110.89	2.98	3.74	1.94	37.82	58.57	25.63	3.06
11	110		7	15.196	11.928	0.433	177.16	310.64	280.94	73.38	3.41	4.30	2.20	22.05	36.12	17.51	2.96
			8	17.238	13.535	0.433	199.46	355.20	316.49	82.42	3.40	4.28	2.19	24.95	40.69	19.39	3.01
			10	21.261	16.690	0.432	242.19	444.65	384.39	99.98	3.38	4.25	2.17	30.68	49.42	22.91	3.09
		14	12	25.200	19.782	0.431	282.55	534.60	448.17	116.93	3.35	4.22	2.15	36.05	57.62	26.15	3.16
			14	29.056	22.809	0.431	320.71	625.16	508.01	133.40	3.32	4.18	2.14	41.31	65.31	29.14	3.24
12.5	125		8	19.750	15.504	0.492	297.03	521.01	470.89	123.16	3.88	4.88	2.50	32.52	53.28	25.86	3.37
			10	24.373	19.133	0.491	361.67	651.93	573.89	149.46	3.85	4.85	2.48	39.97	64.93	30.62	3.45
			12	28.912	22.696	0.491	423.16	783.42	671.44	174.88	3.83	4.82	2.46	41.17	75.96	35.03	3.53
			14	33.367	26.193	0.490	481.65	915.61	763.73	199.57	3.80	4.78	2.45	54.16	86.41	39.13	3.61
		16	16	37.739	29.625	0.489	537.31	1048.62	850.98	223.65	3.77	4.75	2.43	60.93	96.28	42.96	3.68

(续)

型号	截面尺寸/mm				截面面积/cm²	理论重量/(kg/m)	外表面积/(m²/m)	惯性矩/cm⁴				惯性半径/cm			截面模数/cm³			重心距离/cm
	b	d		r				I_x	I_{x1}	I_{x0}	I_{y0}	i_x	i_{x0}	i_{y0}	W_x	W_{x0}	W_{y0}	Z_0
14	140	10		14	27.373	21.488	0.551	514.65	915.11	817.27	212.04	4.34	5.46	2.78	50.58	82.56	39.20	3.82
		12			32.512	25.522	0.551	603.68	1099.28	958.79	248.57	4.31	5.43	2.76	59.80	96.85	45.02	3.90
		14			37.567	29.490	0.550	688.81	1284.22	1093.56	284.06	4.28	5.40	2.75	68.75	110.47	50.45	3.98
		16			42.539	33.393	0.549	770.24	1470.07	1221.81	318.67	4.26	5.36	2.74	77.46	123.42	55.55	4.06
15	150	8			23.750	18.644	0.592	521.37	899.55	827.49	215.25	4.69	5.90	3.01	47.36	78.02	38.14	3.99
		10			29.373	23.058	0.591	637.50	1125.09	1012.79	262.21	4.66	5.87	2.99	58.35	95.49	45.51	4.08
		12			34.912	27.406	0.591	748.85	1351.26	1189.97	307.73	4.63	5.84	2.97	69.04	112.19	52.38	4.15
		14			40.367	31.688	0.590	855.64	1578.25	1359.30	351.98	4.60	5.80	2.95	79.45	128.16	58.83	4.23
		15			43.063	33.804	0.590	907.39	1692.10	1441.09	373.69	4.59	5.78	2.95	84.56	135.87	61.90	4.27
		16			45.739	35.905	0.589	958.08	1806.21	1521.02	395.14	4.58	5.77	2.94	89.59	143.40	64.89	4.31
16	160	10			31.502	24.729	0.630	779.53	1365.33	1237.30	321.76	4.98	6.27	3.20	66.70	109.36	52.76	4.31
		12		16	37.441	29.391	0.630	916.58	1639.57	1455.68	377.49	4.95	6.24	3.18	78.98	128.67	60.74	4.39
		14			43.296	33.987	0.629	1048.36	1914.68	1665.02	431.70	4.92	6.20	3.16	90.95	147.17	68.24	4.47
		16			49.067	38.518	0.629	1175.08	2190.82	1865.57	484.59	4.89	6.17	3.14	102.63	164.89	75.31	4.55
18	180	12			42.241	33.159	0.710	1321.35	2332.80	2100.10	542.61	5.59	7.05	3.58	100.82	165.00	78.41	4.89
		14			48.896	38.383	0.709	1514.48	2723.48	2407.42	621.53	5.56	7.02	3.56	116.25	189.14	88.38	4.97
		16			55.467	43.542	0.709	1700.99	3115.29	2703.37	698.60	5.54	6.98	3.55	131.13	212.40	97.83	5.05
		18			61.055	48.634	0.708	1875.12	3502.43	2988.24	762.01	5.50	6.94	3.51	145.64	234.78	105.14	5.13

20	200	14	18	54.642	42.894	0.788	2103.55	3343.26	3734.10	863.83	6.20	7.82	3.98	144.70	236.40	111.82	5.46
		16		62.013	48.680	0.788	2366.15	3760.89	4270.39	971.41	6.18	7.79	3.96	163.65	265.93	123.96	5.54
		18		69.301	54.401	0.787	2620.64	4164.54	4808.13	1076.74	6.15	7.75	3.94	182.22	294.48	135.52	5.62
		20		76.505	60.056	0.787	2867.30	4554.55	5347.51	1180.04	6.12	7.72	3.93	200.42	322.06	146.55	5.69
		24		90.661	71.168	0.785	3338.25	5294.97	6457.16	1381.53	6.07	7.64	3.90	236.17	374.41	166.65	5.87
22	220	16	21	68.664	53.901	0.866	3187.36	5063.73	5681.62	1310.99	6.81	8.59	4.37	199.55	325.51	153.81	6.03
		18		76.752	60.250	0.866	3534.30	5615.32	6395.93	1453.27	6.79	8.55	4.35	222.37	360.97	168.29	6.11
		20		84.756	66.533	0.865	3871.49	6150.08	7112.04	1592.90	6.76	8.52	4.34	244.77	395.34	182.16	6.18
		22		92.676	72.751	0.865	4199.23	6668.37	7830.19	1730.10	6.78	8.48	4.32	266.78	428.66	195.45	6.26
		24		100.512	78.902	0.864	4517.83	7170.55	8550.57	1865.11	6.70	8.45	4.31	288.39	460.94	208.21	6.33
		26		108.264	84.987	0.864	4827.58	7656.98	9273.39	1998.17	6.68	8.41	4.30	309.62	492.21	220.49	6.41
25	250	18	24	87.842	68.956	0.985	5268.22	8369.04	10426.97	2167.41	7.74	9.76	4.97	290.12	473.42	224.03	6.84
		20		97.045	76.180	0.984	5779.34	9181.94	11491.33	2376.74	7.72	9.73	4.95	319.66	519.41	242.85	6.92
		24		115.201	90.433	0.983	6763.93	10742.67	13585.18	2785.19	7.66	9.66	4.92	377.34	607.70	278.38	7.07
		26		124.154	97.461	0.982	7238.08	11491.33	14643.62	2984.84	7.63	9.62	4.90	405.50	650.05	295.19	7.15
		28		133.022	104.422	0.982	7709.60	12219.39	15705.30	3181.81	7.61	9.58	4.89	433.22	691.23	311.42	7.22
		30		141.807	111.318	0.981	8151.80	12927.26	16770.41	3376.34	7.58	9.55	4.88	460.51	731.28	327.12	7.30
		32		150.508	118.149	0.981	8592.01	13615.32	18374.95	3568.71	7.56	9.51	4.87	487.39	770.20	342.33	7.37
		35		163.402	128.271	0.980	9232.44	14611.16	—	3853.72	7.52	9.46	4.86	526.97	826.53	364.30	7.48

注：截面图中的 $r_1 = 1/3 d$ 及表中 r 的数据用于孔型设计，不做交货条件。

附表 2 热轧不等边角钢

符号意义：
- B —— 长边宽度
- b —— 短边宽度
- d —— 边厚
- r —— 内圆弧半径
- r_1 —— 边端内弧半径
- I —— 惯性矩
- i —— 惯性半径
- W —— 截面模数
- X_0 —— 重心距离
- Y_0 —— 重心距离

型号	截面尺寸/mm				截面面积/cm²	理论重量/(kg/m)	外表面积/(m²/m)	惯性矩/cm⁴					惯性半径/cm			截面模数/cm³			tanα	重心距离/cm	
	B	b	d	r				I_x	I_{x1}	I_y	I_{y1}	I_u	i_x	i_y	i_u	W_x	W_y	W_u		X_0	Y_0
2.5/1.6	25	16	3	3.5	1.162	0.912	0.080	0.70	1.56	0.22	0.43	0.14	0.78	0.44	0.34	0.43	0.19	0.16	0.392	0.42	0.86
			4		1.499	1.176	0.079	0.88	2.09	0.27	0.59	0.17	0.77	0.43	0.34	0.55	0.24	0.20	0.381	0.46	1.86
3.2/2	32	20	3		1.492	1.171	0.102	1.53	3.27	0.46	0.82	0.28	1.01	0.55	0.43	0.72	0.30	0.25	0.382	0.49	0.90
			4		1.939	1.522	0.101	1.93	4.37	0.57	1.12	0.35	1.00	0.54	0.42	0.93	0.39	0.32	0.374	0.53	1.08
4/2.5	40	25	3	4	1.890	1.484	0.127	3.08	5.39	0.93	1.59	0.56	1.28	0.70	0.54	1.15	0.49	0.40	0.385	0.59	1.12
			4		2.467	1.936	0.127	3.93	8.53	1.18	2.14	0.71	1.36	0.69	0.54	1.49	0.63	0.52	0.381	0.63	1.32
4.5/2.8	45	28	3	5	2.149	1.687	0.143	4.45	9.10	1.34	2.23	0.80	1.44	0.79	0.54	1.47	0.62	0.51	0.383	0.64	1.37
			4		2.806	2.203	0.143	5.69	12.13	1.70	3.00	1.02	1.42	0.78	0.61	1.91	0.80	0.66	0.380	0.68	1.47
5/3.2	50	32	3	5.5	2.431	1.908	0.161	6.24	12.49	2.02	3.31	1.20	1.60	0.91	0.70	1.84	0.82	0.68	0.404	0.73	1.51
			4		3.177	2.494	0.160	8.02	16.65	2.58	4.45	1.53	1.59	0.90	0.69	2.39	1.06	0.87	0.402	0.77	1.60
5.6/3.6	56	36	3	6	2.743	2.153	0.181	8.88	17.54	2.92	4.70	1.73	1.80	1.03	0.79	2.32	1.05	0.87	0.408	0.80	1.65
			4		3.590	2.818	0.180	11.45	23.39	3.76	6.33	2.23	1.79	1.02	0.79	3.03	1.37	1.13	0.408	0.85	1.78
			5		4.415	3.466	0.180	13.86	29.25	4.49	7.94	2.67	1.77	1.01	0.78	3.71	1.65	1.36	0.404	0.88	1.82

型号	B	b	d	r	A (cm²)	理论重量 (kg/m)	外表面积 (m²/m)	Ix	Ix1	Iy	Iy1	Iu	ix	iy	iu	Wx	Wy	Wu	tanα	x0	y0
6.3/4	63	40	4	7	4.058	3.185	0.202	16.49	33.30	5.23	8.63	3.12	2.02	1.14	0.88	3.87	1.70	1.40	0.398	0.92	1.87
			5		4.993	3.920	0.202	20.02	41.63	6.31	10.86	3.76	2.00	1.12	0.87	4.74	2.07	1.71	0.396	0.95	2.04
			6		5.908	4.638	0.201	23.36	49.98	7.29	13.12	4.34	1.96	1.11	0.86	5.59	2.43	1.99	0.393	0.99	2.08
			7		6.802	5.339	0.201	26.53	58.07	8.24	15.47	4.97	1.98	1.10	0.86	6.40	2.78	2.29	0.389	1.03	2.12
7/4.5	70	45	4	7.5	4.547	3.570	0.226	23.17	45.92	7.55	12.26	4.40	2.26	1.29	0.98	4.86	2.17	1.77	0.410	1.02	2.15
			5		5.609	4.403	0.225	27.95	57.10	9.13	15.39	5.40	2.23	1.28	0.98	5.92	2.65	2.19	0.407	1.06	2.24
			6		6.647	5.218	0.225	32.54	68.35	10.62	18.58	6.35	2.21	1.26	0.98	6.95	3.12	2.59	0.404	1.09	2.28
			7		7.657	6.011	0.225	37.22	79.99	12.01	21.84	7.16	2.20	1.25	0.97	8.03	3.57	2.94	0.402	1.13	2.32
7.5/5	75	50	5	8	6.125	4.808	0.245	34.86	70.00	12.61	21.04	7.41	2.39	1.44	1.10	6.83	3.30	2.74	0.435	1.17	2.36
			6		7.260	5.699	0.245	41.12	84.30	14.70	25.87	8.54	2.38	1.42	1.08	8.12	3.88	3.19	0.435	1.21	2.40
			8		9.467	7.431	0.244	52.39	112.50	18.53	34.23	10.87	2.35	1.40	1.07	10.52	4.99	4.10	0.429	1.29	2.44
			10		11.590	9.098	0.244	62.71	140.80	21.96	43.43	13.10	2.33	1.38	1.06	12.79	6.04	4.99	0.423	1.36	2.52
8/5	80	50	5	8	6.375	5.005	0.255	41.96	85.21	12.82	21.06	7.66	2.56	1.42	1.10	7.78	3.32	2.74	0.388	1.14	2.60
			6		7.560	5.935	0.255	49.49	102.53	14.95	25.41	8.85	2.56	1.41	1.08	9.25	3.91	3.20	0.387	1.18	2.65
			7		8.724	6.848	0.255	56.46	119.33	16.96	29.82	10.18	2.54	1.39	1.08	10.58	4.48	3.70	0.384	1.21	2.69
			8		9.867	7.745	0.254	62.83	136.41	18.85	34.32	11.38	2.52	1.38	1.07	11.92	5.03	4.16	0.381	1.25	2.73
9/5.6	90	56	5	9	7.212	5.661	0.287	60.45	121.32	18.32	29.53	10.98	2.90	1.59	1.23	9.92	4.21	3.49	0.385	1.25	2.91
			6		8.557	6.717	0.286	71.03	145.59	21.42	35.58	12.90	2.88	1.58	1.23	11.74	4.96	4.13	0.384	1.29	2.95
			7		9.880	7.756	0.286	81.01	169.60	24.36	41.71	14.67	2.86	1.57	1.22	13.49	5.70	4.72	0.382	1.33	3.00
			8		11.183	8.779	0.286	91.03	194.14	27.15	47.98	16.34	2.85	1.56	1.21	15.27	6.41	5.29	0.380	1.36	3.04

(续)

型号	截面尺寸/mm				截面面积/cm²	理论重量/(kg/m)	外表面积/(m²/m)	惯性矩/cm⁴					惯性半径/cm			截面模数/cm³			tanα	重心距离/cm	
	B	b	d	r				I_x	I_{x1}	I_y	I_{y1}	I_u	i_x	i_y	i_u	W_x	W_y	W_u		X_0	Y_0
10/6.3	100	63	6	10	9.617	7.550	0.320	99.06	199.71	30.94	50.50	18.42	3.21	1.79	1.38	14.64	6.35	5.25	0.394	1.43	3.24
			7		11.111	8.722	0.320	113.45	233.00	35.26	59.14	21.00	3.20	1.78	1.38	16.88	7.29	6.02	0.394	1.47	3.28
			8		12.534	9.878	0.319	127.37	266.32	39.39	67.88	23.50	3.18	1.77	1.37	19.08	8.21	6.78	0.391	1.50	3.32
			10		15.467	12.142	0.319	153.81	333.06	47.12	85.73	28.33	3.15	1.74	1.35	23.32	9.98	8.24	0.387	1.58	3.40
10/8	100	80	6		10.637	8.350	0.354	107.04	199.83	61.24	102.68	31.65	3.17	2.40	1.72	15.19	10.16	8.37	0.627	1.97	2.95
			7		12.301	9.656	0.354	122.73	233.20	70.08	119.98	36.17	3.16	2.39	1.72	17.52	11.71	9.60	0.626	2.01	3.0
			8		13.944	10.946	0.353	137.92	266.61	78.58	137.37	40.58	3.14	2.37	1.71	19.81	13.21	10.80	0.625	2.05	3.04
			10		17.167	13.476	0.353	166.87	333.63	94.65	172.48	49.10	3.12	2.35	1.69	24.24	16.12	13.12	0.622	2.13	3.12
11/7	110	70	6		10.637	8.350	0.354	133.37	265.78	42.92	69.08	25.36	3.54	2.01	1.54	17.85	7.90	6.53	0.403	1.57	3.53
			7		12.301	9.656	0.354	153.00	310.07	49.01	80.82	28.95	3.53	2.00	1.53	20.60	9.09	7.50	0.402	1.61	3.57
			8		13.944	10.946	0.353	172.04	354.39	54.87	92.70	32.45	3.51	1.98	1.53	23.30	10.25	8.45	0.401	1.65	3.62
			10		17.167	13.476	0.353	208.39	443.13	65.88	116.83	39.20	3.48	1.96	1.51	28.54	12.48	10.29	0.397	1.72	3.70
12.5/8	125	80	7	11	14.096	11.066	0.403	227.98	454.99	74.42	120.32	43.81	4.02	2.30	1.76	26.86	12.01	9.92	0.408	1.80	4.01
			8		15.989	12.551	0.403	256.77	519.99	83.49	137.85	49.15	4.01	2.28	1.75	30.41	13.56	11.18	0.407	1.84	4.06
			10		19.712	15.474	0.402	312.04	650.09	100.67	173.40	59.45	3.98	2.26	1.47	37.33	16.56	13.64	0.404	1.92	4.14
			12		23.351	18.330	0.402	364.41	780.39	116.67	209.67	69.35	3.95	2.24	1.72	44.01	19.43	16.01	0.400	2.00	4.22
14/9	140	90	8	12	18.038	14.160	0.453	365.64	730.53	120.69	195.79	70.83	4.50	2.59	1.98	38.48	17.34	14.31	0.411	2.04	4.50
			10		22.261	17.475	0.452	445.50	913.20	140.03	245.92	85.82	4.47	2.56	1.96	47.31	21.22	17.48	0.409	2.12	4.58
			12		26.400	20.724	0.451	521.59	1096.09	169.79	296.89	100.21	4.44	2.54	1.95	55.87	24.95	20.54	0.406	2.19	4.66
			14		30.456	23.908	0.451	594.10	1279.26	192.10	348.82	114.13	4.42	2.51	1.94	64.18	28.54	23.52	0.403	2.27	4.74

型号	b (mm)	a (mm)	d (mm)	r (mm)	A (cm²)	质量 (kg/m)	外表面积 (m²/m)	(1)	(2)	(3)	(4)	(5)	(6)	(7)	(8)	(9)	(10)	(11)	(12)	(13)	(14)
15/9	150	90	8	12	18.839	14.788	0.473	442.05	898.35	122.80	195.96	74.14	4.84	2.55	1.98	43.86	17.47	14.48	0.364	1.97	4.92
			10		23.261	18.260	0.472	539.24	1122.85	148.62	246.26	89.86	4.81	2.53	1.97	53.97	21.38	17.69	0.362	2.05	5.01
			12		27.600	21.666	0.471	632.08	1347.50	172.85	297.46	104.95	4.79	2.50	1.95	63.79	25.14	20.80	0.359	2.12	5.09
			14		31.856	25.007	0.471	720.77	1572.38	195.62	349.74	119.53	4.76	2.48	1.94	73.33	28.77	23.84	0.356	2.20	5.17
			15		33.952	26.652	0.471	763.62	1684.93	206.50	376.33	126.67	4.74	2.47	1.93	77.99	30.53	25.33	0.354	2.24	5.21
			16		36.027	28.281	0.470	805.51	1797.55	217.07	403.24	133.72	4.73	2.45	1.93	82.60	32.27	26.82	0.352	2.27	5.25
16/10	160	100	10	13	25.315	19.872	0.512	668.69	1362.89	205.03	336.59	121.74	5.14	2.85	2.19	62.13	26.56	21.92	0.390	2.28	5.24
			12		30.054	23.592	0.511	784.91	1635.56	239.06	405.94	142.33	5.11	2.82	2.17	73.49	31.28	25.79	0.388	2.36	5.32
			14		34.709	27.247	0.510	896.30	1908.50	271.20	476.42	162.23	5.08	2.80	2.16	84.56	35.83	29.56	0.385	2.43	5.40
			16		39.281	30.835	0.510	1003.04	2181.79	301.60	548.22	182.57	5.05	2.77	2.16	95.33	40.24	33.44	0.382	2.51	5.48
18/11	180	110	10	14	28.373	22.273	0.571	956.25	1940.40	278.11	447.22	166.50	5.80	3.13	2.42	78.96	32.49	26.88	0.376	2.44	5.89
			12		33.712	26.440	0.571	1124.72	2328.38	325.03	538.94	194.87	5.78	3.10	2.40	93.53	38.32	31.66	0.374	2.52	5.98
			14		38.967	30.589	0.570	1286.91	2716.60	369.55	631.95	222.30	5.75	3.08	2.39	107.76	43.97	36.32	0.372	2.59	6.06
			16		44.139	34.649	0.569	1443.06	3105.15	411.85	726.46	248.94	5.72	3.06	2.38	121.64	49.44	40.87	0.369	2.67	6.14
20/12.5	200	125	12		37.912	29.761	0.641	1570.90	3193.85	483.16	787.74	285.79	6.44	3.57	2.74	116.73	49.99	41.23	0.392	2.83	6.54
			14		43.687	34.436	0.640	1800.97	3726.17	550.83	922.47	326.58	6.41	3.54	2.73	134.65	57.44	47.34	0.390	2.91	6.62
			16		49.739	39.045	0.639	2023.35	4258.88	615.44	1058.86	366.21	6.38	3.52	2.71	152.18	64.89	53.32	0.388	2.99	6.70
			18		55.526	43.588	0.639	2238.30	4792.00	677.19	1197.13	404.83	6.35	3.49	2.70	169.33	71.74	59.18	0.385	3.06	6.78

注：截面图中的 $r_1 = 1/3d$ 及表中 r 的数据用于孔型设计，不做交货条件。

附表 3 热轧普通槽钢

符号意义：
- h —— 高度
- b —— 腿宽
- d —— 腰厚
- t —— 平均腿厚
- r —— 内圆弧半径
- r_1 —— 腿端圆弧半径
- I —— 惯性矩
- W —— 截面模数
- i —— 惯性半径
- Z_0 —— Y-Y 与 Y_1-Y_1 轴线间距离

型号	截面尺寸/mm						截面面积/cm²	理论重量/(kg/m)	惯性矩/cm⁴			惯性半径/cm		截面模数/cm³		重心距离/cm
	h	b	d	t	r	r_1			I_x	I_y	I_{y1}	i_x	i_y	W_x	W_y	Z_0
5	50	37	4.5	7.0	7.0	3.5	6.928	5.438	26.0	8.30	20.9	1.94	1.10	10.4	3.55	1.35
6.3	63	40	4.8	7.5	7.5	3.8	8.451	6.634	50.8	11.9	28.4	2.45	1.19	16.1	4.50	1.36
6.5	65	40	4.3	7.5	7.5	3.8	8.547	6.709	55.2	12.0	28.3	2.54	1.19	17.0	4.59	1.38
8	80	43	5.0	8.0	8.0	4.0	10.248	8.045	101	16.6	37.4	3.15	1.27	25.3	5.79	1.43
10	100	48	5.3	8.5	8.5	4.2	12.748	10.007	198	25.6	54.9	3.95	1.41	39.7	7.80	1.52
12	120	53	5.5	9.0	9.0	4.5	15.362	12.059	346	37.4	77.7	4.75	1.56	57.7	10.2	1.62
12.6	126	53	5.5	9.0	9.0	4.5	15.692	12.318	391	38.0	77.1	4.95	1.57	62.1	10.2	1.59
14a	140	58	6.0	9.5	9.5	4.8	18.516	14.535	564	53.2	107	5.52	1.70	80.5	13.0	1.71
14b	140	60	8.0	9.5	9.5	4.8	21.316	16.733	609	61.1	121	5.35	1.69	87.1	14.1	1.67

16a	160	63	6.5	10.0	10.0	5.0	21.962	17.24	866	73.3	144	6.28	1.83	108	16.3	1.80
16b		65	8.5				25.162	19.752	935	83.4	161	6.10	1.82	117	17.6	1.75
18a	180	68	7.0	10.5	10.5	5.2	25.699	20.174	1270	98.6	190	7.04	1.96	141	20.0	1.88
18b		70	9.0				29.299	23.000	1370	111	210	6.84	1.95	152	21.5	1.84
20a	200	73	7.0	11.0	11.0	5.5	28.837	22.637	1780	128	244	7.86	2.11	178	24.2	2.01
20b		75	9.0				32.837	25.777	1910	144	268	7.64	2.09	191	25.9	1.95
22a	220	77	7.0	11.5	11.5	5.8	31.846	24.999	2390	158	298	8.67	2.23	218	28.2	2.10
22b		79	9.0				36.246	28.453	2570	176	326	8.42	2.21	234	30.1	2.03
24a	240	78	7.0	12.0	12.0	6.0	34.217	26.860	3050	174	325	9.45	2.25	254	30.5	2.10
24b		80	9.0				39.017	30.628	3280	194	355	9.17	2.23	274	32.5	2.03
24c		82	11.0				43.817	34.396	3510	213	388	8.96	2.21	293	34.4	2.00
25a	250	78	7.0	12.5	12.5	6.2	34.917	27.410	3370	176	322	9.82	2.24	270	30.6	2.07
25b		80	9.0				39.917	31.335	3530	196	353	9.41	2.22	282	32.7	1.98
25c		82	11.0				44.917	35.260	3690	218	384	9.07	2.21	295	35.9	1.92
27a	270	82	7.5				39.284	30.838	4360	216	393	10.5	2.34	323	35.5	2.13
27b		84	9.5				44.684	35.077	4690	239	428	10.3	2.31	347	37.7	2.06
27c		86	11.5				50.084	39.316	5020	261	467	10.1	2.28	372	39.8	2.03
28a	280	82	7.5				40.034	31.427	4760	218	388	10.9	2.33	340	35.7	2.10
28b		84	9.5				45.634	35.823	5130	242	428	10.6	2.30	366	37.9	2.02
28c		86	11.5				51.234	40.219	5500	268	463	10.4	2.29	393	40.3	1.95

（续）

型号	截面尺寸 /mm					截面面积 /cm²	理论重量 /(kg/m)	惯性矩 /cm⁴				惯性半径 /cm		截面模数 /cm³		重心距离 /cm
	h	b	d	t	r	r_1			I_x	I_y	I_{y1}		i_x	i_y	W_x	W_y	Z_0
30a	300	85	7.5	13.5	13.5	6.8	43.902	34.463	6050	260	467	11.7	2.43	403	41.1	2.17
30b		87	9.5	13.5	13.5	6.8	49.902	39.173	6500	289	515	11.4	2.41	433	44.0	2.13
30c		89	11.5	13.5	13.5	6.8	55.902	43.883	6950	316	560	11.2	2.38	463	46.4	2.09
32a	320	88	8.0	14.0	14.0	7.0	48.513	38.083	7600	305	552	12.5	2.50	475	46.5	2.24
32b		90	10.0	14.0	14.0	7.0	54.913	43.107	8140	336	593	12.2	2.47	509	49.2	2.16
32c		92	12.0	14.0	14.0	7.0	61.313	48.131	8690	374	643	11.9	2.47	543	52.6	2.09
36a	360	96	9.0	16.0	16.0	8.0	60.910	47.814	11900	455	818	14.0	2.73	660	63.5	2.44
36b		98	11.0	16.0	16.0	8.0	68.110	53.466	12700	497	880	13.6	2.70	703	66.9	2.37
36c		100	13.0	16.0	16.0	8.0	75.310	59.118	13400	536	948	13.4	2.67	746	70.0	2.34
40a	400	100	10.5	18.0	18.0	9.0	75.068	58.928	17600	592	1070	15.3	2.81	879	78.8	2.49
40b		102	12.5	18.0	18.0	9.0	83.068	65.208	18600	640	114	15.0	2.78	932	82.5	2.44
40c		104	14.5	18.0	18.0	9.0	91.068	71.488	19700	688	1220	14.7	2.75	986	86.2	2.42

注：表中 r、r_1 的数据用于孔型设计，不做交货条件。

附表4 热轧工字钢（GB 707—1988）

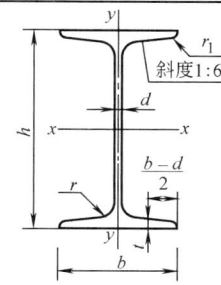

符号意义：h——高度； r_1——腿端圆弧半径；
b——腿宽度； I——惯性矩；
d——腰厚度； W——抗弯截面系数；
t——平均腿厚度； i——惯性半径；
r——内圆弧半径； S——半截面的静力矩。

型号	尺寸/mm						截面面积/cm^2	理论重量/(kg/m)	参考数值						
									$x-x$				$y-y$		
	h	b	d	t	r	r_1			I_x /cm^4	W_x /cm^3	i_x /cm	$I_x:S_x$ /cm	I_y /cm^4	W_y /cm^3	i_y /cm
10	100	68	4.5	7.6	6.5	3.3	14.345	11.261	245	49.0	4.14	8.59	33.0	9.72	1.52
12.6	126	74	5.0	8.4	7.0	3.5	18.118	14.223	488	77.5	5.20	10.8	46.9	12.7	1.61
14	140	80	5.5	9.1	7.5	3.8	21.516	16.890	712	102	5.76	12.0	64.4	16.1	1.73
16	160	88	6.0	9.9	8.0	4.0	26.131	20.513	1130	141	6.58	13.8	93.1	21.2	1.89
18	180	94	6.5	10.7	8.5	4.3	30.756	24.143	1660	185	7.36	15.4	122	26.0	2.00
20a	200	100	7.0	11.4	9.0	4.5	35.578	27.929	2370	237	8.15	17.2	158	31.5	2.12
20b	200	102	9.0	11.4	9.0	4.5	39.578	31.069	2500	250	7.96	16.9	169	33.1	2.06
22a	220	110	7.5	12.3	9.5	4.8	42.128	33.070	3400	309	8.99	18.9	225	40.9	2.31
22b	220	112	9.5	12.3	9.5	4.8	46.528	36.524	3570	325	8.78	18.7	239	42.7	2.27
25a	250	116	8.0	13.0	10.0	5.0	48.541	38.105	5020	402	10.2	21.6	280	48.3	2.40
25b	250	118	10.0	13.0	10.0	5.0	53.541	42.030	5280	423	9.94	21.3	309	52.4	2.40
28a	280	122	8.5	13.7	10.5	5.3	55.404	43.492	7110	508	11.3	24.6	345	56.6	2.50
28b	280	124	10.5	13.7	10.5	5.3	61.004	47.888	7480	534	11.1	24.2	379	61.2	2.49
32a	320	130	9.5	15.0	11.5	5.8	67.156	52.717	11100	692	12.8	27.5	460	70.8	2.62
32b	320	132	11.5	15.0	11.5	5.8	73.556	57.741	11600	726	12.6	27.1	502	76.0	2.61
32c	320	134	13.5	15.0	11.5	5.8	79.956	62.765	12200	760	12.3	26.3	544	81.2	2.61
36a	360	136	10.0	15.8	12.0	6.0	76.480	60.037	15800	875	14.4	30.7	552	81.2	2.69
36b	360	138	12.0	15.8	12.0	6.0	83.680	65.689	16500	919	14.1	30.3	582	84.3	2.64
36c	360	140	14.0	15.8	12.0	6.0	90.880	71.341	17300	962	13.8	29.9	612	87.4	2.60
40a	400	142	10.5	16.5	12.5	6.3	86.112	67.598	21700	1090	15.9	34.1	660	93.2	2.77
40b	400	144	12.5	16.5	12.5	6.3	94.112	73.878	22800	1140	16.5	33.6	692	96.2	2.71
40c	400	146	14.5	16.5	12.5	6.3	102.112	80.158	23900	1190	15.2	33.2	727	99.6	2.65
45a	450	150	11.5	18.0	13.5	6.8	102.446	80.420	32200	1430	17.7	38.6	855	114	2.89
45b	450	152	13.5	18.0	13.5	6.8	111.446	87.485	33800	1500	17.4	38.0	894	118	2.84
45c	450	154	15.5	18.0	13.5	6.8	120.446	94.550	35300	1570	17.1	37.6	938	122	2.79
50a	500	158	12.0	20.0	14.0	7.0	119.304	93.654	46500	1860	19.7	42.8	1120	142	3.07
50b	500	160	14.0	20.0	14.0	7.0	129.304	101.504	48500	1940	19.4	42.4	1170	146	3.01
50c	500	162	16.0	20.0	14.0	7.0	139.304	109.354	50600	2080	19.0	41.8	1220	151	2.96

(续)

型号	尺寸/mm						截面面积/cm²	理论重量/(kg/m)	参考数值					
									x-x				y-y		
	h	b	d	t	r	r_1			I_x/cm⁴	W_x/cm³	i_x/cm	$I_x:S_x$/cm	I_y/cm⁴	W_y/cm³	i_y/cm
56a	560	166	12.5	21.0	14.5	7.3	135.435	106.316	65600	2340	22.0	47.7	1370	165	3.18
56b	560	168	14.5	21.0	14.5	7.3	146.635	115.108	68500	2450	21.6	47.2	1490	174	3.16
56c	560	170	16.5	21.0	14.5	7.3	157.835	123.900	71400	2550	21.3	46.7	1560	183	3.16
63a	630	176	13.0	22.0	15.0	7.5	154.658	121.407	93900	2980	24.5	54.2	1700	193	3.31
63b	630	178	15.0	22.0	15.0	7.5	167.258	131.298	98100	3160	24.2	53.5	1810	204	3.29
63c	630	180	17.0	22.0	15.0	7.5	179.858	141.189	102000	3300	23.8	52.9	1920	214	3.27

注:截面图和表中标注的圆弧半径r和r_1值,用于孔型设计,不作为交货条件。

参 考 文 献

[1] 哈尔滨工业大学理论力学教研室.理论力学(Ⅰ)[M].8版.北京:高等教育出版社,2016.
[2] 邹昭文,程光均,张祥东.建筑力学第一分册:理论力学[M].5版.北京:高等教育出版社,2017.
[3] 范钦山,王琪.工程力学1[M].北京:高等教育出版社,2002.
[4] 洪嘉振,刘铸永,杨长俊.理论力学[M].4版.北京:高等教育出版社,2015.
[5] HIBBELER R C.Statics:影印版.原书第12版[M].北京:机械工业出版社,2014.
[6] 隋允康,宇慧平,杜家政.材料力学——标系变形的发现[M].北京:机械工业出版社,2014.
[7] 孙训方,方孝淑,陆耀洪.材料力学[M].6版.北京:高等教育出版社,2017.
[8] 刘鸿文.材料力学[M].6版.北京:高等教育出版社,2017.
[9] 吴永端,邓宗白,周克印.材料力学[M].北京:高等教育出版社,2011.
[10] 干光瑜,秦惠民.建筑力学第二分册:材料力学[M].5版:北京:高等教育出版社,2017.
[11] 李家宝,洪范文,罗建辉.建筑力学第三分册:结构力学[M].5版.北京:高等教育出版社,2017.
[12] 奚绍中,邱秉权.工程力学教程[M].3版.北京:高等教育出版社,2016.
[13] 李前程,安学敏.建筑力学[M].2版.北京:高等教育出版社,2013.

机械工业出版社 经典外版 力学教材推荐

书 名	作/译者	ISBN 号
工程力学（静力学与材料力学）（翻译版，原书第 4 版） Statics and Mechanics of Materials	R. C. Hibbeler/范钦珊等	978-7-111-58327-1
工程力学（静力学与材料力学）（影印版，原书第 3 版） Statics and Mechanics of Materials	R. C. Hibbeler	978-7-111-45687-2
静力学（翻译版，原书第 12 版）　　Statics	R. C. Hibbeler/李俊峰等	978-7-111-42443-7
静力学（影印版，原书第 12 版）　　Statics	R. C. Hibbeler	978-7-111-44734-4
动力学（翻译版，原书第 12 版）　　Dynamics	R. C. Hibbeler/李俊峰等	978-7-111-49048-7
动力学（影印版，原书第 12 版）　　Dynamics	R. C. Hibbeler	978-7-111-44719-1
材料力学（影印版，原书第 8 版）　　Mechanics of Materials	R. C. Hibbeler	978-7-111-44480-0
材料力学（翻译版，原书第 8 版）　　Mechanics of Materials	J. M. Gere，B. J. Goodno/王一军	978-7-111-53069-5
材料力学（英文版，原书第 7 版）　　Mechanics of Materials	J. M. Gere，B. J. Goodno	978-7-111-35011-8
材料力学（翻译版，原书第 6 版）　　Mechanics of Materials	F. P. Beer 等/陶秋帆　范钦珊	978-7-111-49016-6
材料力学（英文版，原书第 6 版）　　Mechanics of Materials	F. P. Beer 等	978-7-111-43247-0
生物流体力学（翻译版，原书第 2 版）　　Biofluid Mechanics	K. B. Chandran /邓小燕等	978-7-111-47205-6
非线性动力学与混沌（翻译版，原书第 2 版） Nonlinear Dynamics and chaos	S. H. Strogatz/孙梅　汪小帆等	978-7-111-54894-2
计算流体力学基础及其应用（翻译版） Computational Fluid Dynamics	J. D. Anderson /吴颂平　刘赵淼	978-7-111-19393-7
流体力学及其工程应用（翻译版，原书第 10 版） Fluid Mechanics with Engineering Applications	E. J. Finnemore，J. B. Franzini/ 钱翼稷　周玉文	978-7-111-17723-4
流体力学及其工程应用（英文版，原书第 10 版） Fluid Mechanics with Engineering Applications	E. J. Finnemore，J. B. Franzini	978-7-111-43255-5
流体力学基础及其工程应用（英文版，原书第 2 版） Fluid Mechanics Fundamentals and Applications	Y. A. Cengel，J. M. Cimbala	978-7-111-43507-5
……		

力学教材咨询：

张金奎　　jinkuizhang@ buaa. edu. cn　　010-88379722

张　超　　endnote2015@ 163. com　　010-88379479